Staats- und socialwissenschaftliche Forschungen

herausgegeben

von

Gustav Schmoller.

Elfter Band. Erstes Heft.

(Der ganzen Reihe sechsundvierzigstes Heft.)

Dr. C. v. Paygert, Die sociale und wirtschaftliche Lage der galizischen Schuhmacher. Eine Studie über Hausindustrie und Handwerk auf Grund eigener Erhebungen.

Leipzig,
Verlag von Duncker & Humblot.
1891.

Die sociale und wirtschaftliche Lage

der

galizischen Schuhmacher.

Eine Studie

über

Hausindustrie und Handwerk

auf Grund eigener Erhebungen.

Von

Dr. Cornelius von Paygert.

Leipzig,
Verlag von Duncker & Humblot.
1891.

Das Übersetzungsrecht wie alle anderen Rechte sind vorbehalten.

Meiner geliebten Frau

gewidmet.

Vorrede.

In unserer Zeit, in welcher die Arbeiterfrage zu den wichtigsten socialen und sogar politischen Problemen gehört, ist es von besonderem Interesse, die Lage der Arbeiter gründlich kennen zu lernen. Dies erreichen wir nicht dadurch, dafs wir gewisse nationalökonomische Regeln als unumstöfsliche Gesetze annehmen und aus diesen logische Schlüsse ziehen, sondern indem wir im praktischen Leben die Arbeiterverhältnisse in allen ihren Gestaltungen genau und sorgfältig untersuchen.

Die nationalökonomische Wissenschaft befähigt uns Ursachen zu erforschen und Thatsachen zu entdecken, welche Laien ohne jedwede Bedeutung erscheinen, in welchen aber der Nationalökonom und der Sociolog die Keime einer neuen Entwickelung erkennen.

In dem Bewufstsein, dafs nicht nur ein grofses, ein Meisterwerk, sondern auch jeder bescheidenste Versuch auf diesem Gebiete der nationalökonomischen und socialen Forschung von Wichtigkeit sein kann, habe ich mich noch im Jahre 1888 entschlossen, die Arbeiterverhältnisse meiner Heimat (Galizien) gründlich zu untersuchen, um hierauf die Resultate dieser Arbeit zu veröffentlichen. Diesen meinen Entschlufs verdanke ich zum grofsen Teile meinem hochverehrtesten Lehrer Prof. Julius Lehr in München, der mich zu der Überzeugung führte, dafs, wenn die Nationalökonomie die Grundlage zur Lösung oder Milderung der Arbeiterfrage schaffen solle, sie die thatsächlichen Zustände erforschen und darstellen müsse. Meiner Ansicht nach sollen vor allem die jüngeren Männer in dieser Richtung arbeiten; denn bei dem gegenwärtigen vorgerückten Stadium der socialen Wissenschaften (obwohl dieselben sich noch in der Entwickelung befinden) ist es unmöglich, dafs diese in der abstrakten Spekulation, auf dem Gebiete der rein theoretischen Arbeiten etwas neues leisten. Damit will ich aber nicht behaupten, dafs diese praktische Erforschung blofs dieser jüngeren Adepten der Wissenschaft würdig sei.

Anfangs wollte ich die Lage der ganzen gewerblichen Arbeiterschaft Galiziens darstellen. Ich reiste zu diesem Behufe mit dem Fabrikinspektor Herrn Arnulf Nawratil, um die Verhältnisse der Fabrikarbeiter zu studieren, ich sandte Fragebogen an gewerbliche Genossenschaften, um die Handwerkerverhältnisse, und besuchte hausindustrielle Ortschaften, um die ökonomische und sociale Lage der Hausindustriellen kennen zu lernen. Bald überzeugte ich mich, dafs eine solche Arbeit viele Jahre, sogar Jahrzehnte verlangt. Ich kam dann nach Berlin, um die Vorlesungen der Professoren Adolf Wagner und Gustav Schmoller zu hören und im dortigen Seminar für Staatswissenschaften zu arbeiten.

Der Plan meiner Arbeit umfafste jenes Gebiet der Nationalökonomie, auf welchem Prof. Schmoller seit lange die erste Autorität ist, seine diesbezüglichen Werke kannte ich schon lange vorher. Seine persönliche Liebenswürdigkeit und Zuvorkommenheit haben mir erleichtert, ihm meinen Plan vorzutragen, und da er meinen Arbeiten besonderes Interesse schenkte, befolgte ich seinen weisen Rat, mich auf ein specielles Gebiet zu beschränken, um dasselbe desto gründlicher zu erfassen.

Die Verhältnisse der galizischen Fabrikarbeiter sind schon deswegen weniger interessant als jene anderer Unternehmungsformen, weil Galizien nur sehr wenige Fabriken besitzt. Es blieb aber die Wahl zwischen dem Handwerke und der Hausindustrie. Viele Gründe haben mich bewogen, beides zu vereinigen. Statt die Verhältnisse sämtlicher Handwerkszweige oder einer gröfseren Zahl von Hausindustrien darzustellen, habe ich die Verhältnisse eines einzigen Produktionszweiges in diesen beiden Gestaltungen beschrieben. Im ersten Kapitel bespreche ich die Lage der hausindustriellen, im zweiten die der handwerksmäfsigen Schuhmacherei. Die Gründe, welche mich zu dieser Abgrenzung des Themas bestimmt haben, sind kurz folgende.

Die Hausindustrie ist in Galizien von wesentlich anderer Art als in den westeuropäischen Ländern und doch bis jetzt von niemandem wissenschaftlich behandelt und erklärt.

Andererseits wollte ich mir auch nicht eine Darstellung der Lage des Handwerks versagen. Erscheinungen, die wir täglich beobachten können, schenken wir in der Regel die geringste Aufmerksamkeit. Solchen Erscheinungen dagegen, deren Folgen uns weniger berühren, die seltener in unser Beobachtungsfeld kommen, stehen wir objektiver gegenüber und untersuchen sie fleifsiger. Hier erkennen wir bereitwillig an, dafs zur Erkenntnis ihrer Ursachen und Wirkungen eine gründliche Untersuchung ihrer selbst mit Einschlufs aller Nebenumstände absolut notwendig sei. Mit den Phänomenen, die unser Leben nahe angehen, glauben wir hinreichend vertraut zu sein, auch ohne sie näher erforscht zu haben.

So ist es zu erklären, wenn die heutige Nationalökonomie bei allem Reichtum an Monographien über die Hausindustrie, welche die ökonomische und sociale Lage der Produzenten in allen Einzelheiten schildern, den ursächlichen Zusammenhang ihrer gegenwärtigen Lage mit der historischen Entwickelung ihres Betriebes erörtern, ähnliche Studien über die Handwerkerverhältnisse nicht aufzuweisen hat. Wir besitzen eine Reihe vortrefflicher Arbeiten über die frühere und gegenwärtige Verfassung des Handwerks, über die ökonomische Lage aller Handwerkszweige im allgemeinen, über die Chancen des Handwerks im Konkurrenzkampf mit der Fabrikindustrie; wir besitzen sogar einige statistische Abhandlungen über einzelne Handwerke, aber nicht eine einzige, die den Einfluſs irgend eines Handwerks auf die sociale Lage seiner Produzenten, die den Zusammenhang beleuchtete, der unzweifelhaft zwischen der socialen und ökonomischen Lage der Handwerkerbevölkerung besteht.

Wie bei der Hausindustrie, muſs man auch beim Handwerk eine derartige Beobachtung auf einen einzelnen Produktionszweig beschränken, beziehungsweise die Verhältnisse jedes Handwerks gesondert erörtern. Demgemäſs bildet das zweite Kapitel meiner Abhandlung einen bescheidenen Versuch, die wirtschaftliche Lage und Lebensweise der zahlreichsten Klasse unter den galizischen Handwerkern: der Schuhmacher zu behandeln.

Im laufenden Jahre habe ich in Prof. Schmollers Jahrbuch[1] einen Aufsatz über die wichtigsten derjenigen Paragraphen der österreichischen Gewerbeordnung veröffentlicht, welche von wesentlichem Einfluſs auf das Handwerk sind. Ich habe in dieser Arbeit vornehmlich ihren Einfluſs auf das Schuhmacher- und Schneidergewerbe ausgeführt. Um nicht in Wiederholungen zu verfallen, verweise ich auf den genannten Aufsatz. Die vorliegende Studie will es unternehmen, die Lage des galizischen Schuhmachergewerbes in allen Einzelheiten des täglichen Lebens darzustellen, ohne auf den Einfluſs der Gesetzgebung des näheren einzugehen.

Die Kenntnis des technischen Betriebes schien mir eine unerläſsliche Voraussetzung für das Verständnis der ökonomischen und socialen Lage der Schuhmacher zu sein. Der erste Abschnitt des zweiten Kapitels befaſst sich deshalb hauptsächlich mit der Technik und den Geschäftsformen der Schuhmacherei.

---

[1] Dr. Cornelius v. Paygert: „Die österreichische Gewerbeverfassung in Galizien", Jahrbuch für Gesetzgebung etc., herausgegeben von G. Schmoller, Bd. XV, Heft I, Leipzig 1891.

Zum Schlusse dieser Vorrede will ich meinen Lehrern in der Nationalökonomie, den Professoren Gustav Schmoller und Julius Lehr danken, welche mich mit gröfster Bereitwilligkeit in meiner Arbeit unterstützten. Ich will auch an dieser Stelle meinen Dank ausdrücken den Herren: Landtagsabgeordneter und Vicepräsident der Landeskommission zur Hebung des Gewerbes Tadeus Romanowicz, Gewerbeinspektor Arnulf Nawratil, Reichsratsabgeordneter Stanislaus Niemczynowski und vielen anderen Herren, welche mir im Sammeln der nötigen Materialien behülflich waren, wie auch nicht minder allen Vorständen der Gewerbegenossenschaften, welche meine Fragebogen beantworteten.

Lemberg, 10. Januar 1891.

Dr. **Cornelius v. Paygert.**

Inhaltsübersicht.

	Seite
Vorrede	V

Einleitung.
   Umfang der Schuhmacherei und Überfüllung des Schuhmacherhandwerks 1
   Methode meiner Untersuchung 2
   Begriff der Hausindustrie 6

Erstes Kapitel.
Die Schuhmacherei als Hausindustrie.

Erster Abschnitt: Die Hausindustrie in Uhnów.
   Einleitendes: Beschreibung, Lage, Bevölkerung des Städtchens Uhnów 14
   Eigentum der Einwohner von Uhnów an Ackerland und Vieh 15
   Beschäftigung der Uhnówer Juden 17
   Schuhmacherei und Gerberei in Uhnów: Die Schuhmacherzunft 18
   Das Uhnówer Gerbverfahren 18
   Das Uhnówer Schuhmacherverfahren 21
   Der Betrieb der Schuhmacherei in Uhnów in ökonomischer Hinsicht 23
   Ernährung: Wichtigkeit einer guten Ernährung vom nationalökonomischen Standpunkt 24
   Die übliche Ernährung der Uhnówer Schuhmacher 25
   Vergleichung dieser mit der der übrigen galizischen Landbevölkerung 27
   Vergleichung der Ernährung eines Uhnówers mit der Durchschnittsernährung des Galiziers 29
   Wohnungsverhältnisse: Das städtische Haus in Galizien 30
   Inneres und Äuſseres der Uhnówer Schuhmacherhäuser . . 31
   Wohnungen der Uhnówer Juden 34
   Vergleichung der Wohnungsverhältnisse der Uhnówer Schuhmacher mit denen der groſsstädtischen Arbeiter . 34
   Die übrigen Haushaltsposten: Bekleidung 35
   Heizung 36
   Beleuchtung 36
   Budget-Gleichgewicht 37
   Charakterzüge, Sitten und Bildung: Die Hausindustrie mit ihrem Einfluſs auf das Familienleben 37
   Bildung und Bildungsmittel der Uhnówer Schuhmacher . . 38
   Einfluſs der Hausindustrie auf den Charakter der Uhnówer Schuhmacher 39

Inhaltsübersicht.

Seite

Religiosität 40
Verhältnis zu den Juden 41
Gesundheitsverhältnisse 42
Die Fachschule in Uhnów 43

Zweiter Abschnitt: Die hausindustrielle Schuhmacherei Galiziens im allgemeinen.

Zahl und Nebenbeschäftigungen der hausindustriellen Schuhmacher 44
Produktion und Absatz des Schuhwerks: Art der Produktion 47
Zahl der Gesellen 47
Absatz des Schuhwerks und Ankauf des Rohmaterials . . . 48
Einkommen 49
Haushalt: Wohnungsverhältnisse 50
Ernährung und Kleidung 51
Sitten und Charakterzüge 52
Entwicklungstendenz der Hausindustrie und Vorschläge zur Hebung ihrer wirtschaftlichen Lage:
Vorzüge der Hausindustrie 53
Übergang der galizischen Hausindustrie in eine der westeuropäischen Hausindustrie ähnliche Form 54
Notwendigkeit von Fachschulen 57
Notwendigkeit genossenschaftlicher Hülfe 59
Über die ländlichen Schuhmacher 60

Zweites Kapitel.

Die Schuhmacherei als Handwerk.

Erster Abschnitt: Betriebsverhältnisse.

Zahl der Schuhmachermeister 62
Arbeitsteilung in der galizischen Schuhmacherei 64
Selbstkostenpreis des Schuhwerks 68
Benutzung von Hülfsmaschinen 71
Arbeit der Gesellen in eigener Wohnung 73
Verkauf in Hausfluren 74
Verkaufspreise des Schuhwerks und Einkommen der Schuhmachermeister 75
Arbeitszeit 78
Besteuerung 79

Zweiter Abschnitt: Der Geldlohn der Schuhmachergesellen.

Sociales Verhältnis der Gesellen zu ihren Meistern 82
Zahl der Gesellen und ihre Aussicht auf die Meisterschaft . 85
Arbeitslöhne von Schuhmachergesellen und Vergleichung derselben mit den ortsüblichen 89
Vergleichung der Arbeitslöhne von Schuhmachergesellen mit denen anderer Handwerker 97
Vergleichung der Arbeitslöhne der galizischen Schuhmachergesellen mit denen anderer Länder 103
Bewegung der Arbeitslöhne der galizischen Schuhmachergesellen 109
Methoden der Lohnauszahlung 111

Dritter Abschnitt: Der Reallohn der Schuhmachergesellen.

Preise der notwendigsten Bedarfsartikel 114
Lebensweise eines galizischen Schuhmachergesellen 118

Vierter Abschnitt: Das Lehrlingswesen.

Bedingungen der Aufnahme in die Lehre 124

Inhaltsübersicht.

	Seite
Anlernen im Handwerk, Schulunterricht und Verwendung zu häuslichen Dienstleistungen	125
Organe der Überwachung des Lehrlingswesens	129
Gewerbliche Schulen	131

Fünfter Abschnitt: Wohnungsverhältnisse.

Wichtigkeit der richtigen Befriedigung des Wohnungsbedürfnisses	137
Wohnungsstatistik	138
Beschreibung der Wohnungen galizischer Schuhmacher	142
Arbeits- und Verkaufslokale	146

Sechster Abschnitt: Sittlichkeit und Bildung der Schuhmacher.

Jüdische Schuhmacher	148
Häufigkeit des Konkubinats unter den Schuhmachern	151
Beschäftigung der Schuhmachersfrauen	152
Abnahme der Trunkenheit	154
Bildungsgrad der Schuhmacher	154
Einfluſs der Socialdemokratie und politische Stellungnahme der Handwerker	156
Anlage I: Formular meiner Fragebogen zur Ermittelung der socialen und ökonomischen Verhältnisse kleingewerblicher Gehülfen	158
Anlage II: Die ökonomische Lage einer Schuhmacherfamilie in Uhnów	161
Anlage III: Die ökonomische Lage einer Schuhmachergesellenfamilie in Lemberg	174
Anlage IV: Die ökonomische Lage der Familie eines Schuhmachermeisters in Lemberg	182

Berichtigungen.

Auf S. 28	Anmerk. 1	lies: Wiadomości	statt:	Windomosci
- - 28	- 1	- wydawane	-	wydowone
- - 28	- 1	- przez	-	jesser
- - 28	- 1	- bióro	-	biaro
- - 28	- 1	- redakcyą	-	redakcys
- - 28	- 1	- Tadeusza	-	Todenna
- - 28	- 1	- Pilata	-	Pilota
- - 28	- 1	- Rocznik	-	Bocsnik
- - 28	- 1	- zeszyt	-	sengt
Auf S. 48	auf der Tabelle	lies Dąbrowa	statt	Dębrowice
- - 94		- Zbaraz	-	Złoaraz.

Einleitung.

Im Haushaltungsbudget der Familie nehmen die Ausgaben für die Bekleidung nach denen für die Ernährung die erste Stelle ein. Für unsern Gesichtspunkt kommt die Befriedigung der Nahrungsbedürfnisse nicht in Betracht, weil der gröfste Teil der Beschaffung der ihnen dienenden Befriedigungsmittel ins Gebiet der Landwirtschaft gehört. Bei der Bearbeitung der Rohstoffe zu Lebensmitteln spielt die Hausarbeit eine grofse Rolle; denn die letzte Verarbeitung der Rohstoffe fällt in der Regel ihr zu. Die Beschäftigung der Hausfrauen besteht zum wenigsten zu drei Vierteln in der Zubereitung der Familienkost. Dieser Umstand erklärt uns, warum der gröfste Teil der **gewerblichen** Thätigkeit sich mit der Anfertigung aller Arten menschlicher Kleidungsstücke befassen kann und thatsächlich damit befafst. Zwar trägt noch heute die Hausarbeit nicht unerheblich zur Befriedigung dieser Kleidungsbedürfnisse bei, aber doch hauptsächlich nur derart, dafs die den Frauen und Mädchen bleibende freie Zeit mit der Herstellung von Bekleidungsstücken ausgefüllt wird. Darum sehen wir, dafs die Hausarbeit am frühesten da aufhört, wo sie am meisten Körperkraft erfordert oder wo sie der Volkssitte nach nie einen Teil der Frauenbeschäftigung bildete. Unter den verschiedenen Arten der Hausarbeit ist naturgemäfs diejenige am frühesten aufser Gebrauch gekommen, welche gröfsere Geschicklichkeit erforderte. Dahin gehört die Schuhmacherei.

In allen civilisierten Staaten bilden die Schuhmacher eine der zahlreichsten gewerblichen Klassen. In manchen Ländern, wie in Galizien, ist mit Ausnahme der Handelsbetriebe die Zahl der Schuhmacherunternehmungen die gröfste von allen. Galizien hat auf 6 000 000 Einwohner 77 560 gewerbliche Unternehmer und davon 4575 Schuhmacher[1]. Diese Zahl

---

[1] Nachrichten über Industrie, Handel und Verkehr aus dem statistischen Departement im k. k. Handelsministerium, Wien 1889.

umfaſst jedoch nur die geringeren Schuhmacher, welche mindestens 10 fl. 50 kr. jährlich Gewerbesteuer zahlen. Nach der Statistik des Landesausschusses über galizische Lederindustrie[1] gibt es in Galizien im ganzen 15 947 selbständige Schuhmacher. — Diese Überfüllung des Schuhmachergewerbes hat einesteils ihren Grund darin, daſs der Schuhmacher von allen Handwerkern, überhaupt von allen gewerblichen Unternehmern, des wenigsten Kapitals bedarf, um sich selbständig zu machen, andernteils darin, daſs die Kinder der arbeitenden Klassen in der Regel groſse Vorliebe für diese Beschäftigung zeigen. Gewiſs trägt dazu nicht wenig der Umstand bei, daſs die Schuhmacherzünfte schon früh eine groſse Bedeutung erlangten, daſs sie nicht selten im politischen Leben eine hervorragende Rolle gespielt, und die Heldenthaten mancher Schuster sich in der Volkstradition erhalten haben.

Besonders die erste der erwähnten Thatsachen erklärt die allgemeine und schon frühzeitig beginnende Klage wegen Überfüllung des Schuhmachergewerbes. Dieselbe ist aber in den letzten zwanzig, mehr noch in den letzten zehn Jahren, besonders laut geworden. Es hängt dies zusammen mit den folgenreichen amerikanischen Erfindungen, welche es auch diesem Gewerbe ermöglicht haben, die menschliche Kraft und Geschicklichkeit durch Maschinen zu ersetzen. Dies alles erklärt das allgemeine und lebhafte Interesse, welches das Los der Schuhmacher findet.

Ich will im Nachstehenden die sociale und ökonomische Lage der Schuhmacher darstellen. Durch die erwähnte Arbeit des statistischen Landesbureaus über Lederindustrie, aus welcher die Zahl der Schuhmacher und der Umfang der Produktion an einzelnen Orten zu ersehen ist, konnte ich einen gewissen Aufschluſs über den Umfang der galizischen Schuhmacherei erlangen. Die wichtigste Grundlage für meine Arbeit bildeten jedoch meine eigenen Erhebungen bei den gewerblichen Genossenschaften.

Nach unserer österreichischen Gewerbeordnung sind alle Gewerbetreibenden einer Ortschaft verpflichtet, eine Genossenschaft zu bilden. Auch jeder Gehülfe wird Angehöriger dieser Genossenschaft. Im letzten Monate des Jahres 1888 existierten in Galizien 480 solche Genossenschaften. Nur Fabrikanten und Hausindustrielle sind von der Pflicht entbunden, eine Genossenschaft zu bilden oder in dieselbe einzutreten. Die ersteren kommen nun hier überhaupt nicht in Betracht, weil wir keine Schuhfabriken besitzen. Die Hausindustriellen hin-

---

[1] Rocznik Statystyki przemysłu i handlu krajowego, wydawany przez krajowe biuro statystyczne pod redakcyą Dr. Tadeusza Rutowskiego zeszyt XIII. Przemysł domowy i rękodzielniczy zescyt I. przemysł skórzany.

gegen gehören trotz dieser Bestimmung alle den Genossenschaften an, zumal die meisten, um nicht auf das traditionelle sociale Vereinsleben verzichten zu müssen, ihre alten Zünfte selbst in Genossenschaften umgewandelt haben. Von den Behörden werden nämlich auch solche Personen als gewerbliche Gehülfen angesehen, welche nicht blofs ausschliefslich zur Schuhmacherei, sondern auch zu anderen häuslichen oder landwirtschaftlichen Arbeiten benutzt werden. Aus diesem Grunde wird eine grofse Zahl der Hausindustriellen in allen Ortschaften dennoch zur Bildung von Genossenschaften verpflichtet, was meiner Ansicht nach dem Geiste des Gesetzes widerspricht. Die übrigen werden durch das starke Solidaritätsgefühl, das die Hausindustriellen zusammenhält, zum Eintritt in die Genossenschaft veranlafst. So konnte ich durch meine Fragebogen auch über die Verhältnisse der Hausindustriellen genaue Zahlen erhalten.

Ich habe die Versendung meiner Fragebogen übrigens nicht auf die Schuhmachergenossenschaften beschränkt.. Denn um ein klares Bild von den Verhältnissen des Schuhmacherhandwerks entwerfen zu können, ist die Vergleichung mit der Lage und den Verhältnissen anderer Handwerkszweige notwendig. Minder wichtig schien mir ein Vergleich mit anderen Hausindustrieen, da die Verhältnisse in jeder Hausindustrie so verschiedenartig sind, dafs die Vergleichbarkeit wesentlich erschwert wird. Ich erwähne nur, dafs den Söhnen der Hausindustriellen die Freiheit der Berufswahl abgeht, die doch für einen Handwerker die wichtigste principielle Frage ist.

Nur in grofsen Städten wie Lemberg und Krakau besitzt jedes Handwerk seine eigene Genossenschaft. In kleineren Orten dagegen sind mehrere in einer Genossenschaft vereinigt. Ja, in den kleinsten Städten gibt es meistens blofs zwei Genossenschaften. Zu der einen gehören alle Handwerker, zur anderen alle Handeltreibenden. Die Hausindustriellen haben sogar in kleinen Städtchen ihre eigenen Genossenschaften, weil hier ihre Zahl grofs genug ist, um solche bilden zu können.

Ich habe also, wie gesagt, an 480 Genossenschaften meine Fragebogen versandt. Jede derselben erhielt so viel Fragebogen, als sie gewerbliche Berufe umfafst, und darunter einen, welcher auch die Rubrik „Genossenschaftliche Angelegenheiten" enthielt. Im ganzen habe ich 2430 Exemplare verschickt. 205 Genossenschaften haben mir auf 830 Bogen geantwortet, von denen jeder die Verhältnisse nur je eines Gewerbes behandelt. Die übrigen Genossenschaften haben gar nicht geantwortet, obwohlich die Fragebogen ihnen nochmals zusandte unter Wiederholung der Bitte um Beantwortung. In einem den Fragebogen beigelegten Schreiben gab ich die nötige Anweisung zu ihrer Ausfüllung mit der gleichzeitigen Bitte an die Genossenschaftsvorstände, solche Fragen, welche die ökonomische Lage der Gesellen betreffen, gemeinschaftlich mit den Obmännern der Gehülfenversammlung beantworten zu wollen.

Der Anhang Nr. 1 gibt den Inhalt meiner Fragebogen in wörtlicher Übersetzung aus dem polnischen wieder. Die Antworten, die ich auf die Fragen desselben erhielt, bilden die erste Grundlage dieser Abhandlung. Wichtiger freilich für meine Arbeit war der persönliche Verkehr mit Handwerkern und Industriellen, die Besichtigung ihrer Werkstätten und Wohnungen.

Mittelst der Fragebogen konnte ich nur über die ökonomischen Verhältnisse der Gesellen und Lehrlinge Auskunft erhalten. Das Einkommen der Meister ist schwer zu berechnen, und sehr viele wissen selbst nicht, was sie verdienen. Hierüber konnte ich mich nur im Wege des persönlichen Verkehrs einigermafsen unterrichten. Um ein richtiges Bild von den socialen Verhältnissen der Gehülfen zu gewinnen, mufste ich ebenfalls persönliche Umfrage halten und Besuche in Gesellenfamilien machen. Ich habe 7 Schuhmacher-, 3 Schneider-, 5 Tischler-, 2 Schlosser-, 3 Schmiedewerkstätten und 4 kleine Schuhmachermeister, welche keine von ihrer Wohnung abgesonderte Werkstätte haben, in Lemberg besucht. Aufserdem war ich in Lemberg in 11 Wohnungen von Schuhmachergesellen, bei 3 Schneidergesellen, 2 Tischlergesellen und 2 Schlossergesellen. Dann habe ich auch zwei Schuhmacher in Krakau und in andern Städten, wo Hausindustrie herrscht, 25 Schuhmacher besucht, um ihre Verhältnisse an Ort und Stelle gründlich kennen zu lernen.

Es ist mir wohl bekannt, wie unzulänglich jeder Versuch bleiben mufs, die Lage einer Bevölkerungsklasse zu schildern, solange man nicht die Art ihrer wirtschaftlichen Bedarfsdeckung kennt. Um die Füllung dieser Lücke bemüht sich mit grofsem Fleifse und Erfolge die Haushaltungsstatistik seit Le Play.

Die genaue Feststellung der Ausgaben und Einnahmen einzelner Familien, die für typische Fälle gelten dürfen, schien mir zu diesem Zwecke unerläfslich. Meine Haushaltungsbudgets stellen ganz konkrete Fälle dar: d. h., sie geben weder Durchschnittszahlen aus den Haushaltungen einer ganzen Reihe von Familien noch Durchschnittszahlen mehrerer Jahre. Die Ausgaben, welche sich nicht jährlich wiederholen, sind nicht durch die Zahl der Jahre dividiert, für welche sie voraussichtlich geschehen sind, sondern werden in ihrem vollen Betrage angegeben. Um aber nicht nur die Höhe der jährlichen Ausgaben, sondern auch den Wert der jährlichen Konsumtion zu ermitteln, sind die Werte des Mobiliars, welches gewöhnlich längere Zeit vorhält, in mehrere Rubriken geteilt, wobei ich die Methode Schnapper-Arndts befolgte, welche dieser in seinem Buche[1]: „Fünf Dorfgemeinden auf dem Hohen Taunus" angewandt hat. Trotz dieser Übereinstimmung weichen aber meine Formulare von Schnapper-Arndt ganz erheblich da ab, wo es der Zweck und die Art der Benutzung bedingte. Ich wollte, dafs meine Formulare nicht nur das Haushaltungsbudget einzelner Familien, sondern deren gesamte sociale Lage darstellen sollten. Durch Versendung so gestalteter Formulare konnte ich am besten eine genaue Kenntnis aller socialen und ökonomischen Verhältnisse an den Orten gewinnen, welche ich nicht persönlich zu besichtigen in der Lage war. Aber auch das, was ich selbst gesehen habe, konnte ich am übersichtlichsten und kürzesten mit ihrer Hülfe zusammenfassen. Meine Notizen über die wirtschaftliche Lage der Schuhmacher eines Ortes im allgemeinen und die Monographien über einzelne Familien ergänzen sich also gegenseitig, und erst zusammengenommen bieten sie ein vollständiges Bild dar.

Im Anhange Nr. 2 sind auch die unbeantwortet gebliebenen Fragen der Formulare gedruckt, so dafs dem Leser ein vollständiges Bild der von mir angewandten Methode geboten wird. Die Begründung und Erläuterung einzelner Fragen würden hier zu weit führen. Der wesentlichste Unterschied zwischen meiner Darstellungsweise und derjenigen Schnapper-Arndts liegt darin, dafs die meinige sich an ein festes Schema von Fragen anlehnt, die den verschiedenartigsten Verhältnissen der Handwerker- und hausindustriellen Klasse angepafst sind. Die Quellen und die Entstehung des Einkommens, also alle Erwerbsverhältnisse, wollte ich dabei so ausführlich als möglich mitgeteilt erhalten. Die Eingrenzung der Rubriken bei dem Abschnitte über Bekleidung und Mobiliar sind der Schnapper-Arndtschen Monographie über eine Nagelschmiedfamilie entnommen; nur die Rubrik VI ist von mir hinzugefügt, sie gibt den jetzigen Wert des Möbel- und Kleiderinventars an. — —

Meine Arbeit zerfällt in zwei Teile, im ersten beschreibe ich die hausindustrielle Schuhmacherei, im zweiten die handwerksmäfsige.

Bei der Hausindustrie ist insbesondere die Verknüpfung der gewerblichen Thätigkeit mit anderen, vor allem der landwirtschaftlichen und ferner die Beobachtung von Interesse, wie diese traditionelle gewerbliche Beschäftigung das ganze sociale und Familienleben bedingt und höchst eigenartige Verhältnisse hervorgerufen hat. Da diese letzteren aber ein umständliches Eingehen in alle Details erfordern, so ist es geboten, sich bei der Schilderung auf ein einzelnes Gebiet zu beschränken. Darum habe ich zuerst die Lage der Schuh-

---

[1] Schnapper-Arndt: „Fünf Dorfgemeinden auf dem Hohen Taunus." Schmollersche Forschungen IV 2. 1883. Anlage 8.

macher an dem ältesten Sitze der hausindustriellen Schuhmacherei Galiziens, in Uhnów, zum Gegenstand gewählt, sodann im zweiten Abschnitte des ersten Teiles das allgemeine Bild der gesamten Schuhmacherhausindustrie Galiziens entworfen. In beiden Teilen ist die Schilderung der socialen Verhältnisse meine wichtigste Aufgabe gewesen, während ich auf die Produktion selbst nur insoweit einging, als zum Verständnis jener nötig war.

Zur Vermeidung jedes Mifsverständnisses mufs ich vorausschicken, was ich unter dem Worte „Hausindustrie" verstehe.

Es wäre eine Anmafsung von mir, wenn ich eine neue Definition aufzustellen versuchen wollte; allein mit der Definition, welche jetzt im allgemeinen von den Nationalökonomen angenommen ist, kann ich mich nicht ganz einverstanden erklären. Sie genügt mir nicht für eine Einteilung der Unternehmungsformen und bringt überhaupt die wichtigsten Unterschiede dieser von anderen Unternehmungsformen nicht zum Ausdruck. Wollte ich die Einteilung nach den Prinzipien dieser Definition durchführen, so müfste ich ganz verschiedene Unternehmungsformen mit gleichem Namen benennen und umgekehrt die verwandten und nahestehenden in verschiedene Rubriken einreihen.

Die erste mir bekannte Definition der Hausindustrie hat Schwarz in seinem Aufsatze über moderne Grofsindustrie[1] gegeben. Er sagt: „Die Hausindustrie als die Form des decentralisierten Grofsbetriebes ist diejenige Betriebsart, wobei ein für den grofsen Markt bestimmter und daher in Masse zu producierender Artikel nicht in geschlossenen Etablissements, sondern in den zerstreut liegenden Behausungen zahlreicher Arbeiter verfertigt wird. Diese sind bald in den Wohnräumen selbst, bald in einer im Hause befindlichen besonderen Werkstätte allein oder mit wenigen Gehülfen thätig, wobei nicht die Maschine und die Benutzung einer Naturkraft, sondern das Werkzeug und die Geschicklichkeit des Arbeiters die Hauptrolle spielen." Er unterscheidet dann drei Unterarten der Hausindustrie: I. den hausindustriellen Betrieb auf Grundlage des Kaufsystems, II. den hausindustriellen Betrieb durch selbständige Lohnarbeiter, III. den hausindustriellen Betrieb durch unselbständige Lohnarbeiter. In der ersten Unterart bearbeiten die Hausindustriellen ihr eigenes Rohmaterial mit eigenen Werkzeugen; in der zweiten bekommen sie zwar das Rohmaterial von gröfseren Unternehmern, aber die Werkzeuge sind noch ihr Eigentum. Im ersten Falle verkaufen sie die Ware, im zweiten die Arbeit. Im dritten Falle sind auch die Werkzeuge Eigentum der Unternehmer, wodurch die haus-

---

[1] Schwarz: Über Betriebsformen der modernen Grofsindustrie. Tübinger Zeitschrift für die gesamte Staatswissenschaft 1869.

industriellen Arbeiter in vollständige Abhängigkeit von jenen geraten.

Roscher[1] nennt die Hausindustrie Hausmanufaktur. Sie ist eine Mittelstufe zwischen der eigentlichen Fabrik und dem Handwerke. Roscher findet ihren Ursprung in den für weiteren Absatz arbeitenden städtischen Handwerken. Die zünftigen Beschränkungen des Betriebsumfanges waren schuld, dafs die Handwerker selbst den auswärtigen Vertrieb nicht leiten konnten und ihn Kaufleuten überlassen mufsten, an die sie ihre Ware absetzten. Häufiger ist aber die Hausindustrie aus einer Nebenbeschäftigung des Landvolkes hervorgegangen. Das Hauptmerkmal der Hausindustrie wäre einmal in dem Umstande zu suchen, dass der Arbeiter zu Hause bleibt, worin der Unterschied von der Fabrikindustrie liegt, und dann darin, dafs der Kapitalist den kaufmännischen Vertrieb besorgt, eine Trennung von Produktion und Verschleifs, die die Grenze zwischen der Hausindustrie und dem Handwerk zieht.

Schmoller[2] betont hauptsächlich, dafs bei der Hausindustrie zu Hause oder in Werkstätten für Vertrieb im Grofsen gearbeitet wird. Fast alle Theoretiker betrachten die Hausindustrie, wie Schönberg[3] sagt, „als diejenige gewerbliche Produktion, bei welcher die Arbeiter in ihren eigenen Räumen für gröfsere Unternehmer neue Gewerbeprodukte herstellen." Aber in der näheren Erklärung des Wesens dieser Unternehmungsform gehen die Ansichten weit auseinander. Manche halten es für eine unerläfsliche Bedingung der Hausindustrie, dafs der Rohstoff nicht Eigentum der Arbeiter, sondern der Kapitalisten ist, die den Vertrieb leiten. Andere wieder bestreiten diese Auffassung. Manche betrachten den ausschliefslichen Absatz der Ware an Kaufleute seitens der Produzenten als eine wesentliche Bedingung der Hausindustrie, sodafs auf diese Weise der direkte Geschäftsverkehr zwischen Produzenten und Konsumenten ganz ausgeschlossen sein mufs. Nach anderen wiederum können die Hausindustriellen nicht blofs unter den Kaufleuten, sondern auch unter den Konsumenten sich Kunden suchen.

Weiter behaupten die einen, dafs das Wesen der hausindustriellen Arbeit in der Arbeit der Familienmitglieder liege, dafs die Arbeit der Gehülfen blofs in sehr beschränktem Mafse vorkommen dürfe, ohne dafs die Hausindustrie ihren eigentümlichsten Charakterzug verlöre; andere sehen in der Arbeit der Familienmitglieder kein wesentliches Merkmal der Hausindustrie.

---

[1] Roscher: System der Volkswirtschaft III S. 541.
[2] Schmoller: Zur Geschichte der deutschen Kleingewerbe im 19. Jahrhundert, Halle 1870, S. 534.
[3] Handbuch der politischen Ökonomie, herausgegeben von Schönberg (2. Auflage), Bd. II, XVIII: Gewerbe, I. Teil, von Schönberg, S. 392.

Ganz verschieden von allen diesen Erklärungen der Hausindustrie ist die Definition in unserer österreichischen Gewerbeordnung: „Im allgemeinen ist als Hausindustrie jene gewerbliche Produktionsthätigkeit anzusehen, welche nach örtlicher Gewohnheit von Personen in ihren Werkstätten, sei es als Haupt-, sei es als Nebenbeschäftigung, jedoch in der Art betrieben wird, dafs diese Personen bei ihrer Erwerbsthätigkeit, falls sie derselben nicht blofs persönlich obliegen, keine gewerblichen Hülfsarbeiter beschäftigen, sondern sich der Mitwirkung der Angehörigen des eigenen Hausstandes bedienen"[1]. (Hand.-Min.-Erlafs vom 16. Sept. 1883).

Die österreichische Gewerbeordnung macht (wie ich schon erwähnte) einen sehr wichtigen Unterschied zwischen den Hausindustriellen und den anderen Unternehmern. Sie verpflichtet alle, welche in derselben oder in benachbarten Gemeinden dasselbe oder ein verwandtes Gewerbe betreiben, zur Bildung einer Genossenschaft, welcher insbesondere die Erhaltung geregelter Zustände zwischen den Gewerbeinhabern und den Gehülfen, die Fürsorge für ein geordnetes Lehrlingswesen, die Bildung eines schiedsrichterlichen Ausschusses, die Versorgung erkrankter Gehülfen, die Gründung oder Förderung von gewerblichen Fachlehranstalten u. a. obliegt. Auf diesem ganzen Gebiete haben die Genossenschaften weitgehende Befugnisse, und man mufs sie als einen Teil der administrativen Organe ansehen. Ihr Einflufs auf die Gestaltung der socialen Verhältnisse der Gewerbetreibenden, sowie derjenigen ihrer Gehülfen, ist aus naheliegenden Gründen sehr grofs. Der § 1 der österreichischen Gewerbeordnung verfügt nun, dafs die gesamte Hausindustrie von der Einreihung unter die Gewerbe überhaupt ausgenommen sei. Die Hausindustriellen sind demnach zur Bildung solcher Genossenschaften nicht verpflichtet. Es ist damit zwischen den in die Hausindustrie eingereihten Unternehmern und allen anderen eine so deutliche und wichtige Unterscheidung getroffen, dafs man unter keiner Bedingung die so geschaffenen zwei Klassen von Produzenten unter einem Namen zusammenfassen darf. Die Hausindustriellen sind auch von der Bezahlung der Gewerbesteuer ausgenommen.

Eine noch schärfere Grenze zwischen Hausindustriellen und Handwerkern ist durch § 14 der österreichischen Gewerbeordnung gezogen, welcher besagt: Die selbständige Ausübung eines Handwerks ist von dem Nachweis der Befähigung abhängig, welcher durch das Lehr- und Arbeitszeugnis über eine mehrjährige Verwendung als Gehülfe in demselben Gewerbe erbracht wird. Die Zahl der Jahre, welche der Bewerber als Lehrling sowie als Gehülfe nachweisen mufs, ist

---

[1] Gewerbeordnung, Manzsche Gesetzausgabe, Wien 1887, p. 11.

im Verordnungswege vom Handelsminister im Einvernehmen mit dem Minister des Innern bestimmt worden. Für die Lehrlingsjahre ist aber blofs ein Maximum und ein Minimum festgesetzt, so zwar, dafs in den Grenzen dieser Bestimmungen den Genossenschaften freier Spielraum gelassen wird. Durch alle diese Vorschriften sind für die ökonomische und sociale Lage der Handwerker wesentlich andere Bedingungen mafsgebend als in der Hausindustrie.

Nach der jetzt von den meisten Nationalökonomen angenommenen Definition müfste ich die Einwohner eines Dorfes oder Städtchens, welche von jeher die nächste Umgebung mit gewissen Waren versorgten und diese allein ohne fremde Hülfe verfertigten, zu den Handwerkern zählen, während dies für uns in Österreich ganz unzutreffend ist. Nicht aus dem Grunde etwa, dafs die Gesetzgebung sie anders nennt, sondern weil sie für Handwerker ganz andere Existenzbedingungen in rechtlicher, socialer und ökonomischer Beziehung geschaffen hat, als für die hier beschriebene Berufsklasse. Dies beweist, wie schwierig es ist, eine Einteilung der Unternehmungsformen durchzuführen, welche allen möglichen, wenigstens in den hervorragenden civilisierten Staaten bestehenden Verhältnissen Rechnung tragen und zugleich ein gegenseitiges Einverständnis unter allen Nationalökonomen und statistischen Bureaus erzielen soll.

Wenn es nun aber auch für eine wissenschaftliche Einteilung der Unternehmungsformen beinahe unmöglich ist, den durch die Gesetzgebung einzelner Staaten bedingten Verhältnissen gerecht zu werden, so is es viel leichter und zugleich unerläfslich, wenigstens die Verhältnisse zu berücksichtigen, welche auf dem Wege der volkswirtschaftlichen Entwicklung entstanden sind, die also in den benachbarten Ländern, vielleicht mit nur kleinen Modifikationen, sich wiederholen.

In vielen europäischen Staaten finden wir Ortschaften, deren Bevölkerung, oft seit Jahrhunderten, sich ausschliefslich mit der Anfertigung nur einer Art gewerblicher Produkte beschäftigt und mit dieser die ganze Gegend durch den Vertrieb auf Märkten versorgt hat. Dieses Gewerbe ist dann in solchen Orten traditionell geworden, es ist der Bevölkerung in Fleisch und Blut übergegangen. Die Bevölkerung treibt fast immer die Landwirtschaft als Nebenbeschäftigung oder als zweiten Hauptberuf. Die gewerblichen Gehülfen sind gewöhnlich nur zu Zeiten besonders flotten Absatzes beschäftigt. In der Regel arbeitet nur die Familie gemeinschaftlich.

Dadurch dafs alle Einwohner dasselbe Gewerbe ausüben, entstehen bei ihnen ganz eigentümliche sociale und ökonomische Zustände. Ihre Anschauungen vom sittlichen, socialen und ökonomischen Leben unterscheiden sich von denen der Bewohner anderer Dörfer. Die Bewohner von Ortschaften mit Hausindustrie ähneln in keiner Beziehung der benachbarten ländlichen Bevölkerung oder den städtischen Handwerkern. Es ist deshalb meiner Überzeugung nach unthunlich, diese so eigentümliche Unternehmungsform nicht mit einem besonderen Namen vom Handwerke zu unterscheiden. Nicht nur alle diese Unternehmungen einer Ortschaft als Ganzes, sondern jede einzelne stellt sich uns in eigentümlicher Form dar. Das Verlangen nach eigener Bezeichnung und erkennbarer Unterscheidung vom Handwerk scheint mir daher vollständig begründet.

Sehr oft versorgen die Produzenten nicht nur die in der nächsten Umgegend stattfindenden Märkte mit ihrer Ware, sondern auch die entfernteren grofsen Jahrmärkte und Messen. Diese Messen werden nicht blofs von den Konsumenten besucht, die Waren brauchen, sondern auch von Krämern und Kaufleuten, welche hinterher die Waren an das kauflustige Publikum absetzen, und von den Grossisten, welche die in entlegenen Städten wohnenden Krämer mit Waren versehen.

Durch die Entwicklung der Verkehrsmittel in der kapitalistischen Periode der Volkswirtschaft ist der Absatz auf Märkten und Messen für die Hausindustrie nicht mehr genügend: schon aus dem einfachen Grunde, weil die Messen an Bedeutung immer mehr verlieren. Die einzelnen begüterten Produzenten oder eingewanderten Kaufleute werden an Ort und Stelle oder in der nächsten Stadt die Waren der Hausindustrie kaufen, um sie weiter zu vertreiben. So entsteht ein festes Mittelglied zwischen den wirklichen Produzenten und den Konsumenten. Die Produzenten werden jetzt von den Kaufleuten abhängig, natürlich besonders dann, wenn die Zahl der Kaufleute klein und ihr Kapitalreichtum grofs ist und sich dieselben über die zu zahlenden Preise leicht verständigen können. Wenn die Kaufleute an entlegenen Orten wohnen, schiebt sich noch zwischen beide Kontrahenten ein Vermittler, der oft eine ganz selbständige Stellung einnimmt und von dem Produzenten die Ware auf eigene Rechnung kauft, um sie an den grofsen Unternehmer zu verkaufen Teils trägt die Verarmung der jetzt immer abhängiger gewordenen und mit Fabriken konkurrierenden Produzenten, teils das Verlangen nach immer feineren Waren und das Bedürfnis immer feinerer und kostbarerer Rohstoffe die Schuld daran, dafs die Rohstoffe jetzt nicht mehr Eigentum der Produzenten sind, sondern diesen von den Kaufleuten oder Faktoren geliefert werden müssen.

Es ist unbestreitbar, dafs mit dem Momente, wo die Arbeiter ihre Waren nicht mehr auf Märkten und Messen, an Kunden oder durchreisende, jedesmal andere Kaufleute absetzen können, sondern nur noch an eine festbeschränkte Zahl von Grossisten, welche an demselben Orte oder in der nächsten

Umgegend wohnen, die Abhängigkeit der Produzenten in hohem Grade wächst. Trotzdem aber ist die Lage der Industriellen, die selbst Absatz auf Märkten und Messen suchen, der Lage jener, welche in die Abhängigkeit von Kaufleuten gerieten, immer noch viel ähnlicher als derjenigen der Handwerker, die in ihrem Wohnort ihre Kundschaft haben und im gesellschaftlichen Verkehr nicht auf Handwerksgenossen beschränkt sind.

Ob die Produzenten ausschliefslich für einige Unternehmer die Ware herstellen, oder ob sie dabei noch einzelne Kunden unter den Konsumenten haben, das kann in der Regel nicht als entscheidend für ihre sociale und ökonomische Lage gelten. Fast jeder Handwerksgeselle übernimmt selbständig auf eigene Rechnung manche Reparaturen, oft sogar Bestellungen auf neue Sachen, ohne deshalb aufzuhören, Geselle zu sein. Wenn der Hausindustrielle gleichzeitig für mehrere Unternehmer thätig ist, so ist an und für sich sein Abhängigkeitsverhältnis nicht sehr grofs, und es wird sehr wenig durch einen kleinen Kreis von Kunden unter den Konsumenten verändert. Ich könnte darum eher mit Schönberg einverstanden sein, wenn er denjenigen Industriellen, welcher seine eigenen Rohmaterialien bearbeitet, blofs dann Hausindustriellen nennt, wenn er ausschliefslich für einen einzigen Kaufmann seine Waren produziert.

Gegen die starke Betonung des Abhängigkeitsverhältnisses als des unterscheidenden Merkmals der Hausindustrie im Gegensatz zu der Produktion, welche auf den Märkten ihren Absatz sucht, kann man geltend machen, dafs die Arbeiter, die für Märkte und Messen arbeiten, wegen ihrer gewönlichen Armut zu den Verkäufern des Rohstoffes oft in ähnlichem Verhältnis stehen, wie die abhängigen Arbeiter zu den Kaufleuten.

Auch mit der Definition der Hausindustrie, welche auf Antrag des Herrn Herich 'vom internationalen statistischen Kongresse zu Budapest angenommen wurde, kann ich nicht einverstanden sein. Herich[1] unterscheidet drei Arten von Hausindustrie: 1. die im Schofse der Familie für den täglichen Gebrauch des Hauses arbeitende, 2. die alte nationale oder traditionelle Industrie, die eine Nebenbeschäftigung der ackerbautreibenden Personen ist, 3. die für Rechnung eines Unternehmers oder Fabrikanten im Hause betriebene Anfertigung von Produkten — die fabrikmäfsige Hausindustrie. Die erste Art ist überhaupt keine Industrie, sonst müfste man auch die Zubereitung der Speisen durch die Hausfrau als industrielle Thätigkeit ansehen. In Bezug auf die zweite Art ist einzu-

---

[1] Stieda: Die deutsche Hausindustrie (Berichte, veröffentlicht vom Verein für Socialpolitik, Schriften desselben, Bd. XXXIX, Leipzig 1889), p. 13.

wenden, dafs die Wohlhabenderen, welche Landbesitz haben, die gewerbliche Thätigkeit als Nebenbeschäftigung ansehen, die Ärmeren dagegen, die wenig oder keinen Landbesitz haben, die Landwirtschaft als Nebenbeschäftigung auffassen.

Jch bestreite nicht die Notwendigkeit der Unterscheidung zwischen Arbeitern, welche von grofsen Unternehmern in Städten in ihren eigenen Wohnungen beschäftigt werden, und anderen Arbeitern. Jene erlangen dadurch, dafs sie mit ihren eigenen Werkzeugen und nicht selten eigenen Rohmaterialien arbeiten, eine viel selbständigere Stellung. Sie können sogar durch zeitweilige Beschäftigung von Hülfsarbeitern noch mehr den Charakter kleiner Unternehmer annehmen. Der wichtigste Unterschied dieser Arbeit von der in Fabrikräumen verrichteten liegt eben darin, dafs der Mann und die Frau nicht den ganzen Tag aufserhalb des Hauses sind. Das Familienleben wird also nicht aufgelöst, die Frau kann zur Vergröfserung des Familieneinkommens beitragen, ohne ihre Pflichten als Mutter zu vernachlässigen. Die Kinder werden nicht jeden Augenblick der Gefahr ausgesetzt, ihr Sittlichkeitsgefühl abzustumpfen, was gewöhnlich bei der Beschäftigung von jugendlichen Personen beiderlei Geschlechtes in denselben Fabrikräumen geschieht. Freilich werden diese Lichtseiten manchmal von den ihnen gegenüberstehenden Nachteilen aufgewogen.

Eben darum, weil ich in dieser Verbindung des Familienlebens mit der zum Unterhalt der Familie notwendigen Arbeit, ohne Verkümmerung des einen auf Kosten der anderen, ohne Schädigung dieser zu Gunsten eines intimen Verkehrs unter den Familienmitgliedern den wichtigsten Charakterzug der Hausindustrie sehe, kann ich nicht damit einverstanden sein, diejenigen den Hausindustriellen zuzurechnen, welche zwar ausschliefslich von Kaufleuten oder Fabrikanten Bestellungen und Rohmaterial erhalten aber eine grofse Zahl von Gehülfen, manchmal dreifsig und sogar vierzig, beschäftigen. Schon der Name selbst steht nicht im Einklange mit dieser Einreihung. Denn hier arbeiten nur die Unternehmer zu Hause, und ihre Arbeit ist meistens keine Handarbeit, sondern ist der des Leiters einer kleinen Fabrik ähnlich. Und damit hört das Arbeitslokal auf, Familienhaus zu sein. Alle Vorteile der Decentralisation verschwinden. Meiner Ansicht nach sollte diese Unternehmungsform Manufaktur genannt werden.

Um den beiden verschiedenartigen gewerblichen Thätigkeiten, welche zu Hause verrichtet werden, gerecht zu werden, unterscheide ich zwei Arten der Hausindustrie; die erste Art, wie sie der Erlafs des Handelsministers auffafst: „Die Hausindustrie ist diejenige gewerbliche produktive Thätigkeit, welche nach örtlicher Gewohnheit von Personen in ihren Wohnstätten, sei es als Haupt-, sei es als Nebenbeschäftigung, jedoch in der Art betrieben wird, dafs die Personen bei ihrer

Erwerbsthätigkeit, falls sie derselben nicht blofs persönlich obliegen, keine gewerblichen Hülfsarbeiter beschäftigen, sondern sich der Mitwirkung der Angehörigen des eigenen Hausstandes bedienen." Zweitens verstehe ich unter Hausindustrie diejenige gewerbliche Produktion, bei welcher die Arbeiter in eigenen Räumen für gröfsere Unternehmer neue Gewerbsprodukte herstellen.

Wenn der gröfsere Teil der Bevölkerung einer Ortschaft sich mit einer gewissen gewerblichen Arbeit beschäftigt, so ist diese der ersten Art zuzuzählen. Ob die Entwickelung sich im ersten Stadium befindet, das heifst, ob die Produzenten ihre Waren auf Märkten absetzen oder ob sie diese an Kaufleute verkaufen oder an deren Faktoren, gehört nicht zum Wesen der Sache. Das wichtigste Merkmal dieser Industrie ist vielmehr die Beschäftigung des industriellen Arbeiters — sei es als Haupt-, sei es als Nebenbeschäftigung — mit Landwirtschaft oder wenigstens mit der Kultur seines Gartens. In der Regel haben diese Hausindustriellen keine Gehülfen; nur in der Zeit des besonders flotten Absatzes werden solche auf kurze Zeit angenommen.

Die zweite Art der Hausindustrie unterscheidet sich viel weniger von anderen gewerblichen Thätigkeiten. Mit der Fabrik und besonders mit der Manufaktur hat sie sehr viel Gemeinsames, was ihre Stellung im ökonomischen Verkehr und Handel anbetrifft.

Im Handwerk sind die Arbeiter, welche für Meister zu Hause arbeiten, in vielen Beziehungen den Arbeitern dieser Hausindustrie gleichgestellt.

Die Worte „der Vertrieb im Grofsen" habe ich in der Definition der zweiten Art der Hausindustrie weggelassen, weil die Arbeiter, welche von Magazinen, z. B. von Magazinen mit Damenkonfektion beschäftigt werden, jedenfalls zu den Hausindustriellen zu rechnen sind, obwohl ihre Produkte sehr oft nur lokalen Absatz haben.

Es folgt aus meiner Darstellung, dafs die Hausindustrie nicht immer zur Grofsindustrie gehört, es ist der Fall blofs dann, wenn sie auf den „Vertrieb im Grofsen" arbeitet, wenn ihre Produkte in entfernten Gegenden und Ländern abgesetzt werden.

Erstes Kapitel.

Die Schuhmacherei als Hausindustrie.

Erster Abschnitt.

Die Hausindustrie in Uhnów.

Beschreibung des Städtchens Uhnów.

Im nördlichen Teile des Bezirks Rawa Ruska, zehn Meilen von Lemberg, der Hauptstadt Galiziens, etwa $1^1/_2$ Meile vom Städtchen Belz entfernt, liegt die kleine Stadt Uhnów. Belz war zur Zeit der polnischen Könige die Hauptstadt der gleichnamigen Woywodschaft, welche durch ihre grofse Fruchtbarkeit berühmt war, und heute noch neben Podolien zu den gesegnetsten Landschaften Galiziens zählt. Uhnów war in früheren Zeiten viel bedeutender als jetzt. Es lag an dem sogenannten schwarzen Wege, der von der Ukraina aus ins Herz des Königreichs Polen führte und von den Tartaren bei ihren Einfällen in dieses Land benutzt wurde. Als Schutzwehr gegen diese Eindringlinge waren am schwarzen Wege mehrere feste Plätze, unter anderen auch Uhnów errichtet worden. Heute erinnern nur noch Trümmer der Umfassungsmauern an diese einstige Befestigung.

Es bestanden hier früher vier Zünfte; als die wichtigste und herrschende die der Schuhmacher, ferner die Zunft der Töpfer, der Weber und eine vierte, welche alle übrigen Gewerbe umfafste. Uhnów zählt gegenwärtig 5132 Einwohner, darunter 2451 Juden. Von den 2681 Christen gehören 2215 der griechisch-katholischen, 466 der römisch-katholischen Kirche an. In Uhnów befindet sich ein Gericht, ein Steuer-, Post- und Telegraphenamt; es ist Station der Nebenlinie der Karl-Ludwigsbahn. Die Grenzzollwächter, welche an der nur eine Meile entfernten russischen Grenze stationiert sind, liegen in Uhnów in Garnison. An hervorragenden Gebäuden hat Uhnów eine griechisch-katholische, eine römisch-katholische Kirche und eine Synagoge aufzuweisen. Ein Notar und ein Arzt befinden sich am Orte.

Von den 2681 ansässigen Christen sind 325 selbständige Schuhmacher, sodafs man die Anzahl der von diesem Gewerbe lebenden Personen auf mindestens 1300 schätzen kann, 36 Weber, 30 Kürschner, 15 Töpfer, 10 Böttcher, 8 Tischler, 5 Schmiede, 3 Schneider. Alle Familien, mit Ausnahme von 13, haben ihr eigenes Haus nebst dazu gehörigem Garten. Alle betreiben neben ihrem Gewerbe noch die Landwirtschaft, die meisten auf ihrem eigenen Grund und Boden, die übrigen, die kein eigenes Ackerland besitzen, arbeiten im Sommer auf benachbarten Gütern oder bei wohlhabenden Uhnówer Bürgern.

160 Uhnówer Bürger besitzen blofs Haus und Garten.
156 besitzen 1— 3 Morgen Ackerland und Wiesen
120   -   3— 6   -   -   -   -
 80   -   6— 9   -   -   -   -
 50   -   9—15   -   -   -   -
 20   -   15—25   -   -   -   -
3 besitzen mehr als 25 Morgen.

Dieser Besitz stammt aus sehr alten Zeiten. Die Uhnówer waren von jeher freie Bürger, nur etwa 80 Familien waren als leibeigen dem römisch-katholischen Pfarrer zugeteilt. Von den freien Städtern isoliert, unterstanden sie einem besonderen Vogt, polnisch Wujt oder Soltys genannt. Nach Abschaffung der Leibeigenschaft fiel auch der Unterschied zwischen ihnen und den freien Bürgern fort, wenigstens rechtlich, thatsächlich dauert die Erinnerung an jene Unterscheidung noch im Sprachgebrauche fort, indem man die ehemals Leibeigenen „Juryzdyki" nennt. Aber die immer enger sich gestaltenden verwandtschaftlichen Beziehungen der einzelnen Familien zu einander dürften auch diese letzte Spur in absehbarer Zeit verwischen

Dominikalboden, das heifst Grofsgrundbesitz hat Uhnów eigentlich niemals gehabt. Das Propinationsrecht, das heifst das Privilegium des Verkaufs geistiger Getränke, gehörte nicht der Uhnówschen Gemeinde, sondern dem jedesmaligen Besitzer des benachbarten Gutes Zastawia, ein Privilegium übrigens, das in diesem Jahre gegen entsprechende Entschädigungen an die betroffenen Gutsbesitzer abgelöst worden ist, und zwar in sehr sinnreicher Weise.

Wie aus den oben angeführten Zahlen ersichtlich, besitzen alle Städter zusammen 1200 Morgen. Die Stadt erstreckt sich von Osten nach Westen, auf der Nordseite fliefst ein Bach, Solokija genannt, zwischen diesem und den Häusern liegen Gärten, auf dem jenseitigen Ufer Wiesen. Auf der Südseite der Stadt befindet sich das Ackerland; es ist in lange, schmale

Streifen geteilt, von denen jeder an die Strafse grenzt, aber von seinen Nachbarstreifen nicht durch Raine geschieden ist. Ihre Breite beträgt 15—45 Klafter, ihre ursprüngliche Gröfse war 5—15 polnische Morgen, was etwa 10—30 preufsischen Morgen oder $2^1/_2 - 7^1/_2$ Hektaren entspricht; jetzt gibt es aber viele von blofs einem Morgen Fläche.

Flurzwang existiert nicht, wäre auch ganz überflüfsig gewesen, weil das Vieh in Uhnów nicht auf dem Brachfelde geweidet wird. Wir finden anderseits auch kein geordnetes Landwirtschaftssystem. Doch ist die gewöhnliche Fruchtfolge: auf gedüngtem Boden Kartoffeln, nachher Weizen, Hafer oder Gerste, Roggen; auf besserem Boden zweimal Weizen.

Es gibt drei parallele Reihen solcher Streifen; die der Stadt am nächsten liegenden sind die besten und fruchtbarsten, sie gehören zur zweiten Katastralklasse. Dem österreichischen Steuergesetze gemäfs sind nämlich von den Bezirkskommissionen Klassifikationstarife aufgestellt, die allen Differenzen in Fruchtbarkeit und Lage des Bodens des betreffenden Bezirkes Rechnung tragen, aber die Zahl 8 nicht übersteigen sollen. Der ersten Klasse gehören im allgemeinen blofs kleine, ausnahmsweise gute Parzellen an, der beste Boden gehört im grofsen und ganzen zur zweiten Klasse. Die mittlere Reihe gehört der dritten, die dritte Reihe der vierten und fünften Klasse an. Jede Reihe hat ihren besonderen Namen. Ein Morgen der ersten Reihe kostet 400 Gulden, ein Morgen der zweiten 300—350 Gulden, ein Morgen der dritten 150—200 Gulden. Es sind das für galizische Verhältnisse ganz enorme Preise und nur dann erklärlich, wenn man erwägt, wie sehr der Uhnówer an seinem Besitztum hängt, wie jeder aus der grofsen Zahl strebsamer und sparsamer Landwirte darauf bedacht ist, sein Besitztum zu vergröfsern, und endlich aus dem Umstande, dafs es gröfsere Besitztümer nicht gibt. Der grofse Gutsbesitzer ist fast immer bereit, vorausgesetzt, dafs die Form seines Besitztums nicht darunter leidet, ein Stück seines Landes zu verkaufen, sofern die Zinsen des angebotenen Kaufpreises höher sind als die Erträge dieses Stückes. Das verhindert immer eine zu rapide Steigerung des Bodenpreises. Der fruchtbarste Boden in Podolien kostet im einzelnen Morgen 300 Gulden, in gröfseren Komplexen 200 Gulden, ist also bedeutend billiger als in Uhnów.

Die Zahl des in Uhnów vorhandenen Viehs, Schwarzvieh und Schafe nicht mitgezählt, beläuft sich auf 1750 Stück, von denen der bei weitem gröfsere Teil, nämlich 1610 Stück den Christen, 140 Stück den Juden gehören; durchschnittlich $2^1/_3$ Stück kommen auf die Familie.

Die landwirtschaftlichen Gebäude, Speicher und Scheunen, liegen weder bei den einzelnen Wohnhäusern in der Stadt noch auch im Felde, sondern bilden insgesamt eine besondere

Straße in der Vorstadt von Uhnów. Von den kleineren Besitzern haben gewöhnlich je zwei gemeinsam eine Scheune und einen Speicher, die im Innern durch Bretterverschläge abgeteilt sind.

Außer diesem Privatbesitztum gibt es noch einen Gemeindebesitz der Stadt Uhnów, 739 Morgen Wald, 487 Morgen Weideland umfassend. Es ist dies ein Geschenk des Polenkönigs Ladislaus III Warneńczyk aus dem Jahre 1440 und ausschließliches Eigentum der christlichen Bevölkerung Uhnóws. Zwar hatten auch die Juden Ansprüche darauf geltend gemacht, doch unterlagen sie in dem darum geführten Prozeß. Den christlichen Mitgliedern des Gemeinderates liegt die Verwaltung dieses Vermögens ob. Dieselbe war früher sehr mangelhaft; jeder entnahm seinen Bedarf an Holz aus dem Walde nach Belieben, auch die Steuern wurden nur unregelmäßig bezahlt. Jetzt ist die Verwaltung besser geregelt. Jeder darf vier große Wagen Brennholz aus dem Walde entnehmen, hat aber für jeden Wagen einen Gulden zu entrichten; aus dieser Einnahme werden die Steuern bestritten. Baumaterial erhält jeder im Falle des Bedürfnisses unentgeltlich, jedoch höchstens vier Wagen.

Die allgemeine Nebenbeschäftigung der Christen besteht darin, daß sie die Obstgärten der reicheren Bauern, Gutsbesitzer oder Pfarrer pachten. Der Pachtvertrag wird stets nur auf ein Jahr und zwar erst dann abgeschlossen, wenn sich ein Überschlag über die zu erwartende Ernte machen läßt.

Die jüdische Bevölkerung Uhnóws ist ärmer als die christliche. Nur ein einziger Jude besitzt ein Stückchen Land von 3 Morgen, sonst hat jede jüdische Familie gewöhnlich nur ein Haus oder einen Teil eines solchen zu Eigentum, meist ohne Garten. Ohne bestimmten Beruf beschäftigen sich die Juden mit allem möglichen, scheuen aber jede schwere Arbeit. Ihre Hauptbeschäftigung ist der Handel. Interessant ist die Art und Weise, wie sie es vermeiden, sich gegenseitig Konkurrenz zu machen. Der Rabbiner des Ortes weist jedem einen bestimmten Geschäftskreis zu. So ist z. B. der Handel mit Häuten den Verwandten des großen wunderthätigen Rabbiners von Retz und noch zwei anderen bevorzugten Juden als Privileg überwiesen. Der jährliche Umsatz aller drei Häutchändler beläuft sich auf nicht weniger als 12 000 Häute, die einen Wert von 96 000 Gulden repräsentieren. An jeder Haut verdienen sie 2—3 Gulden, also etwa 35 Prozent. Einem anderen Juden ist der Handel mit Briefmarken und Tabak, einem dritten die Kollekte der Staatslotterie, einem vierten die Pacht des Propinationsrechts (jetzt von der Landesregierung), das heißt das ausschließliche Recht, geistige Getränke zu verkaufen, zugewiesen. Auch einige jüdische Handwerker gibt es, sie sind Klempner, Schneider und Schuhflicker; doch stehen die letzteren aufserhalb der Schuhmacherzunft. Alle Schankwirtschaften und Fleischereien, ebenso alle Kramläden, mit Ausnahme eines einzigen, befinden sich in jüdischen Händen. Fast alle Juden sind nebenbei Wucherer und Mäkler, ein nicht unbedeutender Teil von ihnen beschäftigt sich mit dem Schmuggel der verschiedensten Waren von Rufsland nach Österreich und umgekehrt.

Wenn die jüdische Bevölkerung Uhnóws trotzdem in so dürftigen Verhältnissen lebt, so hat man den Grund hierfür ausschliefslich in ihrer beinahe ängstlichen Scheu vor jeder anstrengenden Arbeit zu suchen.

Schuhmacherei und Gerberei in Uhnów.

Wenden wir uns nun dem wichtigsten Teile dieses Abschnittes, der Betrachtung der ökonomischen und technischen Gestaltung der Schuhmacherei in Uhnów zu.

Die Schuhmacherzunft besteht in Uhnów seit dem Jahre 1555 und hat sich bis zum heutigen Tage in der Form der gewerblichen Korporation (Genossenschaft), wie sie unsere österreichische Gewerbeordnung geschaffen hat, erhalten, obwohl, wie ich in der Einleitung ausgeführt habe, die Uhnówischen Schuhmacher als Hausindustrielle zur Bildung und Erhaltung einer Genossenschaft nicht verpflichtet sind. Die Veränderungen in der Zahl der Angehörigen dieser Zunft während der Zeit ihres Bestehens lassen sich aus den Dokumenten nicht ersehen.

Die Wahl des Zunftmeisters erfolgt noch heute unter Beobachtung der altüberlieferten Förmlichkeiten. Nach erfolgter Wahl ziehen alle Zunftgenossen mit ihrer Fahne nach der Kirche und, nachdem sie hier der Messe beigewohnt haben, in das Versammlungslokal der Zunft. Hier wird das „Prawo", zu deutsch das Gesetz, dem neugewählten Zunftmeister übergeben, bestehend in einem Kasten, welcher mit bunten, die Uhnówischen Schuhmacher in prächtigen Nationaltrachten darstellenden Malereien bedeckt ist. Derselbe enthält aufser den auf Pergament geschriebenen Zunftstatuten eine Kupfertafel an goldener Kette, „Cech", das ist Zunft genannt, auf der die Vorschriften über den Lebenswandel der Zunftgenossen eingegraben waren; heute lassen sich nur noch wenige Worte entziffern. Im Prawo befindet sich endlich noch eine Hetzpeitsche. Hatte ein Genosse gegen Gesetz oder Sitte der Zunft verstofsen, hatte er sich insbesondere über ein anderes Mitglied der Zunft ungünstig geäufsert, dann versammelten sich die Ältesten der Zunft, der Zunftmeister fragte, ob er das „Prawo" öffnen dürfte und man richtete dann den Beschuldigten nach den Statuten. Fiel das Urteil zu seinen Ungunsten aus, so erhielt er mit dieser Hetzpeitsche 5—15 Schläge.

Jeder Uhnówische Schuhmacher ist gleichzeitig auch

Gerber. Er bezieht seinen Bedarf an rohen Fellen von Juden, welche diese aus Rufsland einführen oder im Lande von Ort zu Ort wandernd aufkaufen. Häufig auch kaufen Uhnówer Schuhmacher ein altes, zu schwerer Arbeit nicht mehr taugliches Pferd, verwenden dasselbe noch, so lange es angeht, zu ihren Fahrten nach den Märkten und gerben, wenn es endlich den Strapazen erlegen ist, seine Haut. Dafs sie bei dieser Art von Geschäften nicht zu kurz kommen, liegt auf der Hand, denn seinen Kaufpreis hat das Pferd gewöhnlich noch durch seine Leistungen ersetzt, so dafs die Haut gewöhnlich als Reingewinn angesehen werden darf.

An jeder Rinderhaut, für die im Durchschnitt 7—8 Gulden bezahlt werden, verdient der jüdische Händler etwa 2—3 Gulden. Das Pferdeleder steht an Haltbarkeit dem Rindsleder nach, übertrifft darin aber gewöhnlich das Kalbsleder. Beim Tragen ist es unangenehmer als Rindsleder, doch spielt dieser Faktor bei Uhnówer Produkten nur eine untergeordnete Rolle.

Jede Haut besteht aus drei übereinanderliegenden Schichten, Oberhaut oder Epidermis, Lederhaut, eigentliche Haut oder Corium genannt und Unterhautzellengewebe. Zum Gerben eignet sich blofs die mittlere Schicht, die beiden anderen müssen abgesondert werden[1]. Die Häute werden zu diesem Zwecke zunächst eingeweicht und zwar am besten in fliefsendem Wasser. Dann wird die Fleischseite auf dem Schabebaum mit dem Schabeisen bearbeitet. Um die Epidermis und die Haare zu entfernen, bestreicht man die Fleischseiten mit Kochsalz und Holzessig, legt diese aufeinander und packt dann die Häute in verschliefsbare Kästen, sogenannte Schwitzkästen; in diesen beginnt der Fäulnisprozefs. Haare und Epidermis werden gelockert und sind dann mit dem Schabeisen leicht zu entfernen. Das Schwitzen kann auch durch Wasserdampf hervorgebracht werden, ein Verfahren, dem man den Vorzug vor dem schon genannten gibt, wenn es sich um schwere Rindshäute handelt. Unseren Schuhmachern ist das Schwitzverfahren unbekannt; statt dessen tauchen sie die Häute in Kalkwasser, was eigentlich nur bei leichten Häuten ausreichend ist. Der Uhnówer Schuhmacher weicht seine Häute im Flusse ein und packt sie sodann in Holzgefäfse, die mit Kalkmilch gefüllt sind; hier bleiben sie eine Woche liegen. Sodann wird mit dem Schabeisen die Fleisch- und Narbenseite gereinigt; besser ist es aber, wenn die Narbenseite schon vor dem Eintauchen in Kalkmilch gereinigt war. Ist dies geschehen, so werden die Häute, nunmehr auch „Blöfse" genannt, in die Schwellbeize gebracht, in welcher die durch Gährung von Gerstenschrot und Weizenkleie entstehende Milchsäure die

---

[1] Handbuch der chemischen Technologie von Rudolf v. Wagner. 12. Auflage, bearbeitet von Fischer. Leipzig 1886, p. 734—756.

Hautfasern aufschwellen läfst; man kann ebensogut auch Lohbrühe zum Schwellen benutzen. Die Uhnówer unterlassen das Schwellen gänzlich und beginnen mit dem Gerben sofort nach der Behandlung mit dem Schabeisen. Die bei dem Reinigen sich ergebenden Abfälle werden an die Juden und von diesen an die Leimfabriken verkauft.

Das Gerben geschieht in folgender Weise. Es werden kleine Gruben hergestellt, in die je eine Schicht Blöfsen und Eichenrinde gelegt werden; das Ganze wird mit Wasser übergossen. Nächst den kostspieligen ausländischen Materialien, wie Dividivi u. s. w., eignet sich die Eichenrinde am besten zum Gerben. Die Uhnówer beziehen dieselbe teils aus ihrem eigenen Walde, teils aus benachbarten Dampfsägemühlen. In den Gruben bleiben die Häute vier Wochen liegen, die Eichenrinde wird allwöchentlich durch neue ersetzt. Eigentlich mufs das Gerben starker Häute zwei Jahre lang fortgesetzt und die Eichenrinde alle 3—4 Monate erneuert werden. Neuerdings gibt es auch eine Art Schnellgerberei, welche in kürzerer Zeit Häute auszugerben erlaubt.

Ist es Zeit, die Häute aus den Gruben herauszunehmen, so werden die Nachbarn aufgefordert, bei dem überaus anstrengenden Auswinden der Häute behülflich zu sein; einige Gläschen Branntwein pflegen der einzige Lohn für ihre Hülfe zu sein. Vor dem Auswinden wird das Leder nochmals mit kaltem Wasser abgespült, getrocknet und mit dem Falzmesser geglättet, beziehungsweise an besonders starken Stellen abgeschabt. Meist werden die Häute auch noch gemessen, um zu berechnen, wie viel Paar Rohrstiefel sich etwa daraus anfertigen lassen, und in entsprechende Stücke geschnitten. Sohlleder sollte eigentlich noch gehämmert werden, doch geschieht dies nicht. Das ausgewundene Leder wird auf der Fleischseite mit einer Lösung von Eisenvitriol, dem etwas Kupfervitriol zugesetzt ist, bestrichen, auf der Narbenseite mit Birkentheer. Hierbei helfen bisweilen die Frauen, während das Auswinden wegen des dazu erforderlichen Kraftaufwandes lediglich Sache der Männer ist.

Das bisher geschilderte Gerbverfahren der Uhnówer Schuhmacher ist originell und weicht, soweit mir bekannt ist, von allen anderen gebräuchlichen Methoden ab. Das Leder ist trotz des schnellen Gerbens sehr dauerhaft und wasserdicht; seine Geschmeidigkeit läfst allerdings zu wünschen übrig.

In der Regel gerbt jede Familie ihren Bedarf an Häuten selbst; nur wenn ausnahmsweise grofse Einkäufe von Häuten gemacht sind, werden zur Aushülfe verarmte Schuhmacher oder deren Angehörige gegen freie Kost und einen Tageslohn von 40 Kreuzern angenommen. Neuerdings hat sich in Uhnów der wenig empfehlenswerte Gebrauch eingebürgert, dafs die Schuhmacher, statt ihre Häute selbst zu gerben, das fertige

Leder aus einer vier Meilen von Uhnów entfernten Fabrik beziehen. Dieses Leder steht an Güte dem in Uhnów selbst gegerbten weit nach. Das daraus gefertigte Schuhwerk verträgt keine Nässe und wird in kurzer Zeit unbrauchbar.

So Anerkennenswertes die Uhnówer Schuhmacher in der Zubereitung des Leders leisten, so wenig tüchtig sind sie in ihrem eigentlichen Beruf, der Verarbeitung desselben. Der Vorwurf freilich, den man unserem modernen Schuhwerk und zwar mit Recht macht, dafs es zu geringe Rücksicht auf die Form des menschlichen Fufses, zu grofse auf die jeweilig herrschende Mode und deren Auswüchse nimmt, träfe die Erzeugnisse der Uhnówer Schuhmacher mit Unrecht, denn dieselben verdanken ihre Form gewöhnlich weder rationellen Rücksichten, noch auch etwa bestimmten Richtungen der Mode, sondern einzig und allein dem Belieben ihrer Verfertiger. Auch all' die grofsartigen Fortschritte, welche die Schuhmacherei seit den dreifsiger Jahren unseres Jahrhunderts gemacht hat, sind an den Uhnówer Schuhmachern spurlos vorübergegangen. Der gröfste Teil dieser Fortschritte ist amerikanischen Ursprungs, so das Aufnageln der Sohle mit Holznägeln oder Pflöcken und die Benutzung der Ledernähmaschine, gegen Ende der vierziger Jahre zunächst zum Nähen der Schäfte, seit 1858 auch zum Nähen der Sohlen. Diesen Erfindungen sind zahlreiche andere, ebenfalls zumeist amerikanischen Ursprungs, gefolgt, die ein beredtes Zeugnis ablegen für das Streben, Arbeit und Kunstfertigkeit der menschlichen Hand mehr und mehr durch maschinelle Thätigkeit zu ergänzen und zu ersetzen [1].

Mit den grofsartigen Verbesserungen der Hülfsmaschinen hielt der Fortschritt in der Handarbeit gleichen Schritt. Auf bewährten Erfahrungen fufsend, gelangte man zu immer gröfseren Erleichterungen und Verbesserungen. Nicht den letzten Platz unter diesen nimmt das Winkelsystem des Zuschneidens ein; das Princip der Arbeitsteilung bewährte sich auch hier [2]. Moritz Schöne zählt 16 verschiedene Arbeiterkategorien auf, welche in jedem gröfseren Schuhmachergeschäft Anwendung finden können, nämlich die folgenden:

  I. 1. Werkmeister, 2. Modellschneider.
  II. Schaftarbeiter. 1. Stanzer, 2. Vorrichter, 3. Stepperinnen.
  III. Bodenarbeiter. 1. Stanzer, 2. Absatzbauer, 3. Zwicker, 4. Näher, 5. Sohlenglätter, 6. Absatzaufsetzer, 7. Absatz-

---

[1] H. Franke, Artern i. Thür. „Die Schuhmacherei" (1887), p. 3 bis 10. — Dr. Moritz Schöne, „Die moderne Entwicklung des Schuhmachergewerbes", Jena 1888, p. 50—55.
[2] Franke, a. a. O. p. 134—144. — Bernhard Rodegast, „Die Fufsbekleidungskunst", Weimar 1888, p. 23—25.

und Schnittfräser, 8. Absatz- und Schnittraspler, 9. Absatz- und Schnittabglaser, 10. Absatz- und Schnittpolierer, 11. Sohlen- und Gelenkausglaser.

In einer der gröfsten Berliner Fabriken, welche zwar ohne Dampfmotoren, aber mit allen Hülfsmaschinen arbeitet, habe ich folgende Arbeitsteilung gefunden: Vom geschicktesten Arbeiter werden die Modelle aus Pappdeckel geschnitten. Nach diesen Modellen schneiden andere die Schäfte aus dem Leder zu. Diese zugeschnittenen Schäfte werden von den männlichen Arbeitern zu Hause vorgerichtet. Die vorgerichteten Schäfte werden dann von Arbeiterinnen gesteppt, welche ebenfalls diese Arbeit zu Hause besorgen. Nun erst beginnt wieder die Arbeit in den Fabrikräumen. Alle einzelnen Teile des Bodens werden mit Stahlstanzen mit der Maschine zurechtgeschnitten und dabei nur drei Arbeiter beschäftigt, von denen ein jeder einen besonderen Teil des Bodens zurechtschneidet. Auf der geschnittenen Sohle mufs ein Rifs gemacht werden, welcher zur Aufnahme des Pechdrahtes beim Nähen bestimmt ist. Die fertigen Schäfte und die Brandsohle werden zusammengezwickt, eine Arbeit, die auf dem Leisten geschieht; von anderen Arbeitern, sogenannten Aufsohlern, wird darauf die Sohle gebracht, die so zusammengestellten Schuhe schliefslich mit der Maschine genäht oder genagelt. Von Handarbeitern werden die Absätze aus einzelnen Flecken hergestellt und am Schuh befestigt. Die Hauptarbeit ist nun fertig, aber die Absätze müssen noch abgeglast und abpoliert werden. Dies besorgen die sogenannten Putzer.

Von allen diesen Neuerungen wissen die Uhnówer Schuhmacher nicht. Nach wie vor fertigen sie ihr einziges Produkt, Rohrstiefel, in der Weise an, dafs sie die umgewendeten Schäfte durch Pechdraht direkt mit der Sohle verbinden. Dies Verfahren setzt natürlich voraus, dafs die Sohlen nicht zu dick sind; es wird anderwärts von den Schuhmachern nur noch bei Anfertigung ganz leichten Schuhwerks angewandt.

Eine andere, den Uhnówern unbekannte Methode besteht darin, dafs man Schäfte und Brandsohlen an die Leisten anzwickt, darauf einen Rand von dickem Leder auflegt und erst vermittelst dieses Randes die Sohle, die hier beliebig stark sein kann, mit dem Oberleder durch Pechdraht verbindet. So alt und umständlich dieses Verfahren ist, so gilt es doch noch gegenwärtig für das beste.

Die in Uhnów fabrizierten Stiefel haben, wie schon erwähnt, stets einfache Sohlen ohne Absätze. Schäfte und Sohlen werden aus demselben Leder gefertigt, nämlich aus Rindsleder, die Sohlen aus den hinteren, beziehungsweise dickeren Teilen desselben; im allgemeinen sollen die Sohlen nur aus Leder, das dem oben geschilderten Schwitzverfahren unterzogen war, angefertigt werden. Die Uhnówer Stiefel zeichnen sich nicht gerade durch ein gefälliges Äufsere aus, sind im Gegenteil plump, hart und unbequem, aber anderseits trotz der dünnen Sohlen äufserst haltbar und dauerhaft.

Hammer und Zange sind die Hauptwerkzeuge des Uhnówer Schuhmachers. Mit Ausnahme der Hausfrau, die durch Besorgung ihrer Wirtschaft vollauf in Anspruch genommen ist, hilft die ganze Familie dem Vater; dieser schneidet das zu verarbeitende Leder zu, während er das Nähen nicht besorgt, die anderen thun, was es gerade zu thun gibt, von einer bestimmten Arbeitsteilung ist keine Rede. Auch das Gesinde, welches von den wohlhabenderen Meistern zur Besorgung der Landwirtschaft angenommen wird, mufs sich zuweilen an dieser Arbeit beteiligen. In der Zeit der gröfsten Nachfrage nach Schuhwerk, d. h. vom September bis zum November, werden im Notfalle noch verarmte Schuhmacher, die kein Ackerland besitzen und den Kredit beim Lederhändler verloren haben, als Gesellen hinzugezogen. Diese erhalten freie Kost und 8—12 kr. für das Paar Rohrstiefel; sie können im besten Falle in einer Woche 18 Paar anfertigen, stehen sich also auf etwa 1,44 Gulden bis 2,16 Gulden wöchentlich. Im Frühjahr und Sommer beschäftigen sie sich als ländliche Lohnarbeiter. Das obenerwähnte Gesinde erhält 30 Gulden jährlich, freie Wohnung und Kost.

Die Zahl der Schuhmachergesellen, d. h. derjenigen, die in Wirklichkeit Gesellen sind, ist verschwindend klein, um so gröfser aber die Zahl derjenigen, die sich als Gesellen bezeichnen. Die Steuerbehörde erhebt nämlich trotz der entgegenstehenden Bestimmungen der österreichischen Gewerbeordnung, der zufolge die Uhnówer Schuhmacher als Hausindustrielle von der Gewerbesteuer befreit sein sollen, von ihnen eine solche in Höhe von etwa zwölf Gulden jährlich. Um dem zu entgehen, thun sich gewöhnlich 4—5 Schuhmacher zusammen, lösen gemeinschaftlich eine Steuerkarte und arbeiten dann als angebliche Gesellen eines Meisters.

In den ersten sieben Monaten des Jahres ruht die Schuhmacherei fast gänzlich, weil während dieser Zeit gerade die Hauptkonsumenten, die Bauern, keinen Bedarf an Schuhwerk und noch weniger die Mittel haben, solches anzuschaffen. Die besser situierten Meister beschäftigen sich in dieser Zeit mit Landwirtschaft, oder sie pachten in der Umgegend Obstgärten, die ärmsten lassen sich als ländliche Arbeiter beschäftigen, manche ziehen mit ihrem Handwerkszeug Beschäftigung suchend von Ort zu Ort.

Der Preis einer Rinderhaut beträgt 7—8 Gulden, das Gerben kostet an Auslagen, die erforderliche Arbeit gar nicht gerechnet, 1 Gulden. Aus einer Rinderhaut lassen sich 3—4 Paar Rohrstiefel machen. Rechnet man das Paar zu

2 Gulden 80 Kreuzern, so bleiben dem Schuhmacher höchstens 55—80 Kreuzer für seine Arbeit. Der gröfste Teil der fertigen Ware wird auf den Wochen- und Jahrmärkten von Uhnów und 18 umliegenden Ortschaften abgesetzt, von welchen manche 10, 12 und 14 Meilen entfernt sind. Jeder trägt seine Ware selbst dahin, oder mietet sich, wenn die Entfernung gar zu grofs ist, allein oder mit mehreren anderen Schuhmachern gemeinschaftlich einen Wagen zu ihrem Transport. An den Thoren der betreffenden Marktstadt stehen gewöhnlich schon die jüdischen Lederhändler und kontrollieren ganz genau, welches Quantum von Waren jeder, dem sie Material auf Kredit gegeben haben, auf den Markt bringt und wieviel er davon im Laufe des Tages verkauft. Hat der betreffende Schuldner eine entsprechende Einnahme gehabt, so setzen ihm seine jüdischen Gläubiger solange zu, bis er seine Schulden bezahlt hat.

Der Absatz an Waren hat sich in den letzten Jahren bedeutend verringert. Der Grund dieser Erscheinung ist teilweise darin zu suchen, dafs das Vertrauen der Konsumenten auf die Güte des Uhnówer Fabrikats gesunken ist, seitdem viele der dortigen Schuhmacher statt des soliden, selbstgegerbten, das weniger dauerhafte Fabrikleder, von dem ich oben gesprochen habe, zu verarbeiten pflegen. Dazu kommt, dafs die Uhnówer Schuhmacher den in Bezug auf äufsere Gefälligkeit des Stiefels mehr und mehr sich steigernden Ansprüchen ihrer Konsumenten nicht nachzukommen vermögen. Die Käufer, Bauern und ländliche Arbeiter, sind überwiegend Selbstkonsumenten. Aufser diesen pflegen allerdings auch die jüdischen Krämer der Umgegend ihren Bedarf an Stiefeln bei den Uhnówer Schuhmachern zu decken.

Wie der Umsatz sich verringert hat, so ist auch der Preis von 4 Gulden für das Paar Stiefel auf 2 Gulden 80 Kreuzer herabgegangen. Infolge der geringen Nachfrage setzt gegenwärtig eine Familie jährlich im Durchschnitt nicht mehr als höchstens 400 Paar Stiefel ab, d. h., sie verdient nicht mehr als etwa 300 Gulden, während früher der Nachfrage kaum genügt werden konnte. — Früher hat man während 8 Monaten die Schuhmacherei betrieben, jetzt nur durch 5 Monate. In diesen Monaten aber wird 13—15, vor der Zeit der gröfseren Märkte sogar 15—18 Stunden täglich gearbeitet.

Ernährung.

Der wirtschaftliche Wohlstand jeder Familie ist obgleich nicht allein, doch in hohem Grade dadurch bedingt, dafs die Einnahmen während eines gewissen Zeitraumes den Ausgaben zum mindesten das Gleichgewicht halten. Insbesondere aber ist die Art der Ausgaben wieder zu den Einnahmen in inniger Wechselbeziehung, was für jede Unternehmung von grofser

Bedeutung ist. Auch für die kleinen Verhältnisse der Hauswirtschaft des Arbeiters gilt dieser Satz. Durch zweckmäfsige Befriedigung der nächsten und darum wichtigsten Lebensbedürfnisse wird die Ergiebigkeit der Arbeit bedeutend gesteigert; daneben ist der Einflufs passender auf das Gemüt des Menschen und damit auf seine geistige und moralische Leistungsfähigkeit anregend wirkender Zerstreuungen von nicht zu unterschätzendem Einflufs. Aus dieser Wechselbeziehung zwischen Ausgaben und Einnahmen, bezw. Produktivität der Arbeit folgt, dafs es vom socialen, wie vom volkswirtschaftlichen und nicht minder vom privatwirtschaftlichen Standpunkte aus falsch wäre, die Höhe der Ersparnisse der Arbeiterbevölkerung zum alleinigen Mafsstabe ihres Wohlstandes zu machen.

Unter allen Ausgabeposten nimmt derjenige für die Ernährung den ersten Platz ein, in physiologischer sowohl, wie auch in volkswirtschaftlicher Beziehung und das aus zwei Gründen. Im Hausbudget entfallen durchschnittlich mehr als 60 Prozent auf Ausgaben für die Ernährung und diese hat hinwiederum unbestritten den hervorragendsten Einflufs auf die Ergiebigkeit der Arbeit. Darauf beruht wohl auch der von Brasley aufgestellte Satz[1], dafs die Arbeit in Ländern mit hohen Lohnsätzen durchaus nicht teurer, im Gegenteil sogar sehr oft verhältnismäfsig billiger sei, als in Ländern mit weniger hohen Lohnsätzen, auf der Thatsache nämlich, dafs die durch die Arbeit verbrauchten Substanzen um so schneller und reichlicher ersetzt werden, je besser die dem Körper zugeführte Nahrung ist. Auch hat die Erfahrung bestätigt, dafs die Ergiebigkeit der Arbeit in einem und demselben Lande mit der Steigerung der Löhne in den meisten Fällen zunimmt. — Nicht minder mag die Fruchtbarkeit der Ehen durch die Art der Ernährung beeinflufst werden, wenn schon nicht in dem Mafse, wie durch die Wohnungsverhältnisse; doch ist, den Grad dieser Beeinflufsung festzustellen, mehr die Aufgabe des Physiologen als des Nationalökonomen.

Wir wollen nun in allgemeinen Zügen die Ernährungsweise der Uhnówer Familien darzustellen suchen, unter Verweisung auf die im Anhang Nr. II gegebenen Einzelheiten.

Wie schon bemerkt, ist die Lebensweise aller christlichen Familien Uhnóws, der besser situierten sowohl wie der weniger wohlhabenden, gleichmäfsig einfach, so dafs die Erstgenannten im Laufe der Zeit Ersparnisse zu machen imstande sind, eine Erscheinung, die wir auch bei unseren Bauern häufig beobachten können. Den wichtigsten Konsumartikel der Schuhmacher von Uhnów bilden Kartoffeln und Roggenbrot. Die

---

[1] Dr. Lujo Brentano, „Über das Verhältnis von Arbeitslohn und Arbeitszeit zur Arbeitsleistung", Leipzig 1876, p. 14, 19, 23.

täglichen Mahlzeiten — drei an der Zahl — sind ebenso einfach als gleichförmig. Die erste wird etwa um 9 Uhr, also drei Stunden nach Beginn der Tagesarbeit eingenommen und besteht aus Kartoffeln, oder sogenannten „Kluski", das sind klofsförmig geschnittene Stücke eines aus Weizen-, Gersten-, oder Buchweizenmehl, in Uhnów vorherrschend aus Weizen-, nur ausnahmsweise aus Buchweizenmehl hergestellten, gekochten Teiges. Die zweite Mahlzeit, des Mittags um 1 Uhr, setzt sich meist aus Suppe und Kartoffeln zusammen. Die Suppe heifst „Barszcz" und „Kapuśniak", je nachdem sie aus roten Rüben oder Kohl hergestellt ist. Das Abendbrot endlich gleicht seiner Zusammensetzung nach durchaus dem Frühstück. Die vorerwähnten „Kluski" und Kartoffeln wechseln häufig mit den verschiedenen Grützearten, Hirse-, Gersten-, Buchweizengrütze, oder mit Hülsenfrüchten, Erbsen und Bohnen ab — Butter wird von der Uhnówer Bevölkerung fast gar nicht konsumiert, ihre Stelle vertreten Öl, Schmalz und Speck. Um die beiden letzteren Artikel möglichst billig zu gewinnen, schlachtet jede Familie, je nach ihren Verhältnissen für sich allein oder mit einer anderen Familie gemeinschaftlich, 1—2 Schweine jährlich. In fast keiner Haushaltung fehlt eine Kuh, deren süfse Milch entweder von den Kindern getrunken, oder zu Butter verarbeitet und als solche verkauft wird. Aus der sauren, abgesahnten stellen die Hausfrauen besonders in der Zeit, in welcher die Kuh viel Milch gibt, den bei den Polen so beliebten weifsen Käse her.

Eine erwachsene Person in Uhnów konsumiert im Laufe einer Woche etwa folgendes Quantum von Nahrungsmitteln: 1 Laib Roggenbrot, zu dessen Herstellung etwa 4 Liter Mehl erforderlich sind — Semmeln gibt man nur Kranken oder Kindern —, 6 Liter Kartoffeln, $1^{1}/_{4}$ Liter Weizenmehl, $^{3}/_{4}$ Liter Gerstenmehl, $1^{1}/_{4}$ Liter der verschiedenen Grützearten, je $^{3}/_{4}$ Liter Erbsen und Bohnen, etwa 5 dg. Schmalz und 9 dg. Speck. Ferner im Laufe des Jahres etwa 80 Köpfe Kohl und 100 Stück Gurken. — Kaffee und Thee werden nur bei festlichen Anlässen getrunken, der Thee absonderlicherweise mit einem Zusatz von Schmalz. Fleisch kommt nur des Sonntags auf den Tisch, man rechnet davon etwa $^{1}/_{6}$ Kilogramm auf die Person. Geistige Getränke werden in Uhnów nur in sehr beschränktem Mafse genossen, in der Zeit, in welcher die Gehülfen angenommen werden, trinkt man täglich Branntwein. Die erwachsenen Mitglieder der männlichen Bevölkerung Uhnóws besuchen des Sonntags zuweilen einen Ausschank, wissen aber auch hier das richtige Mafs innezuhalten, so dafs Ausschreitungen selten vorkommen. — Die Hausfrauen Uhnóws sind in der Wirtschaft aufserordentlich tüchtig und geschickt und suchen ihren Stolz darin, alle Speisen schmackhaft und mit Beobachtung einer peinlichen Sauberkeit zuzubereiten. Alle Nahrungsmittel bis auf Salz und Fleisch sind eigene Erzeugnisse; aus selbst gewonnenem Korn, für dessen Mahlen man 14 kr. für je 25 kg. in der Mühle zu bezahlen hat, wird im Hause das schmackhafte Brot und die Lieblingsspeise des Uhnówers, die sogenannten „Pierogi" hergestellt. Es sind das sozusagen Beutel aus Teig, die mit Käse und Kartoffelbrei gefüllt werden und deren Herstellung die Geduld und Zeit der Hausfrauen in gleicherweise in Anspruch nimmt.

Mit grofser Strenge werden von der frommen Uhnówischen Bevölkerung, besonders, soweit sie der griechisch-katholischen Kirche angehört, die Fasttage innegehalten, obgleich deren Zahl nicht unbedeutend ist. Von dem Fasten an jedem Mittwoch und Freitag abgesehen, wird noch an den vierzehntägigen „Spasówka", und den ebenfalls vierzehntägigen „Petrówka", d. h. in den speciell griechisch-katholischen Fastenzeiten, und während der sechswöchigen „Pytypiwka" und des sieben Wochen dauernden „Wylykijpist" gefastet, d. h., man geniefst weder Fleisch noch Fett, noch auch Käse. Statt des tierischen Fetts gebraucht man während der Fastenzeit Leinöl oder Mohnöl.

Einfach und gleichmäfsig wie die Lebensweise der Bewohner von Uhnów ist auch diejenige der ländlichen Bevölkerung Galiziens; auch auf dem Lande besteht kein Unterschied in der Ernährungsweise zwischen armen und reichen Bauern. Als reich, oder doch als sehr wohlhabend wird angesehen, wer 20 polnische Morgen, das sind etwa 10 Hektar, fruchtbaren Bodens besitzt. Eine eigene Klasse sogenannter Grofsbauern gibt es in Galizien nicht.

Dem Beschlusse des galizischen Landtages von 1876 gemäfs hat das galizische statistische Bureau eine Enquête behufs Feststellung der wirtschaftlichen Verhältnisse der ländlichen Bevölkerung veranstaltet und zu diesem Zwecke 944 Fragebogen, oder richtiger gesagt, 944 Hefte mit einer Reihe diesbezüglicher Fragen an Persönlichkeiten ausgesandt, von denen eine genügende, zuverlässige Beantwortung dieser Fragen zu erwarten war. 500 dieser Hefte wurden ausgefüllt zurückgesandt und gaben das grundlegende Material ab für eine von Dr. Kleczyński, jetzigem Professor an der Universität Krakau, verfafste und vom statistischen Bureau herausgegebene Abhandlung. Darnach verbraucht eine aus fünf Personen, Mann, Frau und drei Kindern bestehende ländliche Familie in Galizien im Durchschnitt jährlich $1^{1}/_{4}$ Korez — der Korez fafst 123 Liter — Weizen, $7^{1}/_{4}$ Korez Roggen, $4^{1}/_{2}$ Korez Gerste, $2^{1}/_{2}$ Korez Hafer, $^{3}/_{4}$ Korez Buchweizen, $1^{1}/_{2}$ Korez Hirse, 1 Korez Mais, $1^{1}/_{8}$ Korez Hülsenfrüchte, 19 Korez Kartoffeln, $7^{1}/_{2}$ Korez Kohl, $1^{1}/_{3}$ Korez rote Rüben,

428 Liter Milch, 18½ kg Fette, darunter ein verschwindend kleines Quantum Butter, 12¼ kg Fleisch und 46 kg Salz[1].

Die von mir oben bei Untersuchung der Ernährungsweise der Uhnówischen Bevölkerung in Zahlen gegebenen Daten gelten stets für die Konsumtion eines erwachsenen Mannes. Auf grofse Genauigkeit können sie schon darum keinen Anspruch erheben, weil sie aus dem Budget einer ganzen Familie herausgegriffen sind; jedoch sind sie eher zu niedrig als zu hoch gegriffen. Die Haushaltungsbudgets, welche meiner Berechnung zu Grunde liegen, wurden zum Teil von mir selbst, zum Teil vom Volksschullehrer bearbeitet nach eigens zu diesem Zwecke von mir verfafsten Fragebogen. Merkwürdigerweise fügte es der Zufall, dafs keine meiner Beobachtungen über Uhnówische Haushaltungsbudgets den Haushalt einer gerade aus fünf Personen bestehenden Familie zum Gegenstande hatte. Gerade diese Zahl ist nämlich den Erhebungen des statistischen Bureaus, als Normalzahl, zu Grunde gelegt, auf ihr bauen sich die schätzungsweise gemachten Angaben der mit Beantwortung der ausgesandten Fragebogen seitens des statistischen Bureaus betrauten Gewährsmänner auf. Mir kam es jedoch bei Aufstellung meiner Haushaltungsbudgets hauptsächlich darauf an, Familien ausfindig zu machen, von denen ich möglichst genaue Angaben erwarten durfte. Um einen Vergleich zwischen meinen Angaben und denjenigen des statistischen Bureaus zu ermöglichen, dividiere ich das Endresultat des den Anhang zu dieser Ausführung bildenden Haushaltungsbudgets einer im Durchschnittswohlstand lebenden Uhnówer Schuhmacherfamilie durch 9, das Endresultat der Angaben des statistischen Bureaus durch 5, das heifst durch die Zahl der jedesmal in Betracht kommenden Familienglieder. Die dann sich ergebenden Ziffern stellen den Konsum der idealen Durchschnittsperson dar.

Dr. Klecszyński hat in seiner Abhandlung die Konsumtion in Kornquanten angegeben. Der leichteren Vergleichbarkeit wegen will ich meine den Konsum in Mehlquanten bezeichnenden Zahlen auf Kornquanten reduzieren, wobei ich die durchschnittliche Qualität unserer Wassermühlen, die im allgemeinen derjenigen der Uhnówer Wassermühlen entspricht, zum Mafsstab nehme. Das Verhältnis des Körnerquantums zu dem Quantum des daraus gewonnenen Mehles ist für die einzelnen Getreidearten durchaus nicht das gleiche. 1 Korez Weizen ergibt 1¼ Korez Mehl und ½ Korez Kleie, die als Viehfutter Verwendung findet. Um nun das Mehlquantum auf das Körnerquantum zu reduzieren, mufs ich hier beim Weizen das erstere um 25 Prozent vermindern. Dasselbe Ver-

---

[1] Windomósci statystyczne o stosunkach krajowych wydowone jesser krajowe biaro statystyczne pod redakcys. Prof. Dr. Todenna Pilota. Bocsnih 7, sengt I, p. 76.

hältnis wie beim Weizen ergibt sich beim Roggen. Von den 1¼ Korez Weizen- bezw. Roggenmehl sind nur 36 Liter Primaqualität, der Rest von 118 Litern ist geringere Qualität. Ein Korez Gerste ergibt 75—80 Liter Graupe, für das Gerstenmehl gilt das vom Weizenmehl Gesagte. 1 Korez Hirse ergibt 1½ Korez Graupe. 1 Korez Buchweizen 20 Liter Graupe, ebensoviel Mehl und den Rest Kleie.

Nach Durchführung der Reduktion des Mehlquantums auf das Getreidequantum ergibt sich im einzelnen für den Jahreskonsum eines durchschnittlichen Familiengliedes in Uhnów folgendes Resultat: Es werden konsumiert: 57,7 Liter Weizen, 206,6 Liter Roggen, 37 Liter Gerste, 21,2 Liter Buchweizen, 11,5 Liter Hirse, — Mais kommt für Uhnów und Umgegend wenig oder gar nicht in Betracht. Ferner 44 Liter Hülsenfrüchte, 179,1 Liter Kartoffeln, 0,6 Schock Kohl, 13,3 Liter rote Rüben, 16,6 Liter Milch, 2 kg 73 dg Fette, die Öle nicht mitgerechnet, 7 kg Fleisch, 11 kg Salz.

Für ein Familienglied der ländlichen Bevölkerung gestaltet sich die durchschnittliche Höhe des Jahreskonsums etwa folgendermafsen: 30 Liter Weizen, 178,4 Liter Roggen, 110 Liter Gerste, 61,4 Liter Hafer, 17 Liter Buchweizen, 8 Liter Hirse, 25 Liter Mais, 27,6 Liter Hülsenfrüchte, 468 Liter Kartoffeln, 1½ Schock Kohlköpfe, 28,6 Liter rote Rüben, 86 Liter Milch, 3½ kg Fette, 2,5 kg Fleisch, 9 kg Salz.

Eine Durchschnittsperson der städtischen Bevölkerung von Uhnów konsumiert mithin jährlich 27,7 Liter Weizen, 28,2 Liter Roggen, 4,2 Liter Buchweizen, 3,5 Liter Hirse, 16,4 Liter Hülsenfrüchte, 4,5 kg Fleisch und 2 kg Salz mehr und 73 Liter Gerste, 61,4 Liter Hafer, 25 Liter Mais, 288,9 Liter Kartoffeln, 0,9 Schock Kohl, 15,3 Liter rote Rüben, 69,4 Liter Milch, ¾ kg Fette weniger als im Durchschnitt eine Person der ländlichen Bevölkerung Galiziens konsumiert.

Während aber der Konsum anderer als dieser Hauptnahrungsmittel bei der ländlichen Bevölkerung verschwindend klein ist — der Wert des gesamten derartigen Familienkonsums wird auf nur 2 fl. 78 kr., das heifst auf 65 kr. für die Person angegeben —, so konsumiert die Familie des Uhnówer Bürgers aufser den genannten Nahrungsmitteln noch 5 Schock Gurken, ½ kg Kaffee, 1 kg Cichorien, ½ kg Thee, 16 Liter Käse, 10 Liter Mohn. — Die bezüglichen Angaben in Dr. Kleczyński's Abhandlung scheinen mir etwas zu günstig zu sein, doch ist diese Erscheinung wohl auf die oben erörterte Geschichte ihrer Entstehung zurückzuführen.

Der Reichsratsabgeordnete Herr von Szcsepanowski berechnet in seinem ebenso geistreichen als verdienstvollen Werke, betitelt: „Das Elend in Galizien"[1], den durchschnitt-

---

[1] Nędza Galicyi w cyfrach, przez Stanisława Szczepanowskiego, Lwów 1888, p. 24—28.

lichen Nahrungsmittelkonsum eines gewöhnlichen Galiziers in der Weise, daſs er nach Abzug des zur Aussaat und zum Export benutzten Getreides von dem produzierten Getreide den verbleibenden Rest durch die Zahl der Einwohner Galiziens dividiert. In ähnlicher Weise berechnet er den Fleischkonsum. Diese Art der Berechnung ergibt, daſs auf die Person jährlich kommen: 114 kg Getreide, 310 kg Kartoffeln, 10 kg Fleisch, 120 Liter Milch, 8 kg Hülsenfrüchte, 1 kg Öl (andere Fette sind bei Fleisch und Milch mitgerechnet). Ein erwachsener Arbeiter mit einem Körpergewicht von 65 kg braucht nach den übereinstimmenden Ermittelungen der Physiologen zu seiner Erhaltung täglich 130 g Eiweiſsstoffe, 180 g Kohlenhydrate (Stärkemehl, Zucker u. s. w.), 100 g Fette, 30 g Salz, 3000 g Wasser. — Um diesen täglichen Bedarf eines erwachsenen Arbeiters mit dem Konsum unserer Durchschnittsperson vergleichen zu können, müssen wir die für den ersteren gefundenen Zahlen um $1/3$ vermindern.

Berechnet man nach der von dem Physiologen Voit aufgestellten Methode aus dem Quantum der oben aufgezählten Nahrungsmittel deren Gehalt an Nährstoffen, so ergibt sich, daſs eine erwachsene Person in Uhnów täglich konsumiert: 104 g Eiweiſsstoffe, 27 g Fette, 390 g Kohlenhydrate und 18 g Salze (auſser dem Kochsalze), also einen täglichen Überschuſs von 9 g Eiweiſsstoffen und 250 g Kohlenhydraten und ein Zuwenig an Fetten von 31 g. — Erwägt man jedoch, daſs ein groſser Teil der aus vegetabilischer Nahrung herrührenden Eiweiſsstoffe unbenutzt bleibt, so wird sich nicht nur kein Überschuſs, sondern ein Mangel an diesen Stoffen herausstellen. Jedenfalls stellt sich die Ernährung der Uhnówer Familien bedeutend besser, als man nach der Szcsepanowskischen Berechnung annehmen könnte, die ein jährliches Deficit von 10,5 kg Eiweiſsstoffen, 3 kg Fetten und 20 kg Kohlenhydraten ergibt. Ich meinerseits trage kein Bedenken, auf Grund meiner Beobachtungen und Erfahrungen zu behaupten, daſs die Ernährung der Uhnówer Schuhmacher derjenigen der ländlichen Bevölkerung in den wohlhabendsten Gegenden Galiziens durchaus nicht nachsteht, vor dieser dagegen noch den Vorzug hat, besser zubereitet zu werden. Auch die Ernährung der kleineren Handwerker in den Groſsstädten ist jedenfalls nicht so gut, die der geschickteren mag ja hier allerdings besser sein; doch davon an anderer Stelle.

Wohnungsverhältnisse.

In dem Aussehen seiner Straſsen unterscheidet sich das Städtchen Uhnów sehr vorteilhaft von allen anderen galizischen Flecken. Bei diesen ist die Mitte der Stadt beinahe ausschlieſslich von Juden bewohnt. Die Häuser haben in der Regel 4—5 Zimmer, von denen manchmal jedes einen anderen

Besitzer hat; ich habe sogar von Fällen gehört, wo in einem Zimmer zwei Familien wohnten, und zwar nicht zur Miete, sondern beide als Besitzer ihrer Zimmerhälften, die sie von ihren Eltern geerbt hatten. Die Häuser sind bei solchen Verhältnissen in der Regel schrecklich überfüllt; ich habe selbst gesehen, wie zwanzig Personen in einem Zimmer schliefen, alle ganz nackt der entsetzlich schwülen und drückenden Atmosphäre wegen, die den Raum erfüllte. Reinlichkeit kann man unter diesen Umständen natürlich nicht erwarten; aber auch die Häuser derjenigen Familien, welche einige tausend Gulden jährliches Einkommen haben, sehen, was Sauberkeit anbetrifft, nicht viel besser aus.

Der äufsere Anblick ist immer der gleiche: Hauptfaçade auf der Strafsenseite, in der Mitte eine gemauerte Veranda mit Eingangsthür, an jeder Seite zwei Fenster. Das Haus ist mit grellen gelben und blauen Farben gestrichen; kein Garten umgibt es, kein Gitter oder dergleichen schliefst es von der Strafse ab; ein Haufen Mist und anderer hinausgeworfener Unrat, welcher dicht vor dem Hause lagert, verdirbt die Luft. Zwischen den einzelnen Häusern laufen kleine Gassen, welche als Abort dienen.

Wie anders sieht es in Uhnów aus! Die breiten und reinlichen Strafsen werden durch zwei Reihen von kleinen Gärtchen gebildet. Dieselben sind durchschnittlich 80 Quadratklafter grofs, jedes mit solidem Holzzaune umschlossen; Gemüse, Blumen und Fruchtbäume wachsen darin. In dem der Strafse zunächst gelegenen Teile des Gärtchens steht ein Häuschen von Kiefernholz; die natürliche Farbe der ungestrichenen Balken und Bretter macht einen freundlichen Eindruck. Der Strafse ist immer die Giebelseite des Hauses zugewendet, die Front liegt nach der Gartenseite und bildet mit der Strafse einen rechten Winkel. Das mit Schindeln gedeckte Haus hat in der Regel eine Länge von 12 m bei einer Breite von 6 m. An die Hinterseite ist ein Stall angebaut, welcher zwei Räume hat, der eine für Schweine, der andere für Kühe; sind Pferde vorhanden, so teilen diese den Aufenthaltsraum der Kühe.

Garten und Haus machen mehr den Eindruck des Ländlichen als des Kleinstädtischen, aber sie zeichnen sich doch andererseits auch wieder sehr zu ihrem Vorteile aus, nicht nur, was die Gröfse, sondern vor allem, was die Zweckmäfsigkeit der inneren Einrichtung des Hauses und die Dauerhaftigkeit und Schönheit seiner Bauart anlangt. Die Eingangsthür, auf der Frontseite natürlich, führt zu einer Art Korridor oder Vorzimmer. In diesem befindet sich gegenüber der Eingangsthür der Herd (Kochofen); eine Thür führt in das Wohnzimmer, die zweite in die sogenannte Komora. Das Wohnzimmer liegt immer auf der Süd- und Ostseite.

Von dieser Regel gibt es keine Ausnahme, auch wo die West- oder Nordseite die angenehmste und luftigste Strafsenaussicht hätte. Die Komora, immer gegen Norden und Westen gelegen, ist ein Speicher für alle in der Hauswirtschaft und im Gewerbe unentbehrlichen Stoffe; hier befindet sich auch eine grofse Kiste von Eichenholz, welche die Kleider enthält.

Die Komora ist gewöhnlich nicht viel kleiner als das Wohnzimmer, welches in der Regel 7 m lang, 6 m breit und $2^1/_2$—3 m hoch ist. Die Holzwände desselben werden jeden Sonnabend frisch mit Kalk bestrichen, eine Arbeit, welche der Hausfrau und ihren Töchtern obliegt. Dicht neben der Eingangsthür bemerken wir einen Ständer mit Fächern, auf welchem eine Menge Fayencegeschirr seinen Platz hat, alles mit den eigentümlichen ruthenischen Mustern. An der Zeichnung ist vieles auszusetzen, die harmonische Zusammenstellung der Farben ist aber tadellos. Beinahe den fünften Teil des Zimmers nimmt der Ofen in Anspruch. Das Bett, auf welchem drei grofse Kopfkissen liegen, steht hinter der kleinen Holzwand, welche den sogenannten Alkierz vom übrigen Raume abgrenzt. Wir finden beinahe immer nur ein Bett. Eine Ausnahme von dieser Regel tritt nur dann ein, wenn Eltern mit einem verheirateten Sohne zusammenwohnen. Im allgemeinen herrscht die Ansicht, es sehe wie in einem Krankenhause aus, wenn zwei Betten in der Wohnung stehen. Alle Wände sind mit bunten Christus- und Heiligenbildern geschmückt.

Neben dem Ofen steht eine Kiste, der in der Komora befindlichen ähnlich, aber noch solider gearbeitet und mit bunten Farben bemalt. Diese gewöhnlich 2 m lange Kiste ist eine Art Schatzkasten. Sie birgt alle kostbaren Sachen der Familie, und in ihr finden wir alle Sonntagskleider, alle Schmucksachen, Dokumente und das ersparte Geld. Auch ein Teppich wird darin aufbewahrt, eine solide Handarbeit von reiner Wolle, in den schönsten ruthenischen Mustern. Dieser Teppich ist zur Mitgift für die Tochter bestimmt, und wird immer schon sehr zeitig bereit gehalten. Seine Bestimmung ist ganz verschieden, gewöhnlich aber dient er als Bettdecke. Heute werden solche Teppiche vielfach in Städten zur Dekoration der vornehmen Wohnungen benutzt. Sie sind unter dem Namen Kilimki bekannt und kosten je 20—50 Gulden.

An den beiden Fensterwänden entlang stehen lange Bänke, neben der einen ein mit einer weifsen Leinwanddecke zugedeckter Tisch, auf der andern wird gearbeitet, und dort finden wir auch alle Werkzeuge u. s. w.

Die Eltern schlafen im Bett, das Kind, bevor es das zweite Jahr erreicht hat, in einer an zwei Schnüren hängenden Wiege, vom zweiten bis fünften Jahre im elterlichen Bett, später schlafen die Knaben auf der einen Bank, die Töchter auf der andern oder auf der Kiste.

Es kommt vor, daſs zwei Geschwister nach dem Tode ihrer Eltern in demselben Hause wohnen bleiben; dann wird die sogenannte Komora in ein Wohnzimmer umgewandelt, das Vorzimmer gemeinschaftlich von beiden Familien benutzt. In diesem Falle wird aber im Wohnzimmer gekocht, so daſs die Familienwirtschaften immerhin ganz getrennt bleiben. Zuweilen wird auch ein zweites Vorzimmer angebaut; dann kann unbeschadet der Selbständigkeit des Familienlebens die Küche vom Wohnzimmer getrennt werden. In beiden Fällen betrachten die Leute die Wohnungen solcher Familien als zwei Häuser. Die Familien leben im gröſsten Frieden, trennen aber ihre Wirtschaften nach Möglichkeit.

Ich habe schon erwähnt, daſs viele verheiratete Söhne mit ihren Familien bei den Eltern wohnen. Dann müssen sich oft 10—11 Personen in einem Zimmer zusammendrängen, so daſs auf jede bloſs 8 cbm Luftraum fallen, weniger als die englischen Lokalbehörden in ihren Hausordnungen verlangen.

Die ganze christliche Bevölkerung Uhnóws, 2681 Personen, wohnt in 547 Häusern; danach läſst sich berechnen, daſs jede Person durchschnittlich 16 cbm Raum hat. Die englische Kommunalaufsichtsbehörde verlangt für jede erwachsene Person 8,5 cbm Luftraum[1]. Dieses bescheidene Verlangen kann man aber natürlich nur damit erklären, daſs die Aufsichtsbehörde den schlechteren bisherigen Verhältnissen und dem Widerwillen der Lokalbehörden gegen Wohnungsgesetzgebung Rechnung tragen muſste. Die Gesundheitslehre verlangt mindestens 30 cbm Luftraum pro Kopf, und das nur unter der Voraussetzung, daſs die Luft im Verlaufe einer Stunde vollständig erneuert werde. Die Pariser Polizeiordnung vom Jahre 1883, betreffend die Hygiene möblierter Wohnungen, bestimmt den Minimalluftraum in sogenannten Garnis, in welchen die ärmste Arbeiterklasse wohnt, auf 14 cbm. pro Kopf[2]. Die Wohnungen in Uhnów leisten also, was den Luftraum betrifft, wenig über diese bescheidensten Ansprüche hinaus; sie sind aber doch um vieles besser als die meisten Wohnungen der ländlichen Arbeiter, welche pro Kopf sehr oft nicht mehr als 4 cbm Luftraum aufweisen. Dabei muſs man noch in Betracht ziehen, daſs der Kochherd in Bauernwohnungen sich immer im Wohnzimmer befindet, die Kamine in diesen aber so schlecht eingerichtet sind, daſs das Zimmer beim Kochen gewöhnlich mit Rauch angefüllt wird.

---

[1] Trüdinger, Die Arbeiterwohnungsfrage und die Bestrebungen zur Lösung derselben, Jena 1888, p. 60.
[2] Trüdinger a. a. O. p. 95.

Die Slaven besitzen, wie bekannt, von allen Nationen, welche den europäischen Kontinent bewohnen, den ausgeprägtesten Geselligkeitstrieb. Sie wohnen immer eng nebeneinander in grofsen Dörfern, haben am zähesten an der kommunistischen Bewirtschaftung der Ländereien festgehalten, und trotz alledem bemerken wir hier, wie jede Familie auf dem Gebiete der Hauswirtschaft sich vollständig abzuschliefsen sucht, der Familienegoismus stärker ist, als alle Rücksichten der Zweckmäfsigkeit und Sparsamkeit.

Einen interessanten Gegensatz zu den christlichen Wohnungen in Uhnów, die uns bisher beschäftigt haben, bilden die jüdischen. Sie weichen in vielen Beziehungen von andern kleinstädtischen Behausungen ab; ich habe dabei vor allem ältere Häuser im Auge. Dieselben sind mit der Giebelseite der Strafse zugewendet; die Hälfte des Hauses nimmt eine kolossale Hausflur ein, welche als Stall und Wagenschuppen dient, die gleiche Einrichtung, wie sie in Galizien alle ländlichen und kleinstädtischen Gasthäuser haben. Die meisten Uhnówer Juden sind so arm, dafs sie weder Pferde noch Wagen besitzen; nur diejenigen, deren Geschäft es verlangt, halten ein Pferd. Die Hausflur bleibt daher auch meist ganz unbenutzt; da die Häuser sehr alt und baufällig sind, so würde sich ein Umbau nicht belohnen. Der einzige Nutzen, welchen diese Hausflur mitunter bringt, ist der, dafs ein Bauer, welcher über Uhnów fährt, in ihm seine Pferde einstellen kann, wofür er dem Wirte 8—10 Kreuzer zahlt. Die Häuser sind aus Backsteinen errichtet oder haben die in Galizien sogenannten preufsischen Mauern, d. h. die Wände bestehen aus strohumflochtenem Lattenwerk, worüber eine Schicht von Lehm kommt. Aufser der erwähnten Hausflur finden sich 4—6 Räume, welche aber kaum den Namen von Zimmern verdienen; in jedem wohnt eine andere Familie, nicht selten zwei in einem. Die Wände, welche die einzelnen Räume abgrenzen, sind gewöhnlich von Holz; die Küche ist immer gemeinsam. Es ist erstaunlich, dafs das Familienleben trotz solcher Wohnungsverhältnisse musterhaft bleibt.

Was den auf die einzelne Person entfallenden Raum betrifft, so sind, wie wir gesehen haben, die Wohnungen der hausindustriellen Bevölkerung nicht viel besser, als die der Fabrikarbeiter und Handwerker, wohl aber zeichnen sie sich in jeder anderen Beziehung aus. Man braucht nur die von Engels beschriebenen Cottages in Manchester und die Arbeiterwohnungen in London[1] mit den Wohnungen unserer Schuhmacher zu vergleichen, um den Vorzug der letzteren zu erkennen. Die ersteren, ohne jeden Hof, auf drei Seiten von anderen Häusern

---

[1] Friedrich Engels: Die Lage der arbeitenden Klassen in England, Leipzig 1845, p. 36—48, 62—98.

begrenzt, auf der vierten Seite auf eine so enge Gasse gehend, dafs höchstens zwei Personen nebeneinander hindurchgehen können. Oder man denke doch an die himmelragenden Häuser der Grofsstädte mit völlig geschlossenen Höfen, welche beinahe jeden Luftzutritt verhindern. Ich bitte die Wohnungsverhältnisse der Uhnówer auch mit denjenigen der städtischen Handwerker zu vergleichen, welche ich im zweiten Teile dieses Buches beschrieben habe. Wenn man solche Zustände mit den Wohnungsverhältnissen in Uhnów vergleicht, so erweist sich der Vorzug der Hausindustrie, die den Arbeitern die Einpferchung in Städte und zwar in deren ungesundeste, schmutzigste Teile erspart, glänzend genug. Jedoch nicht in dieser der Gesundheit zuträglichen Beschaffenheit und dem freundlichen, ansprechenden Aussehen der Uhnówer und fast aller Wohnungen der ganzen hausindustriellen Bevölkerung Galiziens liegt ihr charakteristischer und Hauptvorzug, sondern vielmehr darin, dafs das Haus Eigentum der Familie, dafs es mit ihr verwachsen ist, wenn ich mich so ausdrücken darf, einen Teil ihres Wesens bildet. Die Familie hängt an ihrem Hause mit Liebe und Stolz. Bei Ausbesserungen und Veränderungen verfolgt man nicht nur praktische Zwecke, sondern man sucht auch seinem Geschmack und Schönheitsgefühl möglichst zu genügen. Der Hausindustrielle ist ein kleiner Unternehmer, der rechnen und kalkulieren mufs und nicht nur von einem Tag zum andern leben darf. Diese Unternehmerstellung bildet bei ihm und seiner Familie Vorsicht und wirtschaftlichen Sinn aus, welcher zumal in der Gestaltung des Familienheims sich bethätigt.

Die übrigen Haushaltsposten.

Wenige Völker sind in Beziehung auf ihre Kleidung konservativer als die Polen. In allen mir bekannten Gegenden haben die Bauern ihre Nationaltrachten beibehalten, und es ist eine wahre Freude, Sonntags alle diese bunten und malerischen Kleider in der Kirche zu sehen. Auch viele Mitglieder der höheren Klassen kleiden sich noch in Nationalkostüme, natürlich nur das männliche Geschlecht, und zwar besonders in Galizien. So haben die in jeder Beziehung im höchsten Grade konservativen Uhnówer Schuhmacher diese ihre Liebe zum Altergebrachten auch in ihrer Kleidung nicht verleugnet. Uhnów ist der einzige Ort, wo alle Einwohner Nationaltrachten tragen und zwar nicht Bauerntrachten, sondern Kostüme, wie sie einst der polnische Adel und die städtischen Bürger trugen.

Die polnischen Nationalkostüme sind indefs bei der Arbeit unbequem und zugleich sehr teuer; die arbeitenden Städter konnten also immer nur an Sonn- und Feiertagen ihre echten Nationaltrachten anlegen, während sie an Arbeitstagen eine

Kleidung trugen, die beinahe nicht zum Erkennen vereinfacht und den Bedürfnissen der Arbeit angepaſst war. Das Gleiche thun die Uhnówer Schuhmacher. An Arbeitstagen sind sie mit weiten Leinenhosen von der Farbe der ungebleichten Leinwand, die mit roten oder blauen Streifen besetzt ist, bekleidet und tragen Rohrstiefel und einen Rock gewöhnlich von hellbraunem Tuche, den sie an heiſsen Sommertagen mit einem andern vertauschen, dessen Stoff dem der Hosen ähnlich ist. Der Rock hat die Form einer langen Weste mit Ärmeln. Die Kopfbedeckung ist im Sommer ein Strohhut, im Frühling und Herbst eine hohe Tuchmütze, im Winter eine Mütze von grauem Lammpelze.

Ganz anders sieht das Sonntagskleid aus. Es besteht aus einem langen Rocke von dunkelblauem Tuche, weiten Hosen von hellblauem Tuche und Rohrstiefeln; für gewöhnlich wird dazu ein Ledergürtel getragen. Bei groſsen Feierlichkeiten legt man dagegen polnische Gürtel an, welche von prachtvoll gemusterten und mit goldenen Fäden durchwebten Seidenstoffen angefertigt sind. Ein solcher Gürtel kostet jetzt 200—600 Gulden. Die in Uhnów getragenen stammen aus sehr alten Zeiten, manche aus dem 17. und sogar 16. Jahrhundert; sie werden mit gröſster Sorgfalt, fast mit Pietät von den Uhnówer Schuhmachern behandelt. In den letzten Decennien, als ihre Not stieg, haben viele ihre Gürtel verkauft. Der kostbarste Schmuck der Frauen sind Korallen, gewöhnlich ein aus besseren Zeiten stammendes Erbstück, welches nicht selten 400—500 Gulden wert ist.

Die Leinwand wird von den Frauen und Mädchen zu Hause gesponnen und darauf den Uhnówer Webern zum weben gegeben. Die Männerstiefel und Frauenschuhe werden natürlich vom Familienvater verfertigt. Alle Kleider, mit Ausnahme der männlichen Tuchkleider und Pelze, werden von der Frau und den erwachsenen Töchtern selbst genäht. Die Kleider sind immer ganz und rein. Jedes Loch in denselben wird sorgfältig sofort von der Hausfrau ausgebessert, jeder Fleck beseitigt. In Häuslichkeit, Sparsamkeit und Sorgfalt könnten die Uhnówer Hausfrauen vielen andern zum Muster dienen.

Das Heizmaterial ist Holz, selten auch Stroh. Das erstere erhalten die Uhnówer, wie schon erwähnt, aus dem Gemeindewalde. Die Wohlhabenderen holen es in mit Pferden bespannten Wagen und bezahlen 1 Gulden pro Fuhre Holz an die Forstverwaltung zur Deckung der Staatssteuern; die Ärmeren holen es mit Karren und bezahlen pro Karre 20 Kreuzer; wenn die Wege vom Regen aufgeweicht sind, tragen sie es in einem Sacke auf dem Rücken nach Hause.

Was das Beleuchtungsmaterial betrifft, so spielt das Petroleum bereits die wichtigste Rolle; in einigen Familien hat sich aber noch eine eigentümliche Art der Beleuchtung erhalten, die ich sonst nirgends gesehen habe. Auf einem kleinen eisernen Kamine brennen kleine Stücke getrockneten Holzes, der Rauch wird vermittelst einer Röhre von Leinwand zum Boden abgeführt; in besseren Häusern ist das eine Ende dieser Röhre von Eisen und der Rauch kann dann sofort ins Freie entweichen. Die Röhre ist unten sehr weit und wird nach oben immer schmäler. Die Leinwand ist über Drahtringe gespannt. Diese Kienholzbrände kamen (wie ich gehört habe) vor wenigen Jahrzehnten noch in mehreren Gegenden Deutschlands vor.

Budget-Gleichgewicht.

Eine Familie, welche drei Morgen Ackerland besitzt, kann beinahe alle ihre Ernährungsbedürfnisse mit selbsterzeugten Produkten befriedigen, sie braucht nur Fleisch und Salz zu kaufen. Bei so billiger Beschaffung der Nahrungsmittel ist es erklärlich, dafs viele Familien trotz ihres kleinen Einkommens noch sparen können. Alle Ersparnisse werden zur Vergröfserung des Besitztums verwendet; ehe sie aber eine für diesen Zweck geeignete Höhe erreicht haben, werden sie in der Kiste, von welcher ich oben sprach, aufbewahrt. Nicht so gut daran sind diejenigen, welche kein Land besitzen, und besonders nach schlechten Ernten fällt diesen das Auskommen recht schwer, weil dann die Bauern zu Ankäufen von Schuhwerk wenig geneigt sind. Viele von ihnen verschulden sich in solcher Zeit bei jüdischen Wucherern, denen sie oft 50 Prozent und mehr zahlen müssen. Meist ist es nicht leicht, sich über die Höhe der Verschuldung zu unterrichten, weil die Uhnówer sehr stolz sind und ihre Armut zu verbergen suchen.

Bedauerlich ist das Fehlen einer Gemeindespar- und Leihkasse in Uhnów. Übrigens sind in Galizien in letzter Zeit sehr viele solcher Kassen entstanden, und meiner Beobachtung nach bilden sie das einzige Mittel, das Volk aus den Händen der Wucherer zu befreien. Nur 22 Uhnówische Schuhmacher haben Hypothekenschulden, die alle durch Verteilung des Besitztums nach dem Tode der Eltern entstanden oder Teile des Kaufpreises sind; ihre Höhe übersteigt in keinem Falle den vierten Teil des Grundstückswertes. Ein Teil dieser Schulden ist bei der galizischen Landesbank durch Vermittlung ihrer Filiale kontrahiert worden, in diesem Falle betragen die Zinsen 8 Prozent bei zwanzigjähriger Amortisation; den anderen schossen Juden und andere Schuhmacher bei 10 Prozent Zinsen ohne Amortisation vor.

Charakterzüge, Sitten und Bildung.

Vieles diesbezügliche ergibt sich schon aus den bisherigen Ausführungen; es liegt mir nun ob, das Bild, soweit ich es im stande bin, zu ergänzen.

Als bemerkenswerteste sittliche Erscheinung muſs ich vor allem das geordnete Familienleben bezeichnen, wie ich es schon in meiner Einleitung als beste Folge der Hausindustrie hervorgehoben habe.

Im Gegensatze zu den von Friedrich Engels erzählten Fällen[1], wo die Frau in einer Fabrik arbeitet, der Mann keine Beschäftigung finden kann, sondern zu Hause bleibt und alle häuslichen Arbeiten verrichtet; im Gegensatz zu der groſsen Zahl städtischer Arbeiterfamilien, in welchen Mann und Frau von früh morgens bis spät abends in der Fabrik arbeiten und die Kinder ohne jede Aufsicht allein daheim gelassen werden; im Gegensatz zu den ländlichen Tagelöhnerfamilien, in denen beide Ehegatten während des Sommers auf dem Felde arbeiten, wohin die Säuglinge mitgenommen werden, so daſs sie jeder Witterung den ganzen Tag über ausgesetzt sind, während die anderen Kinder allein zu Hause bleiben, das sechsjährige Kind das dreijährige beaufsichtigen soll; im Gegensatz, sage ich, zu all' solchen Verhältnissen bleiben in Uhnów beide Ehegatten im Hause; die Kinder sind unaufhörlich unter der Aufsicht ihrer Eltern.

Das Zusammensein der Familie mildert gegenseitig die Charaktere, erhöht die Fürsorge der Eltern für das Wohl ihrer Kinder. Die Zahl der Geburten ist gewöhnlich viel kleiner, als in den benachbarten Dörfern, anderseits aber auch die Sterblichkeit viel geringer. Der Ausbildung der Kinder und deren Zukunft widmen die Eltern gern den jeweiligen Ertrag ihrer Arbeit.

Der Schullehrer hat keinen Grund, sich über Versäumnis des Schulbesuches zu beklagen. Alle Uhnówer schreiben und lesen sehr flieſsend. Das ganze Streben der Eltern ist darauf gerichtet, ihre Söhne ins Gymnasium oder ins Volksschullehrerseminar nach Lemberg zu schicken. Die Schule in Uhnów ist eine gewöhnliche dreiklassige Volksschule. Die deutsche Sprache wird in ihr nicht gelehrt. Dieser Unterricht wird jedoch privatim vom Volksschullehrer allen den Kindern erteilt, die nach dem Wunsche der Eltern das Gymnasium besuchen sollen. Solcher Kinder gibt es jährlich durchschnittlich zehn. Der Privatunterricht kostet für jedes Kind auf das Jahr 10 Gulden. Man erzählt, daſs augenblicklich etwa 64 Priester leben, welche aus Uhnów stammen; die Zahl der aus Uhnów gebürtigen Volksschullehrer ist wahrscheinlich nicht viel kleiner. Dies ist jedenfalls ein sehr gutes Zeugnis für die Aufopferungsfähigkeit der Uhnówer in dem Bestreben, ihre Kinder vorwärts zu bringen.

Die Familienbande sind so innig, daſs die Uhnówer,

---

[1] Friedrich Engels: Die Lage der arbeitenden Klassen in England, p. 175—183.

welche es zu hohen Stellungen gebracht haben, ihrer Eltern nie vergessen. Ich kenne eine Familie, welche von ihrem Sohne, einem Arzte in Jerusalem, jedes Jahr 50—100 Rubel erhält. Auch werden die Eltern häufig besucht, wenn die Entfernung nicht allzugrofs ist. Dieser Zug scheint mir für die Uhnówer recht charakteristisch zu sein, weil man es doch nicht selten findet, dafs Leute, denen es gelungen ist, in einer höheren Gesellschaftsklasse als die, welcher ihre Eltern angehören, Aufnahme zu finden, sich fast ihrer Eltern zu schämen beginnen.

Ein vor zwölf Jahren kinderlos verstorbener reicher Schuhmacher, Namens Zukowski, hat einen Fond gestiftet, aus dessen Zinsen jährlich 20 aus Uhnów gebürtige Knaben, welche in Lemberg das Gymnasium besuchen, Stipendien zu 80 Gulden erhalten, was eine wichtige Beihülfe für diese Schüler ist, die nur wenig von Hause erhalten und sonst das ihnen Fehlende dadurch verdienen müssen, dafs sie Schwächeren Nachhülfestunden erteilen. Derselbe Wohlthäter hat eine Anstalt fundiert, in der Kinder Wohnung und Beaufsichtigung finden und in der deutschen Sprache und im Gesang unterrichtet werden. Die anderen Gegenstände lernen sie in der Volksschule.

Heiratet ein Schuhmacher in Uhnów, so sehen die Eltern beider Ehegatten zu, dafs sie ihnen ein Haus bauen und ein Stück Feld zuteilen können. Sonst bleibt das junge Paar bei den Eltern. Das Zusammenleben vollzieht sich in schönster Harmonie. Gewöhnlich heiraten die jungen Leute gleich nach Beendigung der Militärpflicht, also im 24. Jahre, die Mädchen dagegen im 20. Jahre. Leichtsinnige Ehescliefsungen kommen, wie ich bemerkt habe, in Uhnów viel seltener vor als unter den Bauern, geschweige denn in der städtischen Arbeiterbevölkerung. Gewöhnlich wartet man mit der Hochzeit, bis die Ersparnisse so weit angewachsen sind, dafs man sich ein neues Haus bauen kann, und bis der Platz für dasselbe gefunden ist, was nicht immer eine leichte Aufgabe bildet; denn die meisten Uhnówer hängen sehr an ihrem Besitztum und veräufsern es daher nur für einen aufserordentlich hohen Preis oder wenn die Verhältnisse sie dazu zwingen. Wenn trotz dieser Anhänglichkeit an den überkommenen Besitz die Söhne so vieler Uhnówer Meister nach einer höheren socialen Stellung trachten, so beweist das nur einen um so stärkeren Ehrgeiz.

Keine Unternehmungsform ist für die sittliche Entwicklung der Kinder so günstig, wie die Hausindustrie. Beim Ackerbau nimmt die Beschäftigung der Kinder (die kleineren hüten gewöhnlich die Gänse, die gröfseren das Vieh) den Geist zu wenig in Anspruch. Sie langweilen sich und kommen auf schlechte Gedanken. Schon viele vierzehnjährige

Mädchen verlieren so ihre jungfräuliche Ehre. Im Sommer arbeiten die Eltern auf dem Felde und kümmern sich nicht weiter um die Kinder. Bei den Handwerkern, die nicht zu Hause, sondern in den Werkstätten ihrer Meister arbeiten und die nicht so viel verdienen, um ihre Frauen der Berufsarbeit entheben zu können, stehen die Dinge nicht viel besser, obgleich im allgemeinen Handwerker der Beaufsichtigung ihrer Kinder und vor allem der Überwachung der Sittsamkeit ihrer Töchter mehr Aufmerksamkeit schenken als die ländliche Bevölkerung. Am besten ist in der Beziehung die hausindustrielle Arbeiterschaft daran. Das beständige Zusammensein sämtlicher Familienglieder bringt diese einander näher und es ist für die Eltern eine verhältnismäfsig leichtere Aufgabe, gute Keime in das empfängliche Gemüt des Kindes zu legen. Welchen Einflufs auf den sittlichen Fortschritt des ganzen Geschlechts die Hausindustrie hat, zeigt uns am besten Uhnów. Die Zahl der unehelichen Kinder ist verschwindend klein. Fast immer werden diese durch nachfolgende Ehe der Eltern legitimiert.

Der Richter von Uhnów hat mit den Schuhmachern sehr wenig Arbeit, höchstens hat er den einen oder den andern wegen einer Prügelei oder Beleidigung zu verurteilen, und auch das selten, weil die Uhnówer keine Trunkenbolde sind.

Der Mann geht Sonntags mit seiner Frau in die Messe und hernach in eine Schenke, wo sie ein Glas Bier trinken. Freilich können sich das nicht alle leisten. Hat ein Schuhmacher zum Winden des Leders oder bei flottem Geschäftsgange zur Aushülfe bei seiner Arbeit Gehülfen, dann trinkt er mit ihnen zweimal täglich ein Gläschen Schnaps. Hierauf beschränkt sich der Verbrauch geistiger Getränke.

Die so sehr unter den Bauern verbreitete Unsitte, die Grenzmarksteine und Grenzzeichen zu verderben, um das eigene Besitztum um ein Stückchen Land zu erweitern, herrscht nicht in Uhnów.

Den Behörden gegenüber zeigen sich die Uhnówer Schuhmacher gehorsam. Indessen wird diese Tugend bei ihnen niemals zu sklavischer Unterwürfigkeit. So stimmten sie bei den letzten zwei Wahlen zum Reichsrat und Landtage für einen Ruthenen, obgleich der polnische Kandidat zugleich Regierungskandidat war. Die von ihnen selbst gewählten Vorstände, wie Bürgermeister und Zunftmeister, sind hochgeachtete und verehrte Persönlichkeiten, die sich nie über Ungehorsam zu beklagen haben.

Ein Charakterzug der Uhnówer ist ihre strenge Frömmigkeit. Mehr als drei Viertel der Einwohnerschaft sind Ruthenen, ein Viertel Polen, erstere griechisch-katholisch, letztere römisch-katholisch. Das ist das einzige Unterscheidungsmerkmal zwischen beiden. Die allgemeine Sprache ist die ruthenische, die aber hier viel stärker mit polnischen Wörtern versetzt ist, als es sonst der Fall. Alle feiern die griechisch- wie die römisch-katholischen Feiertage. Die Polen begehen die Hauptfeiertage, wie Ostern und Weihnachten, nach dem lateinischen Kalender bei sich zu Hause und laden die Ruthenen ein, letztere thun ein Gleiches an den griechisch-katholischen Feiertagen. Keine Agitation ist im stande dies brüderliche Einvernehmen zu stören.

Die ernste Frömmigkeit der Uhnówer muſs jedem Beobachter auffallen. Das ländliche Volk ist in Galizien überhaupt sehr religiös, die Uhnówer aber sind es in besonderem Maſse, namentlich was die Aufrichtigkeit und innere Wahrhaftigkeit ihrer religiösen Empfindung anlangt. Mit gröſster Strenge beobachten sie nicht nur alle äuſseren Vorschriften der katholischen Kirche, auch ihr Handeln suchen sie nach den Grundsätzen des Christentums, wie es von ihnen verstanden wird, zu gestalten. Während die ländliche Bevölkerung bei all ihrer Frömmigkeit nur ungern pekuniäre Opfer für die Kirche bringt, ist in Uhnów die Zahl der Schuhmacher nicht gering, die mit groſser Mühe ihr ganzes Leben sparen, um der Kirche 500—1000 Gulden zu vermachen und dafür für allezeit an gewissen Tagen die Messe für sich lesen lassen zu können. Mag man vom ökonomischen Standpunkt darüber denken, wie man will, sicher muſs man zugeben, daſs dieser Äuſserung religiösen Gefühls ein hoher Grad moralischer Kraft zu Grunde liegt, — ein ehrendes Zeugnis für den Charakter dieser Bevölkerung.

Bezeichnend ist das Verhalten der Uhnówer Schuhmacher den Juden gegenüber. Im allgemeinen ist die galizische Bevölkerung (besonders die Arbeiter) den Juden nicht sehr freundlich gesinnt. Freilich ist das nicht zu verwundern, da Galizien 700 000 Juden zählt, von denen ein groſser Teil nicht arbeitet, sondern als Wucherer und Makler lebt oder Schenken mietet und die arbeitenden Klassen zum Trunk verleitet. Trotzdem dürfen wir Galizien nicht für ein ohne weiteres antisemitisches Land ansehen. Ein Jude, von dessen Redlichkeit man sich überzeugt hat, wird sogar hoch geschätzt. Von der sehr kleinen Zahl gebildeter Juden, welche Galizien hat, sind einige Reichsrats- und Landtagsabgeordnete, in allen städtischen Gemeinderäten sind Juden ziemlich zahlreich vertreten. Jeder Bauer ist von vornherein ein groſser Judenfeind; der Wucherer aber, der mit ihm Geschäfte macht, weiſs sich fast immer in sein Vertrauen zu schleichen und ihn auszubeuten.

Die Uhnówer Schuhmacher sind die entschiedensten Antisemiten, die sich auf alle mögliche Weise gegen die Juden abzuschlieſsen suchen. Bei der vorletzten Gemeinderatswahl hatte man den Termin auf einen jüdischen Feiertag angesetzt, so dafs die Juden nicht stimmen konnten und natürlich keiner von ihnen in den Gemeinderat gewählt wurde. Der Statthalter wies den Rekurs der Juden als unbegründet zurück, weil, wenn die Wahlen, wie es häufig vorkomme, auf einen christlichen Feiertag anberaumt würden und das Gesetz dies erlaube, kein Grund ersichtlich sei, warum die Juden hierin einen Vorzug haben sollten. Jetzt hat der Gemeinderat 8 jüdische Mitglieder gegen 22 christliche.

Sind in andern galizischen Städten die Juden so sehr die Herren der Situation, dafs bei einem Streit zwischen einem Christen und einem Juden sie sämtlich ihrem Glaubensgenossen zu Hülfe eilen und dessen Gegner zwingen das Feld zu räumen, so meiden sie in Uhnów, wo sie nicht ausschliefslich das Centrum der Stadt einnehmen, sorgfältig jeden Streit, da sie vor den tüchtigen, selbstbewufsten Schuhmachern grofsen Respekt haben Als einmal eine Schlägerei zwischen einem Juden und einem Schuhmacher entstand und die Gensdarmerie den Juden in Schutz nahm, läutete man in beiden Kirchen und im Rathause die Alarmglocken.

Die Uhnówer Schuhmacher werden in hohem Grade von Wucherern und Häutehändlern ausgebeutet. Wohl sind sie sich dessen bewufst, wenn sie mit ihnen Geschäfte abschliefsen, allein sie haben kein Mittel sich dagegen zu wehren.

Um die hauptsächlichsten Charakterzüge der Uhnówer Schuhmacher zusammenzufassen, so haben sie einen stark entwickelten Familiensinn, zeichnen sich durch Frömmigkeit, Redlichkeit und einen wohlanstehenden Stolz aus. Dabei erweisen sie sich den Behörden, namentlich den selbstgewählten, willfährig, sofern es sich um das Gebiet ihrer amtlichen Thätigkeit handelt, und sind ihren Gemeindemitgliedern gegenüber freundlich und aufopferungsfähig. Nur wenn es sich um Geschäfte handelt, werden sie zurückhaltend und mifstrauisch, infolgedessen sie auch für Genossenschaftswesen wenig Empfänglichkeit haben. Mit Klugheit und Unternehmungsgeist vereinigen sie endlich Fleifs und Sparsamkeit.

Bei Betrachtung der Gesundheitsverhältnisse mufs ich mich auf das Allernotwendigste beschränken. Der allgemeine Zustand erhellt schon aus dem Gesagten, und zu einer Specialbetrachtung fehlen mir die notwendigen Materialien. Was sonst auf die Gesundheit der Schuhmacher so nachteilig wirkt, das krumme Sitzen bei der Arbeit, findet bei den Uhnówer Schuhmachern ein Korrektiv in der gesunden Abwechslung, die ihnen Ackerbau und Gerberei bringen. So wurden denn auch nach dem Durchschnitt der Jahre 1883—1888 von den Gestellungspflichtigen unter den Uhnówer Schuhmachern 31 Prozent für diensttauglich befunden, während bei den dortigen Juden dieser Prozentsatz nur 5, in Galizien überhaupt nur 12 betrug.

Die Fachschule in Uhnów.

Der intelligente und energische Volksschullehrer in Uhnów war es, der zuerst auf den Gedanken kam, den dortigen Schuhmachern durch Gründung einer Fachschule den Fortschritt in ihrem Handwerk zu erleichtern. Zu diesem Zweck eignete er sich selbst die notwendigsten Kenntnisse in der Schuhmacherei an und erlernte die Behandlung der Nähmaschine. Ferner kaufte er sich aus eigenen Ersparnissen zwei Nähmaschinen und richtete ein Zimmer seiner Wohnung als Werkstatt ein. Die Schüler teilte er in vier Gruppen ein. Die erste, zu der die am weitesten Ausgebildeten gehörten, lernten das Zuschneiden und Maſsnehmen, die zweite das Steppen und Schaftmachen, die dritte das Bodenmachen, die vierte das Ausputzen.

Der Lehrer lehrte selbst nur das Behandeln der Nähmaschine und die Grundsätze beim Zuschneiden und Maſsnehmen, alles andere lehrt der einzige fortgeschrittene Schuhmacher aus Uhnów. Ersterer beanspruchte keine Vergütung für die auf den Unterricht verwandte Zeit; letzterer arbeitete an drei Wochentagen in der Schule und erhielt dafür 3 Gulden wöchentlich. Die in der Schule angefertigten Schuhe wurden an eine Krakauer Firma verkauft, mit der sich der Lehrer in Geschäftsbeziehungen gesetzt hatte. Den Schülern wurde schon in der dritten Woche eine Belohnung zuerkannt, welche den Betrag überstieg, den während der drei Monate des flotten Absatzes die Schuhmacher in Uhnów ihren Gehülfen zahlen. Ein groſser Teil der Schüler setzte sich aus verheirateten Schuhmachern zusammen. In kurzer Zeit belief sich der Gesamtbesuch auf 40, so daſs infolge der Kleinheit des Lokals jeder Schüler nur drei Wochentage in der Schule arbeiten konnte.

Als der Bezirksrat sich von den ausgezeichneten Resultaten der Fachschule überzeugte, beschloſs er, sie jährlich mit einer Summe von 150 Gulden zu unterstützen. Bald nachher wurde Uhnów vom k. k. Gewerbeinspektor für Galizien und Bukowina besucht, und dieser setzte als Mitglied der Landeskommission zur Hebung der Gewerbe durch, daſs der Fachschule als Umlaufskapital einmalig 400 Gulden und jährlich 300 Gulden zur Besoldung der Lehrer bewilligt wurden.

Die Organisation der Schule ist dieselbe geblieben, sie kann sich aber jetzt sicherer entwickeln. Die Erfolge sind schon sichtbar; es gibt jetzt eine groſse Zahl von Schülern, welche genagelte Schuhe mit Absätzen herstellen. Die Geschichte der Schule ist ein lehrreiches Beispiel dafür, wie man oft mit kleinen Mitteln, welche im Budget einer wohlhabenden Privatperson, geschweige denn einer Landesregierung keine Rolle spielen, Hunderten von Menschen ihr Fortkommen erleichtern kann.

Das Leder in Uhnów ist dauerhaft, aber stark und dick, darum zu leichteren Arbeiten untauglich. Die Fachschule produziert gewöhnliche Stiefel für die ländliche Bevölkerung. Indessen wird das Schuhwerk nach neuern Formen gearbeitet, mit Absätzen versehen und auf den Rand genagelt. Aufserdem fertigt sie feine Jagdstiefel an, deren Verkauf einige Krakauer und Lemberger auf ihre eigene Rechnung übernommen haben. Das andere Schuhwerk verkauft die Schule selbst an Ort und Stelle.

Um den Schuhmachern das richtige Verfahren beim Gerben des Leders beizubringen und die Kosten des Gerbens zu vermindern, hat man zwei Schuhmacher nach Rzeszów geschickt, um sich in den dortigen grofsen, gut eingerichteten Gerbereien das rationelle Gerbverfahren anzueignen.

Zweiter Abschnitt.

Die hausindustrielle Schuhmacherei Galiziens im allgemeinen.

Zahl und Nebenbeschäftigungen der hausindustriellen Schuhmacher.

Aus dem, was ich einleitend über den Begriff der Hausindustrie sagte, erhellt, dafs es keine feste Grenze zwischen der Hausindustrie und dem Handwerk gibt. Nach der in der österreichischen Gewerbeordnung aufgestellten Definition der Hausindustrie erscheinen als Hausindustrielle nur die Schuhmacher in denjenigen Ortschaften, die, gleich gewissen Ortschaften in Deutschland, fast ausschliefslich von Schuhmachern bewohnt werden.

Wie ich schon erwähnte, hat das statistische Bureau des Landesausschusses dieser Tage eine Schrift veröffentlicht, welche die Zahl der Schuhmacher und Gerber sowohl in einzelnen Bezirken wie in den für das Gewerbe besonders wichtigen Ortschaften angibt.[1] Mit Hülfe dieser Arbeit, auf Grund der Antworten auf meine Fragebogen und auf Grund persönlicher Kenntnis der Verhältnisse im Schuhmachergewerbe ist es mir möglich, die Zahl der Hausindustriellen von der der Handwerker zu sondern, obwohl ich mir dabei bewufst bin, auf Genauigkeit keinen Anspruch erheben zu können.

In den Ortschaften mit überwiegendem Schuhmachereibetrieb beläuft sich die Zahl der Schuhmacher auf 4528, die

---

[1] Rocznik statystyki przemyłu i handlu pod redakcyą, Tadeusza Rutowskiego zeszyt XIII.

Zahl dieser Ortschaften selbst aber auf 46. Von diesen habe ich 30 entweder selbst besucht oder aus ihnen von Vertrauensmännern ganz ausführliche Nachrichten über die sociale und ökonomische Lage der dortigen Schuhmacher erhalten. Nach meiner erschöpfenden Darlegung der Verhältnisse in Uhnów kann ich mich im Folgenden kürzer fassen und werde deshalb das Hauptgewicht auf die Abweichungen von den Uhnówer Zuständen legen.

Alle diese Ortschaften sind kleine Städte von 800—7000 Einwohnern. Ausgenommen sind nur die Städte Grodek mit 10116, Breszów mit 11166 und Drohobycz mit 18225 Einwohnern. In diesen Städten wohnen die hausindustriellen Schuhmacher jedoch in einer Vorstadt und stehen daher in ebenso enger Berührung wie die in kleinen Ortschaften. In Grodek sind sie am wenigsten örtlich konzentriert.

Die Sitze der Hausindustrie sind über ganz Galizien zerstreut, im Osten des Landes liegen ihrer mehr als im Westen.

Von den 30 hausindustriellen Genossenschaften, die meine Fragebogen ausfüllten, haben 8 auf Frage 47 geantwortet, dafs sämtliche Schuhmacher ein kleines Besitztum, d. h. Haus, Garten und ein Stückchen Ackerland haben. Die 22 andern geben genau die Zahl der besitzenden und der nichtbesitzenden Schuhmacher an. Darnach beträgt durchschnittlich die Zahl der besitzenden $^2/_3$ aller Schuhmacher in diesen 22 Ortschaften. Über die Gröfse des Besitzes habe ich nichts Genaues in Erfahrung bringen können. Eine ungefähre Vorstellung hiervon geben uns jedoch die Antworten auf Punkt 48 (Anhang I). Sechs Genossenschaften erklärten, dafs bei ihnen die Besitzungen, deren Gröfse sie genau anzugeben verfehlen, kleine Einkünfte brächten; bei sieben derselben befriedigten sie nur das Bedürfnis der Wohnung und lieferten das nötige Gemüse für den Haushalt, während Getreide und Fleisch zum grofsen Teile gekauft werden müfsten. Nach den übrigen 17 Fragebogen befriedigten sie alle Bedürfnisse an Wohnung und Nahrung, brächten aber kein Geld ein.

Wie ich mich selbst überzeugt habe, sind diejenigen Schuhmacher selten, die mehr als 1 Hektar Ackerland ihr eigen nennen können. Das Ackerland ist wie in Uhnów in lange Streifen geteilt. Die Wirtschaftsgebäude stehen gewöhnlich neben dem Wohnhause. Ist dieses im Centrum der Stadt gelegen, so baut man das Wirtschaftsgebäude in die Vorstadt, und es entsteht nach und nach eine ganze Strafse von solchen Häusern, ganz wie in Uhnów.

In vielen Städtchen pachten die Schuhmacher Landparzellen, beispielsweise in Gröfse von 5—15 Morgen, vom Pfarrer oder von der Gemeinde, sofern diese Ackerland besitzt.

Die meisten hausindustriellen Schuhmacher sind fleifsig, arbeitsam und haben viel Unternehmungsgeist. So pachten sie in allen mir bekannten Ortschaften die Obstgärten im Städtchen oder in den benachbarten Dörfern; in 16 Städten finden wir sie als ländliche Lohnarbeiter; in vieren helfen sie im Winter die Eisenbahnstrecken vom Schnee befreien.

An manchen Orten werden die Schuhmacher während der Erntezeit von den Gutsbesitzern, und zwar nicht blofs von den benachbarten, sondern auch von entfernter wohnenden gemietet, ohne dafs es hierbei eines Vermittlers bedürfte. Jeder bezieht den gleichen Lohn unmittelbar vom Gutsbesitzer. Für die entfernt Wohnenden läfst dieser Baracken bauen, in denen es weder Bettstellen noch andere Möbel gibt. Der Boden in einem solchen vollständig leeren Raume wird mit Stroh bedeckt und auf diesem schlafen die Arbeiter. In vielen Ortschaften wandern so nicht nur die Männer, sondern auch ihre Frauen auf Arbeit. Im galizischen Podolien gibt man den bei der Weizen- und Roggenernte beschäftigten Schuhmachern den 10. Teil der Ernte und Kost oder die rohen Bestandteile der Kost. Bei dem durchschnittlichen Preise von 8 fl. für 100 kg Weizen kann ein Mann täglich 80 kr. verdienen. Das als Lohn erhaltene Getreide wird sofort verkauft, wenn die Arbeit in entlegenen Dörfern zu leisten war, andernfalls dient es dazu, den eigenen Bedarf zu decken.

In minder fruchtbaren Gegenden verdienen die Schuhmacher während der Ernte, also in einer Zeit, wo der Lohn fast zweimal so hoch ist als sonst, 40 kr., ohne dabei freie Kost zu erhalten.

In 11 der 46 hausindustriellen Ortschaften sind die Schuhmacher zugleich Gerber. Sie gerben indessen nur das für ihren eigenen Bedarf erforderliche Leder. Die ursprünglich allgemeine Verbindung der beiden Beschäftigungen ist jedoch daneben vielfach im Laufe der Zeit einer Berufsteilung gewichen, und zwar aus verschiedenen Gründen. In manchen Gegenden wurde es schwierig, Eichenrinde zum Gerben zu erhalten, weil es in Folge der Ausrodung der Wälder an Eichen fehlte, oder die Schuhmacher wollten in der Zeit des flotten Absatzes keine Zeit mit Gerben verlieren und kamen so mit Lederhändlern in Berührung, die sie nicht wieder losliefsen. Hin und wieder ist es auch, wie in Uhnów, das Sinken der Preise für das Schuhwerk, was die Schuhmacher bewegt, sich an einen der Lederhändler zu wenden, um sich durch den Einkauf schwachen, schlecht gegerbten Leders für den Ausfall am Verdienst ihrer Schuhmacherei schadlos zu halten.

Endlich sind viele Schuhmacher auch zugleich Riemer. Diese Nebenbeschäftigung ist nicht auf gewisse Ortschaften beschränkt, sondern in jeder Schuhmachergemeinde finden sich einige Leute, die ihr obliegen.

Produktion und Absatz des Schuhwerks.

In allen 46 Ortschaften werden hauptsächlich Bauernrohrstiefel angefertigt. Nur in 8 Städten spielt die Produktion feineren Schuhwerks eine erhebliche Rolle, in 3 von diesen umfaſst sie sogar die Hälfte der ganzen Produktion. In den wichtigsten Städten der Schuhmacherhausindustrie aber wird ausschließlich Schuhwerk für Bauern verfertigt, so namentlich, von Uhnów abgesehen, in Kulików, das 150 Meister und 600 in der Schuhmacherei beschäftigte Personen aufweist, in Grodek mit 177 Schuhmachern, Kopyczyńce mit 150, Pruchnik mit mehr als 100 Meistern.

In allen mir bekannten Ortschaften, Uhnów ausgenommen, befestigen die Hausindustriellen die Sohle mit Holznägeln. Die Schuhe haben im allgemeinen sehr primitive Formen. Nähmaschinen sind nicht in allgemeinem Gebrauche, doch findet sich in vielen Städten ein oder der andere Meister, der eine Nähmaschine besitzt und andern die Schäfte gegen Bezahlung, beispielsweise 15 kr. für ein Paar, zusammennäht.

Die regelmäſsige gewerbliche Arbeit findet nur im Herbst und in den ersten Wintermonaten statt. In der Erntezeit sind die Schuhmacher auf dem Felde thätig. In der übrigen Zeit verfertigen sie, wenn sie keine sonstige Beschäftigung finden können, Schuhwerk an, welches sie in günstigeren Monaten absetzen.

Die erwachsenen Söhne arbeiten fast immer mit ihrem Vater zusammen; in den Städten, wo die Landwirtschaft nur eine untergeordnete Rolle spielt, auch die Frauen, wie in Grodek und Kulików.

Die Zahl der Gesellen läſst sich nicht genau ermitteln. Bis jetzt haben noch nicht in allen hausindustriellen Ortschaften die Genossenschaften Bücher, in welche Gesellen und Lehrlinge eingetragen werden. In vielen Städten kommt es ferner, wie in Uhnów, vor, daſs, um die Gewerbesteuer zu ersparen, mehrere Meister sich als Gesellen eines andern ausgeben, so daſs es, wenn auch die Zahl der Gesellen in die Bücher der Genossenschaft eingetragen ist, schwer fällt, die wirkliche Zahl zu ermitteln.

In allen Städten bildet es die Regel, daſs selbst wohlhabende Meister nur einen Gesellen haben. Dieser wohnt und iſst bei ihnen und wird fast immer jährlich bezahlt. In der Zeit, wo der Meister seinen Acker bestellt, hilft er ihm hierbei, so daſs er kein gewerblicher Gehülfe im strengen Sinne des Wortes ist. Wenn er sich verheiratet, gibt er die Stellung beim Meister auf.

Häufig arbeiten Meister, die den Kredit beim Lederhändler verloren haben, für wohlhabende Kollegen entweder bei sich oder, was seltener vorkommt, in deren Hause. Trotzdem werden sie Meister genannt, und sobald eine Verbesserung ihrer pekuniären Lage eintritt und sie wieder Kredit bekommen, fangen sie wieder an, auf eigene Rechnung zu produzieren.

Die von zehn hausindustriellen Genossenschaften über die Zahl ihrer Gesellen und Lehrlinge mir gemachten Mitteilungen liefern folgende Daten:

Namen der Orte	Zahl der Meister	Zahl der Gesellen	Zahl der Lehrlinge
Cieszanów	80	8	40
Dobczyce	60	250	27
Kopyczyńce	50	70	30
Skałat	59	50	20
Kuty	36	10	6
Jasło	32	8	10
Grodek	78	55	54
Limanowa	52	20	30
Drochobycz	160	80	85
Dębrowice	20	—	—

Selbstverständlich haben diese Zahlen nur einen geringen Wert, weil sie bei den Lehrlingen die Söhne der Meister von den übrigen Lehrlingen nicht trennen, sie oft überhaupt nicht mitzählen, und die wirklichen Gesellen nicht von den nur nominellen unterscheiden.

Das Leder bezw. die Häute kaufen die Schuhmacher von den Kleinhändlern, die immer Juden sind.

Zur leichteren Beschaffung des Rohstoffes haben sich in den letzten Jahren Genossenschaften gebildet. In ganz Galizien existieren blofs neun Rohstoffgenossenschaften für Lederankauf, nämlich in Drohobycz, Dobczyce, Krakau, Lańcut, Pruchnik, Przemyśl, Rymanów, Sędriszów und Tarnów. Drei von diesen dienen vor allem der Hausindustrie, nämlich die Genossenschaften in Dobczyce, Pruchnik und Sędriszów. Die Genossenschaften von Lańcut und Drohobycz kommen in gleicher Weise der Hausindustrie wie den Handwerkern zugute, weil ihre Mitglieder sich auf beide Unternehmungsformen verteilen. Noch im vorigen Jahre existierten elf Genossenschaften in Galizien. Zwei von diesen, die eine in Lemberg, die andere in Kulików, sind im vorigen Jahre in Konkurs geraten, und zwar die Lemberger infolge der Fälschung der Bilanz durch ihren Kassierer. Die Genossenschaft von Pruchnik hat 65 Mitglieder, die in Lańcut, der auch die Schuhmacher von Zolyn angehören, gegen 100, Dobczyce 80, von Sędziszów ist mir die Zahl unbekannt. Alle entwickeln sich sehr günstig. Das Gründungsjahr der ältesten von diesen hausindustriellen Genossenschaften ist 1883.

In allen anderen Städten fallen wie in Uhnów die Schuhmacher der Habgier der Lederhändler zum Opfer. Fast alle kaufen das Leder auf Borg und müssen es darum 10 Prozent teurer bezahlen, trotzdem die Schuld nicht selten schon innerhalb der nächsten Wochen getilgt wird. Das Leder wird nach Gewicht gekauft. Ist nun ein Schuhmacher beim Lederhändler verschuldet, so muſs er es sich ganz ruhig gefallen lassen, daſs die Ware falsch gewogen wird. Solcher Fälle beobachtete ich mehrere. Dazu kommt noch, daſs der Schuldner bei der Rückzahlung seiner Schuld Reste anstehen läſst, wodurch er in ein Abhängigkeitsverhältnis von seinem Lieferanten gerät, welches es ihm unmöglich macht, sich nach billigerer und besserer Ware umzusehen.

Das angefertigte Schuhwerk wird auf den Märkten abgesetzt. Nur wenige Schuhmacher hausindustrieller Ortschaften — und diese rechne ich zu den Handwerkern, — verkaufen dasselbe an Ort und Stelle. Es sind dies die in ihrem Fache besser Ausgebildeten, die häufig auch eine Nähmaschine besitzen und ihren zurückgebliebenen Kollegen die Schäfte nähen. Da diese Kategorie von Schuhmachern ohne Nebenbeschäftigung ist, lasse ich mich in diesem Teile meiner Abhandlung nicht weiter auf die Besprechung derselben ein.

Die hausindustriellen Schuhmacher in den erwähnten Ortschaften dagegen produzieren ihre Ware auf eigene Rechnung und setzen sie direkt auf den Märkten an das aus Bauern sich zusammensetzende Publikum ab. Nicht selten kaufen die Krämer, die sonst mit den Produzenten in keiner näheren Beziehung stehen, die Schuhe auf, allerdings erst auf dem Markte. In den Grenzstädten Skała und Shałat sind die russischen Kaufleute Abnehmer eines groſsen Teils der angefertigten Ware.

Mit der zunehmenden Verarmung in der Schuhmacherhausindustrie ist auch die Zahl der Flickschuster gewachsen. Sie beträgt in der Stadt Rzeszów die Hälfte aller Schuhmacher.

Mit dem Verfall der Märkte kam in manchen Gegenden das Umherziehen mit neuem Schuhwerk auf, was sich besonders stark in Hussaków und Krukienice entwickelte.

Was den Umfang der Produktion betrifft, so werden in den 46 Städten mit hausindustrieller Schuhmacherei jährlich 720 100 Paar Schuhe angefertigt, es kommen somit auf einen Meister jährlich im Durchschnitt 158 Paar. Es liegt dieser Berechnung die von Dr. Rutowski bearbeitete und vom statistischen Bureau des Landesausschusses herausgegebene Publikation über Lederindustrie zu Grunde.

Auf Grund dieser Zahlen können wir den ungefähren jährlichen Verdienst eines hausindustriellen Meisters berechnen. Aus einem ganzen Ochsenleder für 9 Gulden lassen sich 4 Paar mittelgroſser Bauernrohrstiefel schneiden, so daſs das Leder zu einem Paar 2,25 Gulden kostet. Sohlenleder, Absätze und die anderen Zuthaten kosten noch 1,20 Gulden. Dabei beträgt der Preis für ein Paar solcher Schuhe 4, im Frühjahr sogar nur 3,50 Gulden. Von dem Leder bleibt nach dem Ausschneiden der vier Paare noch ein Stück übrig, das zu einem Paar kleiner Schäfte reicht. Da die Meister, welche für Bauern arbeiten, für dieses keine Verwendung haben, verkaufen sie es oft an den Lederhändler für 40 Kreuzer. Nehmen wir nun an, dafs jeder Meister von den 158 Paar Schuhen nur 28 zu 3,50 Gulden und 130 zu 4 Gulden verkauft, so stellt sich seine jährliche Einnahme auf nur 82 Gulden. Da aber im September, dem Monat des besten Absatzes, der Preis auf 4,50 Gulden steigt, so dürfen wir seine Einnahme auf 100 Gulden schätzen, und soweit ich mir ein Urteil bilden konnte, entspricht dies den thatsächlichen Verhältnissen. In den siebziger Jahren, in welchen wir gute Ernten und hohe Getreidepreise hatten, kostete, da die Schuhmacherhausindustrie noch wenig unter der Konkurrenz der Fabriken zu leiden hatte, das Paar 1 Gulden mehr, so dafs der Schuhmacher im Durchschnitt um 158 Gulden mehr verdiente, abgesehen davon, dafs in jenen Jahren viel mehr Schuhe abgesetzt wurden.

Ein Geselle erhält 40—50 Gulden jährlich, freie Wohnung und Kost. Die verarmten Meister, welche bei Wohlhabenden als Gesellen arbeiten, erhalten 30—40 Kreuzer für das Paar. In drei Tagen können sie je zwei Paar herstellen. Ungefähr denselben Lohnsatz fand ich in allen hausindustriellen Städten.

Die Lehrlinge bekommen in keiner dieser Städte Lohn, zahlen aber auch kein Lehrgeld. In den meisten Fällen (die Zahl derselben ist nicht genau festzustellen), werden sie von ihren Meistern gekleidet.

Haushalt.

Die Wohnhäuser der hausindustriellen Schuhmacher weisen die gröfsten Verschiedenheiten im Aussehen auf. Neben hübschen Landhäusern mit 4—5 Zimmern finden wir vor allem kleine Hütten. In Grodek besitzen viele Schuhmacher geräumige gemauerte Häuser, in denen sich auf der einen Seite des Vorzimmers eine Werkstätte und die Küche, auf der anderen zwei Wohnzimmer befinden, die mit modern aussehenden gepolsterten Möbeln ausgestattet sind. Daneben gibt es in derselben Stadt eine Menge kleiner, niedriger, nicht hoch über den Boden schauender Hütten, die, Küche und Vorzimmer eingerechnet, nur drei Räume aufweisen, diese jedoch mit modernem Mobiliar. Da in demselben Raume gekocht, gearbeitet und geschlafen wird, kann man sich lebhaft vorstellen, wie die Möbel schon nach kurzer Zeit aussehen.

Bei dem kurzen Bestehen der Schuhmacherindustrie in

Grodek sucht man hier charakteristische alte Überlieferungen und Sitten des Gewerbes vergeblich.

In Kuliców, neben Uhnów dem ältesten und bedeutendsten Sitze der Hausindustrie, sind die Häuser denen in Uhnów ähnlich eingerichtet, aber auch hier vermissen wir die Regelmäfsigkeit im Bau, an die wir uns in Uhnów gewöhnt haben. Die Formen der Häuser und ihre Lage zur Strafse weichen stark von einander ab.

In den meisten anderen Städten sind die Häuser der Schuhmacher nach Art ländlicher Hütten gebaut. Die Dächer sind mit Stroh bedeckt, die Wände, besonders in Ostgalizien, weder aus Backsteinen noch aus Brettern, sondern aus Lehm gemacht (preufsische Mauern). Die Eingangsthür führt in das Vorzimmer, auf dessen einer Seite das zugleich als Küche und Werkstatt dienende Wohnzimmer liegt. Dieses Zimmer ist selten mehr als 3 m breit, 4 m lang und $2^{1}/_{2}$ m hoch, und hat einen Boden von Lehm. Dielen trifft man nur sehr vereinzelt. In dem Zimmer schläft auch die Familie; nur wenn sie sehr stark ist, bringt man für die Nacht einen Teil derselben im Vorzimmer auf Stroh unter. Auf der anderen Seite des Vorzimmers liegt ein Speicher, Komora genannt, der selten so grofs wie der der Uhnówer Häuser ist. Alle diese Häuser, die gewöhnlich in der Vorstadt liegen, sind zwar primitiv eingerichtet, zeichnen sich aber durch peinliche Sauberkeit aus, was um so höher anzuschlagen ist, da gerade das Schuhmachergewerbe Ordnung und Reinlichkeit wenig begünstigt.

Die Zahl der Hausindustriellen, die kein eigenes Haus besitzen, ist mir nicht genau bekannt; am gröfsten ist sie da, wo die Landwirtschaft eine ganz untergeordnete Bedeutung hat. Jedoch dürfte sie auch hier 20 % nicht übersteigen. In den seltensten Fällen können solche Schuhmacher ein ganzes Haus für sich mieten, gewöhnlich nehmen sie nur eine Hälfte, die zweite bewohnt der Besitzer. Häuser, in denen zwei Familien wohnen, haben entweder gar keine Komora oder zwei sehr kleine, von denen die eine durch eine dünne Wand vom Vorzimmer, die andere vom Wohnzimmer abgeteilt ist.

Über die Ernährung der hausindustriellen Schuhmacher in Galizien kann ich nach dem, was ich hierüber in meinen Ausführungen über Uhnów gesagt habe, schnell hinweggehen. Sie ist im grofsen und ganzen der in Uhnów gebräuchlichen sehr ähnlich und überall bilden Kartoffeln und Roggenbrod ihren hauptsächlichen Bestandteil. Nur in Grodek ist die Ernährung wesentlich anders und nähert sich der der ärmeren grofsstädtischen Handwerker, von denen ich im zweiten Teil meiner Arbeit spreche.

Die Kleidung ist in den ältesten Sitzen der Schuhmacherindustrie (Kuliców, Próchnik, Kopyczynce) fast dieselbe wie in Uhnów und stellt das vereinfachte polnische Nationalkostüm vor. In andern Städten bildet sie einen Übergang von der Bauerntracht zur modernen grofsstädtischen Kleidung.

Sitten und Charakterzüge.

Die hausindustriellen Schuhmacher in Ostgalizien sind wie die sonstige Bevölkerung gröfstenteils griechisch-katholisch und sprechen ruthenisch, die in Westgalizien dagegen, den dortigen Verhältnissen entsprechend, sind römisch-katholisch und sprechen polnisch. In den Städten, die im westlichen Teile Ostgaliziens liegen, ist durchschnittlich ein Viertel polnisch und römisch-katholisch, trotzdem aber spricht alles ruthenisch, wenn auch das Polnische, wie von allen galizischen Ruthenen, ganz gut verstanden wird.

In den Herbstmonaten, der Zeit des besten Absatzes, arbeitet die ganze Familie des hausindustriellen Schuhmachers mit dem Hausvater. Dieser ist dann nicht selten von früh 3 Uhr bis Abends 11 Uhr thätig, besonders vor den Märkten, die man besuchen will. Was im Herbst von den hausindustriellen Schuhmachern zusammengearbeitet wird, übertrifft alles, was ich je gesehen habe. Jeder nutzt diese Zeit aus, soweit es nur irgend seine Kräfte gestatten, denn auf den Herbst drängt sich fast der ganze Verdienst seines Handwerks zusammen. Für Diejenigen, welche kein Grundstück besitzen, folgt im Frühjahr eine fast ganz beschäftigungslose Zeit, da es ihnen die schwierigen Kreditverhältnisse verbieten auf Lager zu arbeiten und so die Arbeit gleichmäfsiger auf das ganze Jahr zu verteilen. Für die, welche sich einen Obstgarten gemietet haben, beginnt die Zeit intensiver gewerblicher Arbeit erst, nachdem das Winterobst geerntet ist, wenn nicht, wie es häufiger der Fall, die Frau die Besorgung des Gartens übernimmt und der Mann nur in seinem Handwerk thätig ist.

Die ungünstigen Kredit- und Absatzverhältnisse haben die Hausindustriellen jedoch nicht verbittert. (Eine Ausnahme macht nur die um Lemberg herumwohnende Schuhmacherbevölkerung, namentlich die in Kulików und Grodek ansässige, die jedoch trotz dieser Stimmung für die communistische Agitation nicht empfänglich ist.) Das gute Familienleben und die tief eingewurzelten religiösen Überzeugungen schützen sie dagegen. Aber auch die Freude, die der Hausindustrielle an seinem Besitztum hat, die Möglichkeit, dasselbe im Falle guter Ernten vergröfsern zu können, und die Hoffnung auf bessern Absatz tragen mit dazu bei.

Im Familienleben ist auch die Ursache der wirklich väterlichen Behandlung der Lehrlinge zu suchen, die wie Mitglieder der Familie gehalten werden.

Die Schuhmacher in den alten Sitzen der Hausindustrie bilden infolge ihrer Absonderung von den Bauern eine Art Kaste, die an alten Sitten und Bräuchen mit Zähigkeit festhält. Nirgends tritt dies so stark hervor wie in Uhnów und Kulików. Überhaupt herrscht bei den hausindustriellen Schuhmachern aller mir bekannten Städte, Grodek ausgenommen, ein streng konservativer Sinn in der eigentlichen Bedeutung des Wortes. Wie spurlos die Geschichte an ihren Ansichten und Anschauungen vorübergegangen ist, zeigen zwei Beispiele:

Maria Theresia verlieh den Kulikówer Schuhmachern das Privileg, ihre Produkte auf dem Lemberger Markt ohne Entrichtung eines Standgeldes feilbieten zu dürfen. Vor einigen Jahren setzte der dortige Magistrat eine jährliche Taxe von 6 Fl. für jede Stelle fest. Die Kulikówer wollten dieselbe nicht zahlen, da sie, wie sie sagten, mit dem von Maria Theresia erteilten Privileg im Widerspruch stehe. Als ihnen darauf der Lemberger Magistrat für ungezahlte Gebühren Schuhe pfänden liefs, wandten sie sich an den Statthalter, um ihr Recht geltend zu machen; dieser erklärte ihnen, dafs sie die Gebühren bezahlen müfsten. Dennoch blieben die Kulikówer der Meinung, es sei ihnen ein Unrecht widerfahren, und noch in diesem Jahre fragten sie mich, ob sie in dieser Angelegenheit nach Wien zum Kaiser reisen dürften.

In einem andern Städtchen wollten die Schuhmacher fremde Konkurrenz ausschliefsen und beriefen sich deswegen vor dem Bezirkshauptmann auf ein Privilegium, das ihnen der polnische König Johann Kasimir verliehen hatte.

Doch um nach dieser kleinen Abschweifung auf die Charakteristik der Schuhmacherbevölkerung zurückzukommen, so erwähnen wir nur noch einige Züge. Mit der Religiosität und Gottesfurcht der ländlichen Bevölkerung vereinigen sie den schärferen Verstand der Städter. Wie jene halten sie Mafs in körperlichen Genüssen. Ihre Bedürfnisse an Nahrung, Wohnung u. s. w. sind bescheiden.

Trotz dieser Genügsamkeit sahen sich, wie in Skala zum Beispiel, Viele zum Berufswechsel genötigt. Ihre Lage mufs in der That verzweifelt gewesen sein, wenn sie sich, selbstbewufst wie sie sind, dazu entschlossen, Dienstboten zu werden.

Entwickelungstendenz der Hausindustrie und Vorschläge zur Hebung ihrer wirtschaftlichen Lage.

Nach dem, was ich in meinem Abschnitt über Uhnów und in dieser Skizze über hausindustrielle Schuhmacherei überhaupt gesagt habe, ist es nicht nötig, ausführlich über die Licht- und Schattenseiten der Hausindustrie zu sprechen, zumal diese schon mehrmals geistvoll und erschöpfend von deutschen Nationalökonomen[1] behandelt worden sind.

---

[1] Friedrich Engels, Die Lage der arbeitenden Klassen in England. — Karl Marx, Das Kapital. — Alexander Stellmacher, Ein

Zu den segensreichsten Folgen der Hausindustrie gehört das Unabhängigkeitsgefühl, welch letzteres bei der westeuropäischen Form der Hausindustrie, wo die Verleger ausschliefslich den Absatz in Händen haben, und noch mehr da, wo sie das Rohmaterial liefern, verloren geht. Dieser Verlust der Unabhängigkeit erstreckt sich jedoch nur auf das wirtschaftliche Leben, das häusliche bleibt unberührt. Die Einteilung der Zeit ist ganz dem Belieben der Hausindustriellen überlassen. Bei unserer Form der Hausindustrie bleibt der Meister in beiden Beziehungen vollkommen unabhängig. Andere Vorzüge unserer Hausindustrie sind die gesunde Abwechslung von gewerblicher und landwirtschaftlicher Arbeit, die billige Selbstproduktion der Nahrungsmittel. Endlich erweckt das eigene Besitztum in dem Hausindustriellen zugleich den wirtschaftlichen Sinn und das Gefühl der Zugehörigkeit zum Staat.

Um aber auch der Schattenseiten der Hausindustrie zu gedenken, so sei erwähnt, dafs sie in erster Linie den Hausindustriellen in ein gröfseres Abhängigkeitsverhältnis von der Konjunktur bringt. Gestaltet sich diese ungünstig, so wird der Unternehmer eher eine kleinere Zahl von Hausindustriellen beschäftigen, als die in seiner Fabrik thätigen Arbeiter entlassen, denn in der Fabrik steckt ein Kapital, das sich verzinsen mufs, und der Fabrikant erleidet bedeutende Verluste, wenn nicht die ganze Kraft der Maschinen ausgenutzt wird. Bei unserer Hausindustrie kommt dieser Umstand indessen nicht in Betracht. In unserer hausindustriellen Schuhmacherei richtet sich einmal der Absatz nach den Jahreszeiten, und der Bewegung derselben mufs sich die ganze Wirtschaft anpassen. Dann hängt der Absatz von der Ergiebigkeit der Ernte in der Weise ab, dafs auf eine schlechte Ernte ein absoluter Stillstand auf allen Märkten folgt, der für unsere Hausindustriellen noch viel verhängnisvoller wird, als die Mifsernte selbst. Sind sie durch ein ungünstiges Jahr in ihren beiden Erwerbsquellen geschädigt, dann können sie ihren Verpflichtungen gegen die Lederhändler nicht nachkommen und verlieren so ihren Kredit. Meister, die auf solche Weise wirtschaftlich zu Grunde gerichtet sind, müssen für Rechnung wohlhabenderer Genossen arbeiten oder einen andern Beruf ergreifen.

Die Unregelmäfsigkeiten im Absatz begünstigen die Ausbeutung durch den Lederhändler. Es ist deshalb zu befürchten, dafs sich eine Klasse von Verlegern bilden wird, welche die selbständigen Meister zu Lohnarbeitern herabdrückt, mit

---

Beitrag zur Darstellung der Hausindustrie in Rufsland. — Thun, Die Industrie am Niederrhein. — Sachs, Die Hausindustrie in Thüringen. — Stieda, Litteratur, heutige Zustände und Entstehung der deutschen Hausindustrie. (Schriften des Vereins für Socialpolitik, Bd. XXXIX.) — Schnapper-Arndt, Fünf Dorfgemeinden auf dem Hohen Taunus, u. s. w.

einem Wort, dafs unsere traditionelle Hausindustrie dieselben Formen annehmen wird, welche die deutsche hat und welche von deutschen Nationalökonomen so sehr beklagt wird.

Die Verleger gehen teils aus wohlhabenden Meistern, teils aus Lederhändlern hervor. Die Anfänge dieser Entwicklung können wir in beiden Richtungen deutlich wahrnehmen. Im ersten Falle ist es ein allgemeiner, sicherer, wenn auch langsamer Übergang zu einer Form der Hausindustrie, bei welcher die Arbeiter ihre Waren nicht mehr direkt an Konkurrenten absetzen, sondern von einzelnen Unternehmern ganz abhängig werden. In allen Ortschaften gibt es einzelne Meister, die verarmten Kollegen Rohmaterial zur Bearbeitung geben und ihnen für die Arbeit einen gewissen Lohn zahlen. Zwar fand ich nirgends einen Schuhmacher, der mehr als drei verarmte Kollegen beschäftigt hätte, meistens geben sie sogar nur einem Arbeit. Allmählich differenziert sich die sociale und ökonomische Lage beider Teile, die einen steigen in die Klasse der Unternehmer empor, die andern sinken zu Lohnarbeitern herab. So bildet die Hausindustrie die Klasse der Verleger aus sich selbst heraus.

Andererseits kommen auch aus den Reihen der Lederhändler Verleger. Hier ist aber die Entwickelung weder so allgemein noch so gleichmäfsig, dagegen viel rapider und in ihrer Wirkung empfindlicher. In keiner von diesen Städten traf ich mehr als drei Lederhändler, die ihr Rohmaterial von Schuhmachern auf ihre eigene Rechnung zu Schuhen hätten verarbeiten lassen. Jeder von ihnen beschäftigt eine grofse Zahl Hausindustrieller, manche sogar bis gegen 30. Zunächst soll sich diese Arbeit nur auf die Monate des schlechten Absatzes erstrecken, sie pflegt aber stets verlängert zu werden, und schon viele ärmere Meister arbeiten dauernd auf Rechnung der Händler. Da die Schuhmacher bei diesen gewöhnlich stark verschuldet sind, so üben die Händler, zumal sie am Orte allein oder in sehr geringer Anzahl wohnen, auf die Schuhmacher den weitestgehenden Einflufs aus. Nur so ist es möglich, dafs ein Schuhmacher für die Anfertigung eines Paars Bauernrohrstiefel vom Händler nur 15—30 Kreuzer, vom Schuhmacher, für dessen Rechnung er arbeitet, 30, in den Zeiten des guten Absatzes sogar 50 Kreuzer erhält. Leider verbietet es mir die Pflicht der Diskretion, die Namen der Orte zu nennen, in denen eine derartige Ausbeutung durch die Händler stattfindet.

Eigentümlich ist die Form des Absatzes; in der reichen deutschen Litteratur über Hausindustrie habe ich keine Mitteilungen über ähnliche Formen angetroffen: die Arbeiter, die das Schuhwerk angefertigt haben, übernehmen auch die Pflicht, es in der Zeit stärkerer Nachfrage auf den Märkten für Rechnung des Händlers zu verkaufen. Die Mäkler und

Krämer, die mit dem Lederhändler in Verbindung stehen und auf dem Markte anwesend sind, üben eine wirksame Kontrolle beim Verkauf aus. Diese Einrichtung erspart dem Unternehmer viele Betriebsunkosten.

Die nächste Ursache dieser traurigen Erscheinungen erblicke ich in der Verarmung der Schuhmacher, die nicht mehr im stande sind, in der Zeit des schlechten Absatzes für eigene Rechnung Schuhe anzufertigen, um sie erst einige Monate später zu verkaufen. Zur Verarmung der Schuhmacher führte das maſslose Steigen ihrer Zahl in den Städten und auf dem flachen Lande, der Verfall des Absatzes auf den Märkten, sowie die Ausbeutung durch die Lederhändler und das Eindringen des Fabrikschuhwerks in die Schichten der Bevölkerung, die zwischen den Bauern und ländlichen Arbeitern einerseits und gebildeteren Klassen andererseits stehen.

Trotz aller meiner Bemühungen ist es mir nicht möglich gewesen, die nötigen Zahlen zu sammeln, um diese meine Behauptungen, besonders die beiden ersten, exakt beweisen zu können. Indessen beruht das Gesagte auf dem, was ich selbst gesehen und gehört habe. In den mir bekannten Dörfern hat sich die Zahl der Schuhmacher in den letzten fünfzehn Jahren verdoppelt, zum Teil sogar vervierfacht. Einen besonders starken Zuwachs erfuhr sie während der letzten Jahrzehnte in den hausindustriellen Städten, die in der Nähe einer gröſseren Stadt liegen und sich guter Kommunikationsmittel erfreuen. So besteht in Grodek eine Schuhmacherindustrie in bedeutenderem Umfange erst seit 25 Jahren (es ist die einzige Stadt, deren Hausindustrie so jung ist, wiewohl die Anfänge derselben auch hier in ältere Zeiten hinaufreichen). Die dortige Industrie verdankt ihre Entstehung den Lederhändlern, die auf diese Weise ihre Ware los werden oder auf den Lemberger Märkten den Preis der Produkte der Kulikówer Schuhmacher herabdrücken wollten, woran ihnen deshalb viel gelegen war, weil sie die letzteren kauften, um sie wieder an Krämer abzusetzen.

In Städten, wo sich leicht die Möglichkeit zu anderer Thätigkeit bot, ist infolge der Zunahme der Schuhmacher auf dem Lande deren Anzahl gesunken. So betrug in Skala in Podolien die Zahl der Schuhmacher im Jahre 1875: 260, jetzt nur noch 100.

Es entwickelt sich in Galizien aus der ganz selbständigen Hausindustrie diejenige Unternehmungsform, welche Schwarz den hausindustriellen Betrieb durch selbständige Lohnarbeiter genannt hat[1], d. h. die Form, bei welcher die Hausindustriellen

---

[1] Schwarz, „Die Betriebsformen der modernen Groſsindustrie", Tübinger Zeitschrift für die gesammte Staatswissenschaft Bd. XXV.

die Produkte auf Rechnung des Verlegers zwar mit ihren eigenen Werkzeugen, aber aus dem Rohstoffe des letzteren herstellen.

In anderen Städten, wie z. B. in Skałat, ist eine andere Form entstanden, welche man nach Schwarz den hausindustriellen Betrieb auf Grundlage des Kaufsystems nennen würde. In diesen Städten produzieren die Meister das Schuhwerk aus ihrem eigenen Rohmaterial, und erst die fertigen Produkte werden an die Kaufleute verkauft. Da aber die Zahl der Kaufleute eine eng begrenzte ist, so sind die Schuhmacher von diesen doch abhängig.

Ein ähnliches Schicksal droht überhaupt allen hausindustriellen Schuhmachern, die auf den Märkten an Bauern und Krämer Schuhwerk verkaufen: der Absatz an die letzteren nimmt einen immer gröfseren Umfang an. Bis jetzt haben unsere galizischen Hausindustriellen den Absatz zwar noch in der Hand und sind noch selbständige Unternehmer, aber sie fangen bereits an, auf diesem wichtigen wirtschaftlichen Gebiete den festen Boden unter den Füfsen zu verlieren. Während ein Teil von ihnen schon in ein Abhängigkeitsverhältnis von den Verlegern geraten ist, wie wir es so allgemein in der deutschen Hausindustrie finden, droht dem anderen Teile dieselbe Gefahr.

Um die Aufzählung der hauptsächlichsten Nachteile, welche die Hausindustrie mit sich bringt, zu schliefsen, so ist noch zu bemerken, dafs die Meister in völliger Unkenntnis über die neuen Fortschritte der Technik bleiben, wie sie denn überhaupt von den wichtigsten Principien der Schuhmachertechnik nur wenig wissen. Woher sollen sie auch diese Kenntnisse haben, da sie vom grofsstädtischen Leben ganz abgeschnitten sind und Fachschulen aufser der in Uhnów bestehenden nicht existieren?

Ungefähr 20 000 Menschen leben in Galizien von der hausindustriellen Schuhmacherei. Mithin hätten, selbst wenn die Hausindustrie als Unternehmungsform keine Vorzüge aufzuweisen hätte und wenn ihr Verfall im Konkurrenzkampf die notwendige Folge der volkswirtschaftlichen Entwickelung wäre, der Staat und das Land die Pflicht, sie zu unterstützen, um den Übergang zu einer anderen Unternehmungsform weniger rapid und empfindlich sich gestalten zu lassen. Aber diese beiden Annahmen treffen bei unserer Hausindustrie nicht zu. Sie hat ganz wesentliche sie auszeichnende Eigenschaften, und wegen der Eigenproduktion der Lebensmittel ist sie im stande so billig zu produzieren, dafs sie die Fabrikkonkurrenz siegreich aushalten kann. Ist ihre Konkurrenzfähigkeit trotzdem an manchen Orten so geschwächt, so trägt daran die mangelhafte technische Ausbildung der Schuhmacher Schuld.

Bei den Mafsregeln zur Hebung der Hausindustrie ist der

Unterschied zwischen dieser und dem Handwerk zu beachten. Wenn die Fabrikproduktion in einen Konkurrenzkampf mit dem Handwerk eingetreten ist, kann sich dieses nur dadurch halten, dafs es unter sorgfältiger Berücksichtigung der individuellen Wünsche seiner Kunden in Form und Ausführung der Schuhe zu gröfster Vollkommenheit gelangt. Die Schuhfabriken haben nur eine gewisse Zahl von Modellen, nach denen sie arbeiten. Da es aber nicht zwei Menschen gibt, welche die gleichen Füfse haben, so kann Fabrikschuhwerk selten gut passen, besonders jetzt, wo es infolge der von der launenhaften Mode vorgeschriebenen Schuhformen, welche die natürliche Form des Fufses nicht berücksichtigen, so viele verbildete Füfse gibt. Um also neben der Fabrikindustrie bestehen zu können, mufs das städtische Handwerk den Wünschen und Bedürfnissen seiner Kundschaft sorgsam Rechnung tragen und kann darum seine Kunden nur in den wohlhabenderen Klassen finden.

Anders die Hausindustrie. Die Marktbesucher sind weder geneigt auf Bestellung arbeiten zu lassen, noch die bestellte Arbeit entsprechend zu bezahlen, so dafs von Befriedigung individueller Bedürfnisse nicht die Rede sein kann. Auch die Natur des Marktabsatzes widersetzt sich dem. Konsumenten und Produzenten kennen einander nicht und haben daher nicht das gegenseitige Vertrauen. Weder will der Bestellende vorher das Geld bezahlen, noch genügt dem Produzenten dessen gegebenes Versprechen. Die Hausindustrie mufs also gleich der Fabrikindustrie ihre Kundschaft unter dem Publikum suchen, das mit dem nach durchschnittlichen normalen Mustern gemachten Schuhwerk vorlieb nimmt. Eine Befriedigung der individuellen Wünsche dieses Publikums wird schliefslich ja auch physisch unmöglich, da mit der Entwickelung der Volkswirtschaft die Märkte immer mehr ihre Bedeutung verlieren, die Kaufleute sich immer mehr als Vermittler zwischen Produzenten und Konsumenten einschieben und die Fühlung zwischen beiden Teilen unmöglich machen.

Die städtische Bevölkerung wird die Hausindustrie erst dann gewinnen, wenn sie ihre Ware nach ganz modernen Formen anfertigt, so dafs sich diese äufserlich in nichts von den Schuhen der wohlhabenderen Klassen unterscheidet. In der Stadt, wo niemand gern andere einen Einblick in seine beschränkten ökonomischen Verhältnisse gewinnen läfst, zahlt das Publikum, wenn es die Wahl zwischen modern gearbeitetem und altmodischem und geschmacklosem Schuhwerk hat, lieber etwas mehr und verzichtet lieber auf gröfsere Dauerhaftigkeit als auf die moderne Façon.

Unsere Hausindustrie mufs, wenn sie die städtische Kundschaft gewinnen und der ländlichen gegenüber erfolgreich mit der Fabrikindustrie konkurrieren soll, wie diese ganz moderne Waren produzieren, ohne an der Billigkeit und Dauerhaftigkeit ihrer Ware Einbuſse zu erleiden.

Unsere Hausindustrie krankt aber noch an einem anderen Übel. Daſs der technische Fortschritt ungemein erleichtert und gefördert wird, wenn nur die besten Meister Lehrherren sind, liegt auf der Hand. So gewinnen die geschicktesten Methoden und Handgriffe Verbreitung, die alten geraten in Wegfall, was für die Entwickelung des Gewerbes dasselbe ist, wie die Zuchtwahl für die Entwickelung der Gattungen. Nun lernen in unserer Hausindustrie die Kinder von ihren Eltern. Gesellen gibt es überhaupt nicht. Mit Groſsstädtern stehen unsere Schuhmacher nur in sehr geringem Verkehr, vom groſsstädtischen Leben sind sie ganz abgeschlossen. Ihr Selbstbewuſstsein, der Stolz und die Geringschätzung, mit der sie auf die ländliche Bevölkerung und andere Kleinstädter herabsehen, die durch Juden zu ländlichen Arbeitern herabgedrückt sind, das Heiraten untereinander, alles das hat in ihnen eine starr konservative Gesinnung groſsgezogen, mit der sie auch in ihrem Handwerk an den alten geschmacklosen Formen festhalten. Das erklärt uns die Stagnation im Fortschritt ihrer Erzeugnisse trotz ihres Fleiſses und Unternehmungssinnes. Die Folge hiervon ist, daſs die Schuhe der Hausindustriellen keinen Eingang bei der städtischen Bevölkerung finden, daſs sie vom bisherigen Absatzgebiet immer mehr verdrängt oder viel billiger verkauft werden als das schwächere Fabrikschuhwerk.

So sind denn zur Hebung der Hausindustrie Fachschulen, wie deren schon eine in Uhnów besteht, ebenso notwendig wie für das Handwerk, nur müſste der Unterrichtsplan mehr vereinfacht werden. Ratsam wäre es, wenn die Schule mit einigen kaufmännischen Firmen in Verbindung stände, um einen gesicherten Absatz zu haben und schon nach einigen Monaten der Lehrzeit die Arbeit der Schüler belohnen zu können. Nicht weniger würde es sich empfehlen, wenn die Schüler schon vorher im Schuhmachergewerbe gearbeitet hätten und man ihnen, sofern sie unbemittelt sind, zur Erleichterung des Eintritts eine kleine Vergütung zahlte.

Sehr segensreich würde sich für die Schuhmacherhausindustrie die Bildung von Rohstoffgenossenschaften erweisen. Für den Hausindustriearbeiter ist nämlich die Billigkeit der Rohstoffe viel wichtiger als für den Handwerker, weil jener für ein weniger wohlhabendes Publikum arbeitet und der Anteil seiner Arbeit am Preise viel kleiner ist als bei Handwerksprodukten. Mithin wird der Preis der hausindustriellen Erzeugnisse mehr vom Rohstoff beeinfluſst. Durch die Errichtung von Genossenschaften würden die Schuhmacher aus den Händen wucherischer Häute- und Lederhändler sich losmachen können. Wo die Schuhmacher zugleich Gerber sind, liefsen sich durch Produktivgenossenschaften die kostspieligen Anlagen ermöglichen, die für die Gerberei notwendig sind. Die Genossenschaften könnten, da sie kapitalkräftiger sind als der einzelne Schuhmacher, das Leder länger gerben, wodurch dasselbe an Güte gewänne. Um einen Wechsel der ungesunden Schuhmacherarbeit mit der gesünderen Gerberei zu ermöglichen, könnten alle Teilnehmer abwechselnd in der Gerberei arbeiten.

Um der Gefahr vorzubeugen, dafs die Schuhmacher bei der sinkenden Bedeutung der Märkte ausschliefslich bei den Kaufleuten ihren Absatz finden und von diesen ausgebeutet werden, könnte man mit den Rohstoffgenossenschaften Magazingenossenschaften verbinden. Freilich werden dieselben mit gröfseren Schwierigkeiten als jene zu kämpfen haben, hauptsächlich deswegen, weil die Magazine aufserhalb der hausindustriellen Ortschaften errichtet werden müfsten. Vor der Hand ist das Bedürfnis nach Magazingenossenschaften noch nicht so dringlich; aber früher oder später wird die Hausindustrie an deren Errichtung denken müssen.

Nach dem Aufhören des Marktabsatzes mufs sie eben auf den Vorteil, den sie mit dem Handwerk vor der Fabrikindustrie voraus hatte, verzichten, auf den Vorteil nämlich, dafs der vom Konsumenten bezahlte Preis einer Ware keine beträchtlichen Kosten für den kaufmännischen Vertrieb zu decken hat, weil der Konsument die Waren direkt vom Produzenten kauft.

Wie wir gesehen haben, droht der Hausindustrie die Gefahr, aus einer unabhängigen eine abhängige Industrie zu werden. Um dies zu verhindern, wird es Aufgabe der Landeskommission zur Hebung der Gewerbe sein müssen, dafür zu sorgen, dafs

1. die schlimmen Folgen des kurzdauernden Absatzes verhütet;
2. die Abhängigkeit der Hausindustriellen von den Lederhändlern beseitigt wird.

Ein erschöpfendes Eingehen auf diese Fragen verbietet der Umfang meiner Arbeit. Mir erscheinen Vorschufs-, Rohstoff- und Magazingenossenschaften als das wirksamste Mittel. Nach der bisherigen energischen Thätigkeit der genannten Landeskommission ist zu erwarten, dafs sie auch der Bildung von Genossenschaften ihre Aufmerksamkeit zuwenden wird.

Die ländlichen Schuhmacher.

Eine ganz besondere Stellung nehmen die ländlichen Schuhmacher ein. Indem sie auf den örtlichen Absatz beschränkt sind, nähern sie sich den städtischen Handwerkern, den Bauern und ländlichen Arbeitern ähneln sie hinwiederum in ihrer socialen Stellung.

Ihre Zahl ist, wie ich schon Gelegenheit hatte zu erwähnen, in fortwährendem Steigen begriffen und entzieht sich dadurch, dafs sie meistens keiner Genossenschaft angehören und keine Steuern zahlen, genauer Berechnung. Das statistische Bureau gibt in seinem Hefte über die Lederindustrie ihre Zahl in den gröfsern Dörfern Galiziens an. Auf Grund dieser Daten habe ich berechnet, dafs die Zahl der ländlichen Schuhmacher zwischen $1^1/_2$ Prozent und 2 Prozent der Bevölkerung schwankt. Die Gebirgsgegenden sind hierbei nicht berücksichtigt; hier ist die Zahl der Schuhmacher nur sehr klein, weil die Bauern sogenannte Krypcie (eine Art Holzschuhe) tragen, die sie meist selbst herstellen.

Die ländlichen Schuhmacher treiben zugleich auch Ackerbau. Ihre Frauen sind nie im Handwerk mit thätig (wenigstens in keinem mir bekannten Falle). Gesellen haben sie nur selten. Wenn sie aber solche haben, benutzen sie diese auch zu landwirtschaftlichen Arbeiten.

Die Schuhmacher dieser Art arbeiten nur auf Bestellung. In den meisten Fällen gibt ihnen der Konsument das Rohmaterial und zahlt für die Arbeit eines Paars Rohrstiefel 60—90 kr.

Zweites Kapitel.

Die Schuhmacherei als Handwerk.

Erster Abschnitt.

Betriebsverhältnisse.

In Österreich ist die Berufsstatistik nur sehr dürftig. Sie unterscheidet nur acht Berufsklassen, kann daher nicht zu einer eingehenden Gewerbestatistik verwertet werden. Bei dem heutigen Stande unserer Statistik ist es ganz unmöglich, die Zahl der Personen zu ermitteln, die den einzelnen Gewerben angehören. Aus der Publikation des statistischen Departements im k. k. Handelsministerium[1] läfst sich lediglich die Zahl derjenigen Gewerbeinhaber feststellen, welche in Wien 21 Gulden und in allen Kronländern 10 Gulden 80 Kreuzer direkte Steuern exklusive aller Zuschläge zahlen. Diese Tabellen sind auf Grund von Angaben der Handels- und Gewerbekammern zusammengestellt. Ich führe daraus diejenigen Zahlen an, welche die Schuhmacher betreffen:

Namen der Bezirke der Handelskammern	Zahl der Schuhmacher	Zahl der Einwohner
Wien	8 413	2 330 621
Linz	3 309	759 620
Salzburg	625	163 750
Graz	2 910	983 287
Leoben	827	230 310
Klagenfurt	1 179	348 780
Laibach	466	481 243
Triest	103	144 844
Görz	97	211 084

[1] Nachrichten über Industrie, Handel und Verkehr aus dem statistischen Departement im k. k. Handelsministerium. Wien 1890.

Namen der Bezirke der Handelskammern	Zahl der Schuhmacher	Zahl der Einwohner
Rovigno	108	292 086
Innsbruck	298	214 583
Bozen	916	233 904
Roveredo	149	351 689
Feldkirch	472	107 373
Prag	5 015	1 683 339
Reichenberg	6 612	1 752 753
Eger	3 285	695 753
Pilsen	1 771	769 163
Budweis	1 499	659 679
Brünn	3 723	1 087 910
Olmütz	3 168	1 065 497
Troppau	1 866	565 477
Lemberg	2 528	2 605 348
Krakau	1 473	2 043 435
Brody	575	1 310 124
Czernowitz	673	571 671

Nach dieser Tabelle beträgt die Zahl der 10 fl. 50 kr. zahlenden Schuhmacher in Galizien 4 595, sie ist mithin etwas gröfser als die Zahl der Schuhmacher gleicher Kategorie, welche das statistische Bureau des Landesausschusses in seiner Publikation über die Einteilung der galizischen Bevölkerung nach Berufsarten angibt (4180)[1]. Diese Ziffer ist im Verhältnis zur Bevölkerung sehr klein; denn während in Böhmen schon auf 250, in Tyrol auf 400 Einwohner ein Schuhmacher der bezeichneten Kategorie gezählt wird, entfällt in Galizien erst auf 1300 Einwohner ein solcher. Ein ganz anderes Bild jedoch ergibt sich, sobald man die Zählung nicht auf die 10 fl. 80 kr. zahlenden Meister beschränkt. Die Zahl aller selbständigen Schuhmacher in ganz Galizien beträgt nach der vom statistischen Bureau des Landesausschusses herausgegebenen Statistik des Ledergewerbes[2] 15 947, d. h. auf 10 000 Einwohner kommen beinahe 20 Schuhmachermeister. Während nun allerdings im Königreich Sachsen auf 10 000 Einwohner 50 Schuhmachermeister entfallen[3], stellt sich trotzdem die Zahl der Schuhmacher auch in Galizien als ganz bedeutend dar, wenn man bedenkt, dafs im letztgenannten Lande blofs 20 Prozent der Bevölkerung der Industrie, dem Bergbau und allen Gewerben sich widmen, während die gleiche Berufsgruppe in Sachsen

---

[1] Rocznik Statystyki przemyłu i handlu krajowego pod redakcyą Tadensza Rutowskiego zeszyt XI, p. 46—49.
[2] Rocznik Statystyki pneumysłu i handlu pod. red. T. Rutowskiego zeszyt XIII, Przemysł skórzany.
[3] Dr. Moritz Schöne, Die moderne Entwickelung des Schuhmachergewerbes in statistischer und historischer Hinsicht. Jena 1888, p. 9.

64 Prozent der ganzen Bevölkerung beträgt. Mehr als 75 Prozent der galizischen Bevölkerung treiben Landwirtschaft.

Galizien hat keine grofsen Werkstätten mit fabrikmäfsigem Betriebe. Die gröfste mir bekannte Werkstatt beschäftigt 16 Gesellen. In unsern Städten lebt eine grosse Anzahl von Meistern, die einige Gesellen und Lehrlinge zur Hülfe haben und so zu den auf der Mittelstufe der Wohlhabenheit stehenden Bürgern gerechnet werden dürfen, deren Existenz jedoch bei den sehr niedrigen Preisen des Schuhwerks auch immerhin eine sehr bescheidene ist. Daneben gibt es eine grofse Zahl von Meistern, welche allein oder blos mit einem Gehülfen arbeiten und ein elendes Dasein führen müssen.

Noch vor 20 Jahren stellten die galizischen Schuhmacher alle Teile des Schuhwerks selbst her. Erst im Jahre 1870 fingen sie an, fertige Schäfte aus Wien zu beziehen; bald nachher entstanden auch in Galizien Unternehmungen, welche ausschliefslich Schäfte herstellen und die Zahl dieser Unternehmungen ist, besonders seit 1885, im Wachsen begriffen. Die Gewerbenovelle von 1883 rechnet die Schäftefabrikation nicht zu den Handwerksbetrieben; der Befähigungsnachweis ist daher in diesem Gewerbe nicht erforderlich und die Lehrzeit nicht obligatorisch. Diejenigen Schuhmacherlehrlinge, welchen es um eine grössere Unabhängigkeit und um Lohn zu thun ist, verlassen ihre Meister, um in der Schäftefabrik Beschäftigung zu suchen. Wer sich nicht als Geselle beschäftigen lassen will, wird Begründer einer derartigen Unternehmung, welche speciell Schäfte herstellt. Für Spekulanten, die das zur Gründung eines Magazins erforderliche Kapital nicht besitzen, bildet die Schäftefabrikation eine Zufluchtsstätte.

Dieser Entwickelungsgang ist aber nur in Krakau in gröfserem Umfange zu beobachten, weil hier die Verhältnisse der westlichen Länder von gröfserem Einflufs sind als in andern galizischen Städten (aus der Arbeit von Moritz Schöne ersehen wir, wie sehr die Schäftefabrikation in Deutschland verbreitet ist). Krakau hat 20 Unternehmungen, welche sich speciell der Schäftefabrikation widmen und im ganzen 100 Personen beschäftigen.

Die Zahl dieser Unternehmer in ganz Galizien zu ermitteln ist sehr schwierig, da sie nicht Mitglieder gewerblicher Genossenschaften sind[1] und viele von ihnen dadurch sich der Gewerbesteuer entziehen, dafs sie ihr Gewerbe im geheimen betreiben. Ich konnte bloss die Existenz von acht solchen Unternehmungen in Lemberg und von sieben in allen anderen galizischen Städten zusammengenommen, ausfindig machen.

---

[1] Corn. v. Paygert: Die österreichische Gewerbeverfassung in Galizien, in Schmollers Jahrbuch für Gesetzgebung etc. 1890.

Die Zahl der Meister, welche fertige Schäfte kaufen, ist sehr gering. Es sind kleine Meister aus gröfseren Städten, welche keine soliden Waren erzeugen. Wie klein ihre Zahl ist, kann man daraus ersehen, dafs die meisten Krakauer Unternehmer den Absatz für ihre Schäfte in Preufsen und im russischen Polen suchen müssen.

Wir treffen in Galizien eine ziemlich beträchtliche Zahl von Meistern an, welche sich ausschliefslich mit der Ausbesserung von altem Schuhwerk beschäftigen. Es sind meist verarmte Schuhmacher, welche keinen Kredit bei den Lederhändlern finden und keine Mittel zur Einrichtung einer Werkstatt besitzen, oft auch alte Gesellen, welche schon zu schwach und zu alt sind, um noch bei einem Meister Arbeit zu finden. Sie suchen ihre Kundschaft ausschliefslich in den ärmsten Klassen der Bevölkerung und ihre Existenz stellt ein schreckliches Bild des Elends dar. Man kann sie nicht als eine besondere Art von Unternehmern ansehen, sondern nur als verunglückte Existenzen, welche einst in ihren jüngeren Jahren Neuarbeit herstellten und es auch jetzt noch manchmal thun, wofern sich dazu Gelegenheit findet.

Wir treffen ferner in den galizischen Schuhmachereibetrieben keine weitgehende Specialisierung. Die Lederarbeit und die Verarbeitung von gewebten Stoffen wird von demselben Meister verrichtet. Der einzige Teil ihres Gewerbes, dem die galizischen Schuhmacher sehr wenig obliegen, ist die Pantoffelarbeit. Dies rührt daher, dafs die Polen überhaupt sehr wenig Pantoffeln benützen. Am Tage trägt man sie gar nicht, und zum Aufstehen in der Nacht eignen sich besser Filzpantoffeln, welche in Galizien von Hutmachern verfertigt werden. Die wenigen Lederpantoffeln, die getragen werden, kommen von Wien und sind ein Erzeugnis der dortigen Hausindustrie.

Ebensowenig wie Specialisierung der Arbeit findet sich unter den galizischen Schuhmachern eine Vereinigung mehrerer Gewerbe durch einen Meister. Auch die Vereinigung der Schuhmacherei mit der Gerberei existiert bei den Handwerkern nicht. Wann in kleinen Städten sich diese Gewerbe getrennt haben, welche auf der ersten Stufe der gewerblichen Entwickelung wahrscheinlich überall vereinigt waren, ist schwer zu ermitteln. Die Krakauer Zunftstatuten vom Jahre 1503 und die Lemberger vom Jahre 1620 beweisen, dafs die Gerber- und die Schuhmacherzunft, in diesen Städten wenigstens, schon um jene Zeit getrennt waren.

Es kommt fast nie vor, dafs ein Schuhmacher nebenbei noch ein anderes Gewerbe betreibt; doch ist hieran nicht, wie man glauben könnte, unsere Gewerbeordnung schuld. Die

Gewerbenovelle vom Jahre 1883[1] gibt den politischen Landesbehörden, um den gleichzeitigen Betrieb mehrerer Gewerbe in den nötigen Fällen zu ermöglichen, das Recht, von der Verpflichtung des Befähigungsnachweises Dispens zu erteilen. Diese Bestimmung wird von den galizischen Regierungsbehörden in sehr liberaler Weise gehandhabt. Der Grund jener Thatsache, dafs unsere Schuhmacher ausschliefslich ein einziges Gewerbe treiben, mufs also anderswo liegen.

Bei der Schuhmacherei besteht viel weniger die Notwendigkeit der Vereinigung mehrerer Gewerbe, als bei anderen Berufsarten. Die Schuhmacherei ist derjenige Produktionszweig, welcher, neben der Schneiderei, den gröfsten Absatz hat, die zahlreichsten und notwendigsten Bedürfnisse an gewerblichen Erzeugnissen befriedigt. Selbst in den allerkleinsten Ortschaften sind diese Bedürfnisse grofs genug, um dem Schuhmacher des Ortes zu erlauben, sich ausschliefslich seinem Gewerbe zu widmen.

Es läfst sich nicht leugnen, dafs viele kleine Schuhmachermeister, welche im Besitze kleiner Ersparnisse aus besserer Zeit oder einer kleinen Erbschaft sich befinden, besonders in Ortschaften, in welchen dieses Handwerk übersetzt ist, ganz wesentlich ihr Los verbessern könnten, wenn sie einen Laden mit gemischten Waren, einen Krämerladen oder eine Gastwirtschaft dabei hätten. Ihre Frauen könnten bei solchen Nebenarbeiten ihre Kräfte sehr nützlich verwenden, ohne die häuslichen Arbeiten vernachlässigen zu müssen, weil solche Läden mit der Wohnung in direkter Verbindung stehen. Vom volkswirtschaftlichen Standpunkte aus wäre dadurch die Zeit erspart, welche die Krämer und Gastwirte mit den Pausen verlieren, in denen sie keine Kunden bedienen. Auch für unsere socialen Verhältnisse wäre eine Vereinigung des Schuhmachergewerbes mit dem Kleinhandel, der Schank- und Gastwirtschaft von ganz wesentlichem Vorteil, insofern eine Anzahl dieser Betriebe von wucherischen Individuen auf meist viel redlichere und solidere Leute übergehen würde.

Bei den galizischen Schuhmachern grofser Städte finden wir nie irgend welchen Nebenerwerb. In grofsen deutschen Städten habe ich oft beobachtet, dafs Schuhmacher zugleich Portiers sind; in Galizien kommt das nicht vor. In kleinen Städten finden wir hier manche Schuhmacher, welche zugleich Sattler sind; aber ihre Zahl läfst sich bei den beklagenswerten Zuständen unserer Berufs- und Handwerksstatistik nicht ermitteln. Meines Wissens aber ist ihre Zahl sehr gering, und wir finden solche Schuhmacher nur in ganz kleinen Städten, die nicht mehr als 6000 Einwohner haben.

Unsere Schuhmachermeister arbeiten blofs auf Bestellung,

---

[1] Osterreichische Gewerbeordnung § 14 alinea 6.

ihre Betriebe sind Kundengeschäfte, nur die wohlhabenden Meister in Lemberg und Krakau, welche geräumige Läden besitzen, lassen auf Lager arbeiten; aber auch diese beschränken sich hierbei meist auf die Herstellung von Schuhwerk nach dem Mafse ihrer Kunden, um so in der Zeit des grofsen Bedarfs den Bestellungen leichter genügen zu können und in den Monaten des schlechten Absatzes der Notwendigkeit überhoben zu sein, ihre geschickten Gesellen zu entlassen. Auch in den gröfsten Werkstellen spielt Kundenarbeit die Hauptrolle und die Arbeit auf Lager dient blofs als Produktionsregulator. Mit dieser Gestaltung der Produktion hängt es zusammen, dafs die Arbeitsteilung in der galizischen Schuhmacherei nur sehr wenig entwickelt ist.

In unseren grofsen Werkstätten kennt man nur vier Arbeitergruppen: den Meister und Werkführer, die das Leder zuschneiden und die Leisten vorrichten; einen nach der Zeit bezahlten Gesellen, der die Schäfte vorrichtet und dieselben steppt; die Schäfte von gewebten Stoffen und von leichterem Leder steppt ein nach der Zeit bezahltes Mädchen; die ganze Fertigstellung des Schuhes endlich und die Bodenarbeit fällt einem Gesellen zu, der von Lehrlingen unterstützt wird und Accordlohn bekommt. — In kleineren Geschäften, welche z. B. nur 2—3 Gesellen und 2 Lehrlinge beschäftigen, schneidet der Meister das Leder zu und bereitet die Leisten vor. Alle anderen Arbeiten werden von den Gesellen ohne weitere Arbeitsteilung ausgeführt. Nur die gröfseren Geschäfte in Lemberg und Krakau und in anderen Städten mit mehr als 20 000 Einwohnern beschäftigen Vorrichter und Stepperinnen; in kleineren Werkstätten schneidet der Meister selbst das Leder zu und näht es selbst auf der Maschine. Die Gesellen, welche die Bodenarbeit ausführen, richten dann auch die Schäfte vor.

Vor dem Jahre 1860 verrichtete in allen galizischen Werkstätten ein Geselle die ganze Arbeit der Schuhproduktion, nur das Zuschneiden lag dem Meister ob. Nach 1860, nach Einführung der Nähmaschine, mufste der Meister auch das Steppen besorgen. In den siebziger Jahren, als in den Grofsstädten die Sitte verschwand, dafs die Gesellen bei ihren Meistern wohnten, trat die weitere Arbeitsteilung ein, welche ich oben geschildert habe.

Dieser Arbeitsteilung hat sich auch das Lohnsystem angepafst. Die die Schäfte vorrichtenden Gesellen erhalten Zeitlohn, während die Gesellen, welche einzelne Teile zusammenstellen und die Bodenarbeit ausführen, im Akkord bezahlt werden.

Schon darum, weil das Steppen blofs in gröfseren Geschäften von besonders dazu bestimmten Kräften ausgeführt wird, ist die Zahl der Stepperinnen nicht sehr grofs, zumal nicht alle gröfseren Geschäfte Stepperinnen beschäftigen. Das

Steppen ist blofs dann von der sonstigen Arbeit getrennt, wenn es auf Maschinen geschieht, so dafs diejenigen Schäfte, welche mit der Hand zusammengesteppt sein müssen, auch in den bedeutendsten Werkstätten in Galizien von denselben Gesellen ausgeführt werden, welche die Bodenarbeit herstellen.

Mädchen werden nie als Lehrlinge angenommen. Die Stepperinnen sind meist Schuhmacherstöchter, die zu Hause dem Vater sein Handwerk absahen und ablernten. Die Zahl dieser Stepperinnen ist jedoch verschwindend klein.

Das wichtigste Rohmaterial des Schuhwerks bildet das Leder. Der polnische Staat hatte zur Zeit seiner Selbständigkeit eine ganz bedeutende Lederproduktion. Weifsgegerbte Leder und Saffiane wurden in grofser Menge in Polen gegerbt. Kuty und Tysmienica waren berühmte Sitze der Saffianproduktion. Polonisierte Armenier stellten daselbst aus Ziegenhäuten ein geschätztes Saffianleder her. In Jaroslau, Lemberg, Krakau und Busk bestanden bedeutende Gerbereien, deren Leder ein besonders gutes Material für Schuhwerk lieferte. Der preufsische Gesandte am polnischen Hofe in Krakau, Luchesini, bestellte im Jahre 1789 für die preufsische Armee 19000 Stück gegerbter Leder. In dem Teile Polens gerade, der heute den Namen Galizien trägt[1], war die hauptsächlichste Blüte der polnischen Lederproduktion anzutreffen. Erst lange nach der Teilung Polens geriet diese blühende Produktion in Verfall, nicht bereits mit dem Beginn der österreichischen Herrschaft; Kaiser Joseph gründete in Jaroslau die „Militärmonturkommission" und die Busker Fabrik lieferte der Armee jährlich 15000 Leder. Auch der Export nach Rufsland und Deutschland entwickelte sich immer mehr.

Der Anfang des Nieder ganges datiert wohl aus den zwanziger Jahren unseres Jahrhunderts. Die hohe Steuer, die lästige Art ihrer Eintreibung, die unglücklichen politischen Ereignisse richteten die Produktion zu Grunde. Erst in den letzten Jahren, nach Schaffung der Landeskommission zur Hebung der Industrie und Gewerbe durch den galizischen Landtag, nach dem Erwachen des Wunsches nach einer Hebung der einheimischen gewerblichen Thätigkeit beginnt ein neuer Aufschwung der Gerberei, welcher jedoch nur langsame Fortschritte machen kann, weil er mit der Konkurrenz der anderen österreichischen Kronländer zu kämpfen hat. Man begreift die Bedeutung dieser Konkurrenz, wenn man berücksichtigt, dafs Niederösterreich jährlich 801500 Leder, Böhmen 505590, Mähren 202000 und Galizien, welches gröfser ist als jedes der genannten Länder, blofs 40900 Bürden Leder gerbt. Die feineren Ledersorten und das Sohlenleder werden beinahe ausschliefslich aus den anderen Kronländern bezogen.

---

[1] Rocznik Statystyki przemysłu i handlu pod red. T. Rutowskiego, zeszyt XIII, Przemysł skórzany.

Es gibt in Galizien 303 Gerbereien, welche Gewerbesteuer zahlen, aufserdem 167 kleine Gerbereien, die keine Steuer entrichten, und viele Schuhmacher, welche in hausindustriellen Ortschaften die Gerberei als Nebenberuf treiben.

Galizien verfügt wegen seines zahlreichen Viehstandes und grofser Eichenwälder über für die Lederproduktion günstige natürliche Bedingungen. Von 1 463 282 Pferden, welche sich in Österreich befinden, fallen 735 260 oder 50,24 Prozent auf Galizien, von 8 584 077 Stück gehörntem Vieh 2 242 861 [1]. Obgleich aber Galizien so günstige Bedingungen zur Entwickelung der Gerberei hat, müssen die für wohlhabendere Kundschaft arbeitenden Werkstätten ausschliefslich in den anderen Kronländern oder im Auslande gegerbtes Leder zu ihren Waren verwenden. Wenn man dabei berücksichtigt, dafs die galizischen Meister ihr Rohmaterial im kleinen einkaufen und dafs die Zahl der Rohstoffgenossenschaften sehr gering ist, so erscheint es begreiflich, dafs sie ebensoviel für das Leder bezahlen müssen wie die Deutschen und sogar wie die Berliner Schuhmacher. Es ist zu bedauern, dafs die von der Gewerbeordnung geschaffenen obligatorischen Genossenschaften nicht an die Bildung von Rohstoffgenossenschaften denken. Sehr leicht könnten die von den gewerblichen Korporationen ins Leben gerufenen Rohstoffgenossenschaften untereinander in Verbindung gesetzt werden, um durch Masseneinkäufe niedrige Preise zu erlangen. Auch liefsen sich für manche Ledersorten, für welche Galizien geeignete Häute besitzt, eigene Gerbereien errichten.

Eine genaue Angabe der Preise, welche jetzt die Schuhmacher für das Leder zahlen, ist unmöglich; doch lassen sich die Durchschnittspreise annähernd feststellen. Ein Kilo gutes Sohlenleder kostet 1 fl. 70 kr.; ein Kilo Ochsenjuchtenleder 1 fl. 50 kr., ein Stück feines, zu Damenstiefeln gebrauchtes Leder, sogenanntes französisches Leder 6 fl., ein ganzes Juchtenleder, aus dem man 14 Paar ausschneiden kann, kostet 35 fl. Da ein Kilo Sohlenleder für 2 Paar Herrenstiefel hinreicht, so stellt sich das Material zu einem Paar Sohlen auf 85 kr. Sogenanntes Hamburger Leder, wie es zumeist verwendet wird, kostet zu einem Paar Herrenstiefel mit Gummiabsätzen 1 fl. 60 kr., das Sohlenleder 85 kr., Absätze, Gummi, Leinwand u. s. w. kosten mindestens 75 kr. Das ganze Rohmaterial zu einem Paar Herrenschuhen kostet demnach 3 fl. 20 kr. Selbstverständlich hängt dieser Preis des Rohmaterials von verschiedenen Umständen ab, namentlich von der Lage des Marktes, der Qualität des Leders und der Gröfse der Schuhe.

Meine Berechnung ist aus der Durchschnittszahl vieler Angaben gebildet, welche ich auf Anfragen bei verschiedenen

---

[1] Rocznik Statystyki przemysłu i handlu zeszyt XIII, Seit. XVII.

Meistern erhielt. Bei dieser Berechnung berücksichtigte ich die Preise, welche bei Barzahlung oder bei kurzem Kredit gezahlt werden. Ist der Meister beim Lederhändler verschuldet, was bei kleinen Meistern gewöhnlich zutrifft, so muſs er natürlich höhere Preise zahlen.

Um den Selbstkostenpreis der Schuhe festzustellen, müssen wir den Arbeitslohn hinzurechnen. In guten Lemberger Werkstätten bekommt ein Geselle für die Herstellung eines Paares genagelter Herrenstiefel, zu welchem man ihm die Schäfte bereits zugeschnitten und vorgerichtet und auch die Leisten vorgerichtet übergibt, 1 fl. 40 kr. Was bei den Schäften der Herrenstiefel mit der Maschine genäht werden kann, wird ebenfalls schon vorher besorgt. Die Stepperinnen, Zuschneider (wenn die Werkstatt zu groſs ist, als daſs diese Arbeit allein vom Meister ausgeführt werden könnte) und Vorrichter werden nach der Zeit gelohnt. Die ersteren bekommen 4 fl. wöchentlich, der zweite 9 fl. und der Vorrichter 7 fl.; sie sind im stande, 24 Paar wöchentlich vorzubereiten. Rechnet man also noch die Kosten des Maschinensteppens, welche für das Paar 15 kr. betragen, ferner des Zuschneidens mit 41 kr., des Vorrichtens der Schäfte mit 30 kr., so stellt sich der Selbstkostenpreis eines Paares genagelter Herrenstiefel durchschnittlich folgendermaſsen dar:

```
Leder zu den Schäften  . . . . . . .   1 fl. 60 kr.
  do.   -  - Sohlen . . . . . . . .  — -  85 -
  do.   -  - Absätzen, Gummi, Leinwand
          und andere Zuthaten . . . . . — -  75 -
Rohmaterial . . . . . . . . . . . .    3 fl. 20 kr.
Arbeitslohn des Accord-Gesellen
          (Bodenarbeiters)  1 fl. 40 kr.
  do.   - Stepperinnen  . — -  15 -
  do.   des Zuschneiders . — -  41 -
  do.   - Vorrichters . . — -  30 -
Arbeit . . . . . . . . . . . . . .     2 -  26 -
```

Der ganze Selbstkostenpreis beträgt demnach 5 fl. 46 kr. und wenn die Sohle nicht mit Holznägeln befestigt, sondern genäht wird, 60 kr. mehr, weil der Geselle für die Herstellung solcher Stiefel 2 fl. bekommt.

Wir wollen nunmehr den Selbstkostenpreis eines durchschnittlichen, in einer galizischen Werkstätte verfertigten Herrenstiefelpaares mit den Herstellungskosten eines solchen in einer Berliner Fabrik hergestellten vergleichen.

Es kostet dort:

```
das Leder zu 1 Paar Schäften  . . . — Mk. 80 Pf.
 -  do.   - den Sohlen . . . . .   2  -
verschiedene Zusätze . . . . . . .  — -  75 -
                                   3 Mk. 55 Pf.
```

Rohmaterial zu einem Paar . . . . . 3 Mk. 55 Pf.
Arbeitslohn für Herstellung der Schäfte 2 - 50 -
Bodenarbeit . . . . 1 - 60 -
Herstellung eines Paares . . . . . . 7 Mk. 65 Pf.
— während der in galizischen Werkstätten hergestellte Stiefel auf 5 fl. 46 kr. oder in deutschem Reichsgelde ausgedrückt ungefähr 10 Mk. zu stehen kommt. Der Selbstkostenpreis eines in einer galizischen Werkstatt gefertigten Paares Herrenstiefel ist mithin um mehr als 2 Mk. höher als der in einer Berliner Fabrik gefertigten, obgleich die Arbeit in Berlin viel teurer ist.

Noch viel weniger beträgt der Selbstkostenpreis in den Fabriken, welche Dampfkraft benutzen und fast alle Arbeit mit Maschinen verrichten. Nach Schöne berechnet sich der Arbeitslohn für die Herstellung der ganzen Stiefel in einer solchen Fabrik auf 91 Pf.[1]. Bedenkt man nun, dafs die Fabrik Tausende von Paaren in jeder Woche produziert und sich daher mit viel kleinerem Gewinn an jedem Paare begnügen kann, als ein einzelner Handwerker, und dafs der von uns ausgerechnete Selbstkostenpreis der Berliner Fabrikanten von diesen selbst angegeben, also eher etwas zu hoch gerechnet ist, während ich hingegen die Berechnung des galizischen Selbstkostenpreises mehrfach kontrolliert habe, so läfst sich leicht die grofse Gefahr erkennen, die dem Handwerk droht.

Beim Obwalten eines so grofsen Unterschiedes im Selbstkostenpreise kann ein Handwerker mit der Fabrik nur dann erfolgreich konkurrieren, wenn er, wie ich schon im ersten Teile meiner Abhandlung gesagt habe, und worüber ich noch im Abschnitte über das Lehrlingswesen sprechen werde, geschmackvolle Ware herzustellen weifs, die Form des menschlichen Fufses genau kennt, die individuellen Wünsche zu befriedigen versteht, durch die Rohstoffgenossenschaften sich die Vorteile des Masseneinkaufs von Rohmaterial zu Nutze machen kann, und wenn er ferner aus der Entwickelung des Maschinenwesens Vorteil zieht, d. h. alle diejenigen Maschinen benutzt, welche beim handwerksmäfsigen Betriebe bei gegebener Gröfse eines Geschäftes erforderlich sind. Die Zahl dieser Maschinen ist sehr grofs.

Nur in Lemberg und Krakau haben alle mit Gesellen arbeitenden Meister Nähmaschinen. In anderen galizischen Städten vermifst man sogar bei den mit Gesellen arbeitenden Meistern diese Hülfe. In Städten unter 10 000 Einwohnern sind Maschinen vollends grofse Seltenheiten. Aufser der Nähmaschine ist keine der grofsartigen mechanischen Errungenschaften der neuesten Zeit der galizischen Schuhmacherei zu gute gekommen. Wir finden in ihr blofs die einfachsten und primitivsten Werkzeuge angewandt.

---

[1] Schöne, Die moderne Entwickelung des Schuhmachergewerbes. Jena 1888, p. 77.

Rodegast[1] empfiehlt folgende Hülfsmaschinen auch zum Gebrauche in handwerksmäfsigen Werkstätten:

1. die Nähmaschine, 2. die Singer-Knopflochmaschine. Sie macht in einer Stunde 60—70 Knopflöcher so dauerhaft und genau, wie nur die geschicktesten Arbeiter sie auszuführen vermögen, und inbetreff der Schnelligkeit der Leistung übertrifft sie die Arbeit der letzteren 10 mal, weil ein Arbeiter in einer Stunde nicht mehr als 6—7 Knopflöcher zu verfertigen imstande ist. In einem mit 6 Gesellen arbeitenden Geschäfte würde sie sich sehr gut rentieren, denn ihr Preis beträgt blofs 365 Mk. Von den kleineren Meistern könnten 2 oder 3 eine gemeinschaftlich anschaffen; bei gutem Willen und bei richtiger Einsicht in die Bedürfnisse der Miteigentümer wäre der gemeinschaftliche Besitz unschwer zu regeln. 3. die Riemchenumbiegmaschine. Sie kann vollständig die mühsame Handarbeit vertreten und kostet nur 30 Mk. Weiter empfiehlt Rodegast eine Reihe von Maschinen, welche schon mehr einen Werkzeugcharakter haben, die Arbeit aber sehr erleichtern. 4. den Nahtausreiber (Preis 20 Mk.). 5. eine Oesen- und Hackeneinsetzmaschine (Preis 30 Mk.). 6. eine Zange zum Auslochen von Kappen, Blättern und Besätzen (mit 9 Einsätzen 12 Mk.). Von den Maschinen für die Bodenarbeit empfiehlt Rodegast vor allem: 7. die Fleckstanzen, welche nicht blofs die mühsame und zeitraubende Arbeit bedeutend erleichtern, sondern deren Benutzung auch eine sehr grofse Ersparnis an Rohmaterial mit sich bringt, während beim Schneiden der Absatzflecke sehr viel Leder durch schlechte Einteilung vergeudet wird, und zudem wenige Gesellen diese Einteilung richtig auszuführen wissen. Ferner verschwendet man bei der Handarbeit sehr viel Leder durch das Schrägschneiden.

Dieselben Vorteile wie die Fleckstanzen bieten 8. die Kappenstanzen und

9. die Kappen- und Keterschürfmaschine. Letztere ist sehr vielseitig. Sie dient zum Keterschürfen, zum Kappenschürfen, zur Egalisierung der Sohlen und Brandsohlen an der Kante und man erspart durch ihre Benutzung sehr viel Arbeit; dabei ermöglicht sie noch eine grofse Ersparnis an Rohmaterial, weil man mit ihr das allzu dicke Leder spalten kann (Preis: 36 bis 60 Mk.).

10. Sehr wichtig, nicht blofs vom geschäftlichen Standpunkte aus, sondern auch vom hygienischen wird der Stehapparat, sogen. Arbeitsständer. Er erlaubt dem Schuhmacher, stehend zu arbeiten. Seine Wichtigkeit für die Gesundheit der Arbeiter leuchtet ein, wenn man erwägt, dafs ein berühmter englischer Beobachter bei kranken Handwerkern 40 %

---

[1] Die Fufsbekleidungskunst, Unterrichtsbuch für Schuhmacher, Fachschulen und Fachgenossen, von Rodegast. Weimar 1887, p. 161—165.

Magenleidende gefunden hat, dagegen speciell unter den Schuhmachern 67 %, was meistens eine Folge ihres beständigen Sitzens ist. Nicht weniger leidet durch das gekrümmte Sitzen die Lungenthätigkeit[1]. Von 100 Schuhmachern und Schneidern sterben nach Neumanns Untersuchungen 60 an Tuberkulose. Auch diesem Übel würde die Einführung von Arbeitsständern mindestens teilweise vorbeugen. Der Preis ist so niedrig, dafs auch die kleinsten Werkstätten imstande wären, ihn anzuschaffen. Ständer und Apparat zusammen kosten 35—45 Mk.

Von Werkzeugen, welche bei der Bodenarbeit benutzt werden sollten und in allen Fabriken wirklich benutzt werden, welche aber trotz ihrer Billigkeit in galizischen, wie meist auch in deutschen Werkstätten unbekannt sind, sind zu nennen:

      11. der Absatzhobel,
      12. - Schnitthobel,
      13. - Rifshobel zum Einschneiden des Risses in die Brandsohlen.

Dies sind die wichtigsten Maschinen und Werkzeuge, welche alle in mit 3—6 Gesellen arbeitenden Geschäften und möglichst auch in kleinen Werkstätten eingeführt werden sollten, welche aber leider mit alleiniger Ausnahme der Nähmaschine bei den galizischen Schuhmachern nicht zu finden sind. Es wäre die Aufgabe der Genossenschaften, auf Einführung dieser Hülfsmittel hinzuwirken und zu diesem Zwecke mit Maschinenfabriken in Verbindung zu treten behufs Erleichterung des Ankaufs, doch haben die Genossenschaften in dieser Beziehung bedauerlicherweise noch gar nichts geleistet. Überhaupt haben in der Verfolgung dieser facultativen Zwecke, d. h. derjenigen Thätigkeiten, zu welchen sie gesetzlich nicht verpflichtet sind, die meisten Genossenschaften eine grofse Trägheit und Mangel an Verständnis für ihre Pflichten an den Tag gelegt.

Es hängt mit dieser Nichtbenutzung der Hülfsmaschinen zusammen, dafs die Arbeit nicht selten den Gesellen nach Hause mitgegeben wird. Diese Sitte war besonders vor der Einführung der Gewerbenovelle von 1883 sehr verbreitet, und die Gesellen hatten ihre eigenen Lehrlinge, manchmal sogar deren drei. Nach Einführung der Gewerbenovelle untersagten manche Genossenschaften strenge das Beschäftigen von Gesellen in den Wohnungen. Alle Genossenschaften wachten sorgfältig darüber, dafs den Gesellen keine Lehrlinge in die Lehre gegeben würden; trotzdem ist diese Sitte noch nicht ganz verschwunden, wir treffen sie noch immer in Lemberg und in vielen kleinen Städten.

Ich kenne viele Geschäfte, welche 8—14 Gesellen be-

---

[1] Lehrbuch der Arbeiterkrankheiten und Gewerbehygieine von Dr. M. Popper, Stuttgart 1882, p. 67, 68.

schäftigen, in deren Werkstattlokal aber blofs 2 Lehrlinge, 1 Vorrichter, 1 Ausbesserer und eine Stepperin zu finden sind, während der Zuschneider resp. der Meister im Laden arbeitet, wo auch die Kunden empfangen werden. Alle übrigen arbeiten in ihren Wohnungen. Diese Einrichtung ist bei vielen Meistern und Gesellen sehr beliebt. Die Ersteren ersparen den Mietzins für das Arbeitslokal. Sie haben blofs einen Laden, von welchem ein kleiner Teil mit Schränken verdeckt ist, um als Werkstattlokal benutzt zu werden. Die Gesellen brauchen nicht den ganzen Tag aus dem Hause zu bleiben.

Am übelsten dabei fahren die Lehrlinge, welche keine neue Arbeit zu sehen bekommen mit alleiniger Ausnahme der Vorrichtung, während sie doch in solchen Specialarbeiten erst am Ende der Lehrzeit ausgebildet werden sollten. Sie können bei dieser Einrichtung nicht bei der Neuarbeit zur Hülfe herangezogen werden und man läfst sie daher nur die Flickarbeit verrichten.

Diejenigen Meister hingegen, welche ihren Kunden nur solid ausgeführte Waren verkaufen und deren Wünsche präcise berücksichtigen, und welche auch einen Kundenkreis haben, der Arbeit entsprechend zu bezahlen willig ist, haben unter dieser Sitte viel zu leiden, weil sie die Arbeit nicht beaufsichtigen, und bei Bestellungen, welche schnell erledigt werden müssen, nicht für die Einhaltung des Termins bürgen können, wenn der betr. Geselle nicht eifrig genug ist. Deshalb erlauben solche Meister nur den fleifsigsten und zuverlässigsten Gesellen die Heimarbeit.

In Lemberg ist es nichts Seltenes, dafs die Meister, welche blofs mit Lehrlingen oder mit 1—2 Gesellen arbeiten, diesen die Arbeit nach Hause geben und ihre Waren im Hausflur verkaufen. Dies sind die einzigen Schuhmachermeister, welche nicht auf Bestellung, sondern ausschliefslich auf Lager arbeiten. Bei ihnen finden wir auch eine Geschäftsübung, die wir sonst in Galizien nirgends antreffen, die Sitte nämlich, dafs sich speciell die weiblichen Hausgenossen, und zwar die Frau und Tochter des Meisters mit dem Verkauf der Waren abgeben. Sie sitzen im Hausflur und verkaufen die Waren, während der Mann in der Wohnung Schuhwerk anfertigt. Manchmal ist die Verkaufsstelle durch eine Glaswand von dem übrigen Raume des Hausflurs getrennt. Ist dies nicht der Fall, so kann man sich denken, wie ungesund es ist, den ganzen Tag in einem Hausflur zu sitzen, dessen Thüren offen stehen.

Die Zahl dieser Schuhmacher war vor dem Jahre 1881 d. i. vor der Errichtung der grofsen Magazine mit Fabrikschuhwerk besonders grofs. Damals kamen die Kaufleute aus den kleinen Städten nach Lemberg, um bei diesen Schuhmachern 20—40 Paare zu kaufen. Es waren dies Kaufleute, welche mit gemischten Waren handeln, sogenannte Galanteriewarenhändler. Vom Jahre 1881 an beschränkte sich der Absatz der Schuhmacher auf den Detailverkauf und ihre Lage hat sich infolgedessen bedeutend verschlechtert.

Glücklicherweise kommt in der galizischen Schuhmacherei die Form des Absatzes nicht vor, bei welcher der Magazinbesitzer als Mittelglied zwischen den Konsumenten und wirklichen Produzenten sich einschiebt. Nur ausnahmsweise geschieht die Vermittelung zwischen den für den Marktverkehr arbeitenden Schuhmachern und dem kaufenden Publikum durch Kaufleute, worüber im ersten Teile das Nähere sich findet.

Eine zweite Ausnahme bilden die eben von mir erwähnten Schuhmacher, welche ihre Ware im Hausflur absetzen. Bei dem jetzigen Stande der Dinge darf man also sagen, dafs die galizischen Schuhmachermeister direkt für Kunden arbeiten und dafs sie von keinem Vermittler abhängig sind.

Mit jedem Tage aber vermehrt sich die Zahl der Schuhwarenmagazine, welche ausschliefslich Fabrikware verkaufen, und nicht nur durch die Billigkeit ihrer Waren eine gefährliche Konkurrenz für die Schuhmacher bilden, sondern auch dadurch, dafs sie die Möglichkeit bieten, gleich eine fertige Ware zu bekommen. Die Unannehmlichkeit des Wartens übt auf das wohlhabende Publikum einen nicht selten entscheidenden Einflufs aus. Um diese einträglichen Kunden nicht zu verlieren, müssen die Schuhmacher danach trachten, ihnen eine gleich schleunige Bedienung zu bieten. Die wohlhabenderen haben daher Läden mit selbstgefertigtem Schuhwerk eingeführt. Die kleinen Meister konnten jedoch infolge Kapitalmangels dies nicht mitmachen, sie müssen sich mit Ausführung von Bestellungen begnügen.

Bei keinem galizischen Schuhmacher kann man Fabrikware auf Lager finden. Dies würde als ein Verrat und Verbrechen gegen das Handwerk angesehen und der Thäter würde von allen seinen Genossen gemieden werden.

Die Preise der handwerksmäfsig hergestellten galizischen Schuhware sind sehr verschieden. Die kleinen Meister, deren Kundschaft auf die ärmere Klasse beschränkt ist, müssen ihre Ware sehr billig verkaufen und sich mit sehr kleinem Gewinn begnügen, um mit den Fabriken konkurrieren zu können. Bei solchen Meistern kostet ein Paar Herrenstiefel 4 fl., davon entfallen auf das Rohmaterial 2 fl. 40 kr., so dafs ihnen für ihre Arbeit und die ihrer Lehrlinge und Gesellen blofs 1 fl. 60 kr. übrig bleiben.

Um ihr Verdienst berechnen zu können, müssen wir die Zeit berücksichtigen, welche zur Anfertigung eines Paares notwendig ist. Ein Meister, welcher ohne Lehrling und Gesellen arbeitet, kann in der Woche 4 Paar Stiefel zu stande bringen, deren Sohlen mit Holznägeln befestigt sind, er kann also blofs 6 fl. 40 kr. wöchentlich verdienen, oder jährlich im allergünstigsten Falle, d. h. wenn er immer Arbeit findet, 332 fl. 80 kr. Um diese zu verdienen, mufs er 14—15 Stunden täglich arbeiten.

Gehen wir eine Stufe höher und sehen wir zu, was ein Meister mit 2 Gesellen und 2 Lehrlingen verdient. Er ist gewöhnlich zu arm, um auf Lager arbeiten zu können, und arbeitet daher ausschliefslich auf Bestellung, ja in den Monaten des schlechten Absatzes, Januar, Februar, — Mai, Juni, Juli, August, — Dezember wird er sogar aufser stande sein, mehr als 1 Gesellen zu beschäftigen. Der Meister wird in den Monaten, in welchen er 2 Gesellen beschäftigt, die Hälfte seiner Zeit der Zuschneiderei und dem Vorrichten der Schäfte widmen müssen, also blofs 2 Paar wöchentlich herstellen können, seine 2 Gesellen 8 Paar, der ältere Lehrling 3, das sind im ganzen 13 Paar. Ein Meister dieser Kategorie hat bessere Kundschaft als einer der vorigen und kann infolgedessen das Paar zu 5 fl. verkaufen. Davon gehen ab für Rohmaterial 3 fl., für Arbeitslohn des Gesellen 80 kr. Der jüngere Lehrling wird zur Ausbesserung des alten Schuhwerks verwendet. Der wöchentliche Verdienst in den 5 Monaten des guten Absatzes beträgt demnach:

13 Paare zu 5 fl. — kr. =	. . . . . .	65 fl. — kr.
für den Ausbesserer		2 - 60 -
Wöchentliche Einnahme		67 fl. 60 kr.
Rohmaterial zu 13 Paar . .	39 fl. — kr.	
do. - Reparaturen .	— - 60 -	
Arbeitslohn der Gesellen für 8 Paar	6 - 40 -	
Wöchentliche Ausgabe		= 46 fl. — kr.
bleiben übrig für den Meister . . .		21 fl. 60 kr.

oder für 5 Monate 453 fl. 60 kr. In den andern 7 Monaten verkauft er wöchentlich nur 9 Paar und beschäftigt 1 Gesellen, also verdient er während dieser ganzen Zeit 620 fl. 80 kr. oder jährlich 1074 fl. 40 kr. Davon gehen jedoch ab 240 fl. für Mietzins des Ladens, welcher zugleich als Werkstatt dient, und weiter 160 fl. für Beköstigung der beiden Lehrlinge. Wir können demnach 674 fl. als das durchschnittliche jährliche Einkommen eines galizischen Schuhmachermeisters mit 2 Gesellen und 2 Lehrlingen annehmen.

Nur die gröfseren Geschäfte mit vornehmerer Kundschaft sind im stande, in den besten Strafsen einen eleganten Laden zu mieten, alle feinen Ledersorten auf Lager zu halten und auf Verlangen auch fertiges Schuhwerk zu bieten. Diese gröfseren Werkstätten verwenden besseres und feineres Leder, beschäftigen nur geschickte Gesellen, welche sie aber auch besser, als der kleine Meister es thut, bezahlen müssen, trotzdem aber verdienen sie an jedem Paare viel mehr als die letzteren. Diese für wohlhabende Klassen arbeitenden Meister bezahlen durchschnittlich für das Rohmaterial zu einem Paar Herrenstiefel 3 fl. 60 kr. bis 4 fl. 60 kr., dem Gesellen zahlen sie für die Arbeit bei einem Paare, dessen Sohlen mit Holznägeln befestigt sind, 1 fl. 30 kr. bis 1 fl. 50 kr. Wenn die Sohlen angenäht sind, bekommt der Geselle 2 fl. Rechnet man dazu die Arbeit der Stepperin, des Vorrichters und des Zuschneiders, so beläuft sich der ganze Selbstkostenpreis auf 5 fl. 96 kr. bis 7 fl. 46 kr., wobei der Lohn des Zuschneiders mitgerechnet ist, was ich bei der Berechnung des Selbstkostenpreises der Ware kleiner Meister nicht gethan habe. Der Meister allein ist im stande, für 6 Gesellen Rohmaterial zuzuschneiden. Ein Paar Herrenstiefel kostet in diesen grossen Geschäften 7 fl. 50 kr. bis 9 fl., so dafs der Meister an jedem Paar 1 fl. 50 kr. bis 2 fl. und aufserdem noch als sein eigener Zuschneider 9 fl. wöchentlich verdient.

Die von mir angegebenen Zahlen betreffen die Krakauer und Lemberger Verhältnisse. In anderen Städten sind die Preise ungefähr um 50 kr. bis 1 fl., die Löhne um ca. 30 bis 60 kr. pro Paar niedriger. Wenn man den kleinen Betrag des Mietzinses für den Laden und das Werkstattslokal in Anrechnung bringt, so wird sich der Verdienst in allen diesen Städten als beinahe gleich herausstellen.

Eine der gröfsten und vornehmsten Lemberger Werkstätten produziert jährlich 4000 Paar Schuhwerk; davon sind 160 Paar Kinderschuhe, 1950 Paar Damen- und 1890 Paar Herrenschuhwerk. Die durchschnittlichen Preise sind für genagelte Kinderschuhe 3 fl. 50 kr., für ebensolche Damenstiefel 7 fl. 50 kr., für genagelte Herrenstiefel 8 fl. 50 kr. Die genähten sind 50 kr. teurer. Der durchschnittliche Verdienst am Paar beträgt 1 fl. 60 kr. und der jährliche Gewinn beläuft sich auf 6400 fl. Aufserdem verdient der Meister noch jährlich 460 fl. als sein eigener Zuschneider, dafür ist jedoch der jährliche Mietzins von 800 fl. abzurechnen, so dafs der wirkliche Reingewinn des Meisters jährlich 6060 fl. beträgt.

Diese Zahlen beziehen sich auf die gröfste mir bekannte Schuhmacherwerkstatt Galiziens. Die gröfsten Geschäfte, welche wir aufserhalb Lembergs und Krakaus finden, beschäftigen 6 Gesellen. Der jährliche Reingewinn, welchen solche Werkstätten abwerfen, beläuft sich ungefähr auf 1800 fl. Meister mit solchen Geschäften gehören aber zu den Ausnahmen. Bei Betrachtung der ökonomischen Lage der Schuhmachermeister kommen vor allem diejenigen in Betracht, welche gar keinen oder 1—4 Gehülfen inkl. Lehrlinge beschäftigen. Der Verdienst dieser Meister, wie wir festgestellt haben, beläuft sich auf 330 bis 680 fl., wobei sogar angenommen wurde, dafs der ohne Gehülfe arbeitende Meister immer Arbeit findet.

Um die Betriebsverhältnisse der Schuhmacherei nach allen Seiten dargestellt zu haben, mufs ich noch die Arbeitszeit in den Werkstätten berühren. Ich konnte darüber genaue Kenntnis erlangen nicht nur durch persönliche Anfragen, sondern auch durch meine Fragebogen. 82 Genossenschaften haben meine diesbezüglichen Fragen, nämlich die Fragen Nr. 38—41 beantwortet (Anhang Nr. 1). In den Städten unter 10 000 Einwohnern, wo die Gesellen meist bei ihren Meistern wohnen, ist die Arbeitszeit genau geregelt, sie dauert von 5 Uhr morgens bis 8 Uhr abends. Diese regelmäfsige Lebensordnung bringt auch eine genaue Regelung der Arbeitspausen mit sich. Die Pause zum Mittagessen währt von 12—1 Uhr, dann beginnt wieder die Arbeit. Zum Frühstück, das auf 8 Uhr angesetzt ist, sowie zur Vesper gibt es keine Pause. Man unterbricht die Arbeit nur, soweit es zum Einnehmen der Nahrung notwendig ist.

Das Abendessen findet erst nach vollendeter Tagesarbeit statt. In den schlechten Monaten fängt die Arbeit eine Stunde später an. Es ist bemerkenswert, dafs keine Genossenschaft die Frage Nr. 39 unbedingt verneint hat; 20 Genossenschaften berichten, dafs die Arbeit in den Monaten des besten Absatzes, nämlich im Oktober und November, bis 11 Uhr abends dauere, sie mithin nach Abzug der einen Stunde für das Mittagsbrod 15 Stunden währe. 28 Genossenschaften antworteten, dafs man in den Zeiten des guten Absatzes manchmal auch in der Nacht arbeiten müsse, ohne jedoch die Dauer dieser Nachtarbeit anzugeben. 9 Genossenschaften bemerkten, dafs an der Nachtarbeit die Lehrlinge nicht teilnähmen. Aus persönlichen Anfragen weifs ich aber, dafs auch die Lehrlinge in vielen Städten in der Nacht arbeiten, wenn eine dringende Arbeit vorkommt.

An Sonn- und Feiertagen wird im Schuhmachergewerbe nicht gearbeitet. Die Schuhmacher sind in dieser Hinsicht besser als die Schneider gestellt, welche besonders in Krakau und Lemberg oft bis 11 Uhr Vormittags arbeiten müssen. Dies ist freilich eine Übertretung der Gewerbeordnungsvorschrift, wonach die Arbeitsruhe an Sonn- und Feiertagen um 6 Uhr früh anfangen, und wenigstens volle 24 Stunden von ihrem Beginn an dauern soll. Von diesen Verordnungen sind sogar diejenigen gewerblichen Unternehmungen nicht ausgeschlossen, welche gar keine Gehülfen beschäftigen, also Alleinbetriebe. Die einzige Arbeit, welche im Schuhmachergewerbe an Sonn- und Feiertagen vorkommt, betrifft ausschliefslich die Lehrlinge. Man läfst sie vor Beginn des Sonntagsunterrichts die fertigen Waren den Kunden bringen. Infolgedessen kommen sie totmüde zur Schule.

In gröfseren Städten, wo die Gesellen nicht bei den Meistern wohnen und wo fast ausschliefslich im Accord gearbeitet wird, ist die Arbeitszeit an Wochentagen nicht genau geregelt, die fleifsigeren Gesellen kommen schon um 6 Uhr in die Werkstatt, die faulen um 8 oder sogar um 8½ Uhr; im allgemeinen aber fängt die Arbeit in grofsen Städten viel später als in kleinen an, besonders in grofsen soliden Geschäften. Von 15 Genossenschaften in Städten mit mehr als 10 000 Einwohnern berichten 7, dafs bei ihnen im allgemeinen die Arbeit nach Abrechnung der Arbeitspausen 13 Stunden dauere, die andern 8 berechnen die Arbeitszeit auf 11 Stunden. Am längsten dauert die Arbeitszeit bei den allein arbeitenden Meistern und den in ihren Wohnungen arbeitenden Gesellen. Diese arbeiten 14—15 Stunden.

Leider entlassen auch die grofsen wohlhabenden Geschäfte in den Monaten des schlechten Absatzes einen Teil ihrer Gesellen. Zu den übrigen, welche hauptsächlich auf Lager arbeiten, sagt der Meister, sie sollen sich mit der Arbeit nicht beeilen, die Arbeit fängt erst um 9 Uhr an. Es wird überhaupt nicht sehr eifrig gearbeitet, sodafs der Verdienst der Gesellen während dieser Zeit um ⅓ sinkt. Es mufs aber zur Ehre unserer Handwerker gesagt werden, dafs ich unter den Meistern, welche auf Lager arbeiten lassen können, Viele kenne, welche es als ihre Pflicht betrachten, die Gesellen in der Zeit des schlechten Absatzes nicht zu entlassen, um diejenigen, welche für sie während des gröfseren Teils des Jahres arbeiten, auch in dieser schlechten Zeit nicht brotlos zu machen. Es wird aber auch in den meisten von diesen Geschäften die Arbeitszeit verkürzt, denn das ist für die Meister notwendig, nicht etwa deshalb, weil sie bei eifriger Arbeit der Gesellen kein genügendes Kapital zur Auszahlung der Löhne hätten, sondern weil sie keinen genügenden Ledervorrat besitzen.

Bei Erörterung der ökonomischen Lage der Meister ist es unmöglich, die Steuern mit Stillschweigen zu übergehen, einen Ausgabeposten, welcher bei allen galizischen selbständigen Handwerkern eine grofse Rolle spielt und manchmal sich sogar sehr drückend fühlbar macht. Die Steuern unserer Gewerbetreibenden bestehen in Gewerbesteuern, in der österreichischen Gesetzgebung „Erwerbssteuern" genannt, und in Einkommensteuern. Beide ergänzen sich.

Schon aus der Natur der Ertragssteuern im allgemeinen, und der Gewerbesteuern im Besonderen ergeben sich viele Schattenseiten: die Leistungsfähigkeit des Steuersubjektes wird nicht berücksichtigt, die Schulden werden nicht abgezogen, was bei steigender Entwickelung der Kreditverhältnisse, bei häufigem Vorkommen des Gewerbebetriebs mit geliehenem Kapitale immer drückender wird. Der Steuersatz kann blos nach gewissen Merkmalen festgesetzt werden, welche viel mehr auf den Rohertrag als auf den Reinertrag des Steuerobjekts zu schliefsen erlauben, auch wo die Tendenz des Gesetzes auf die Besteuerung des letzteren abzielt. Die gewerblichen Erträge sind aus drei Bestandteilen zusammengesetzt: Kapitalzins, Unternehmergewinn und in Betrieben, in welchen der Unternehmer Handarbeit thut, auch Arbeitslohn. Jeder dieser Bestandteile soll in verschiedenen Graden durch die Steuern getroffen werden. Die Gewerbesteuern suchen dies mit einem Klassifikationsschema zu erreichen, mit Recht aber nennt Professor A. Wagner dies ein sehr rohes Verfahren[1].

Dem österreichischen Gewerbesteuergesetze haften aber noch viel empfindlichere Mängel an, Mängel, welche es unerträglich machen. Die jetzige Gewerbesteuer ist durch kaiserliches Patent vom 30. Dezember 1812 eingeführt worden. Sie teilt die Steuerpflichtigen in 4 Klassen: zur 1. Klasse gehören die Fabrikanten, insbesondere alle mit Landesbefugnissen versehenen Individuen; zur 2. die Handelsleute;

zur 3. a) alle mit einfachen Fabrikbefugnissen versehenen Personen,
b) alle zum einfachen Gewerbebetriebe Berechtigten,
c) alle Krämer, Standhändler und Hausierer,
d) alle mit Meisterrecht ausgestatteten Gewerbsleute,
e) alle freien Gewerbe.

Zur 4. Klasse gehören Erwerbsgattungen, welche eine Dienstleistung, oder die Überlassung einer Sache zu einer zeitigen Nutzniefsung zum Gegenstande haben. Es ist also klar, dafs unsere Schuhmacher der 3. Klasse angehören.

Die Steuerpflichtigen jeder dieser Klassen sind in Ortsklassen eingeteilt, deren es fünf gibt. Für jede gelten andere Steuersätze. Die 1. bildet Wien, die 2. die Städte Prag, Lemberg, Brünn, Graz und Linz; die 3. alle Ortschaften, welche über 4000 Einwohner haben; die 4. alle Ortschaften, welche zwischen 1000 und 4000 Einwohner haben. Alle andern bilden die 5. Ortsklasse. Jede der 4 erwähnten Gewerbegattungsklassen hat innerhalb dieser Ortsklassen andere Steuersätze. Innerhalb dieser Ortsklassen unterscheidet das Gesetz noch Betriebsumfangsklassen. Für die 3te Gewerbegattungsklasse bestanden in der 2ten Ortsklasse 5 Betriebsumfangsklassen, für die 3te, 4te und 5te Ortsklasse deren 3.

Jetzt existieren
      für die 2te   8 Betriebsumfangsklassen,
      „ „ 3te   6   „

---

[1] Siehe über diese Schattenseiten der Ertragssteuern im allgemeinen und der Gewerbesteuer im besonderen die Abhandlungen: J. A. R. Helferich, „Allgemeine Steuerlehre", p. 162; A. Wagner, „Specielle Steuerlehre", p. 274, 275. Beide Abhandlungen im Handbuche der politischen Ökonomie, herausgegeben von G. Schönberg. 2. Auflage, Tübingen 1885.

für die 4te 5 Betriebsumfangsklassen
„ „ 5te 4 „

Ich erwähne im folgenden die Steuersätze der letzten Ortsklasse. Diese betragen für die

1. Betriebsumfangsklasse 2 fl. 10 kr.
2. „ 4 „ 20 „
3. „ 8 „ 40 „
4. „ 16 „ 80 „

Dies sind die Steuersätze des sogenannten Ordinariums; mit allen Zuschlägen betragen sie ungefähr dreimal so viel. So bezahlten z. B. diejenigen, welche der 1. Klasse angehören, im Jahre 1889 6 fl. 25 kr.

Die Einreihung in eine von diesen Klassen hängt von der Art der Beschäftigung, der Zahl der Hülfsarbeiter, der Gröfse des Betriebskapitals, der Lage oder dem Stande des Gewerbes im Orte und den persönlichen Eigenschaften des Unternehmers ab. Nach § 8 des Gesetzes steht die Entscheidung, in welche Klasse jeder Gewerbetreibende gehört, den Landesstellen zu, welche sich dabei auf das Gutachten der Ortsobrigkeiten stützen. Die Gewerbetreibenden sind dadurch einer unerträglichen Willkür der Behörden ausgesetzt.

Nach dem Dekrete von 1813 sind die Behörden befugt, die armen Ortschaften den niedrigen Ortsklassen einzureihen; sie machen aber keinen Gebrauch von diesem Rechte, sondern suchen stets eine möglichst hohe und drückende Besteuerung zu erwirken. Für die Einklassierung gilt als Norm, dafs die ohne Gehülfen arbeitenden Meister der 1. Klasse angehören und dafs beim Steigen der Gehülfenzahl um zwei die Einreihung in die nächst höhere Klasse eintritt. Nach dem Dekret von 1813 werden die Lehrlinge nicht als Gehülfen angesehen.

Diese Erwerbssteuer wird durch die Einkommensteuer ergänzt, welche durch das kaiserliche Patent vom 29. Oktober 1849 eingeführt worden ist. Sie ist jedoch keine Einkommensteuer im wirklichen Sinne, weil die Schuldzinsen vom Einkommen nicht abgezogen werden, und das Einkommen, welches der Grund- und Gebäudesteuer unterliegt, von dieser Steuer frei bleibt.

Die Gewerbetreibenden der ersten, d. h. der niedrigsten Betriebsumfangsklasse sind von der Einkommensteuer befreit. Die Einkommensteuer wird mit 3 Kreuzern von jedem Gulden bemessen. Die Erwerbssteuer wird in die Einkommensteuer eingerechnet, und die letztere nur mit demjenigen Betrage, um den sie höher ist, als die Erwerbssteuer, abgesondert erhoben.

Um eine Vorstellung davon zu geben, wie hoch die Steuern mit allen Zuschlägen sich belaufen, führe ich beispielshalber an, dafs ein Lemberger Meister, welcher 5 Gesellen beschäftigt, 63 fl. 80 kr. Einkommen- und Erwerbssteuern bezahlt; ein Meister, welcher während 4 Monaten 2 Gesellen beschäftigt, zahlt 12 fl. Die Lemberger Meister, welche keine Gesellen beschäftigen, zahlen 8 fl.

Zweiter Abschnitt.

Der Geldlohn der Schuhmachergesellen.

In den ältesten Zunftzeiten wohnten und afsen die Gesellen bei ihren Meistern. Der Gesellenstand war nur eine Art von Noviziat vor der Erlangung des Meistergrades; die Gesellenzeit war nur etwas Vorübergehendes. Daher konnte von einer eigenen Gesellenklasse gegenüber der Meisterklasse keine Rede sein. Jeder sah im Meister seinen dereinstigen Kollegen und in dessen Stellung seine eigene zukünftige. Die Arbeit wurde hauptsächlich durch Naturalien, wie Wohnung, Kost u. s. w. gelöhnt. Nur ein kleiner Teil der Arbeit wurde in barem Gelde vergütet, und der Geldlohn spielte nur eine geringe Rolle in dem wirtschaftlichen Leben der Gesellen. Wir finden für diese Zeiten noch keine Klassengegensätze und Klassenkämpfe zwischen Gesellen und Meistern. Dieses patriarchalische Verhältnis im Handwerk dauerte indes nicht lange[1]. Mit dem Wachsen der Wohlhabenheit, dem Aufblühen des Handwerks und mit der Vermehrung der Bevölkerung wuchs auch die Zahl der Gehülfen und der Umfang der Betriebe. Die Zahl der Gehülfen wurde zu grofs, als dafs ein jeder eine Meisterstellung hätte erlangen können. Ein grofser Teil der Gesellen mufste sich sein ganzes Leben lang mit dieser Stellung begnügen. So entstand ein verheirateter Gesellenstand. Das alte, patriarchalische Verhältnis löste sich auf. Die Gesellen hatten nicht länger Wohnung und Kost in der Wohnung ihres Meisters. Der ganze Arbeitsverdienst wird seit dieser Zeit in einer Geldsumme ausbezahlt. Der Übergang von der Natural- zur Geldwirtschaft war vollzogen,

Denselben Wandel der Handwerksverhältnisse sehen wir in Frankreich schon im 13. Jahrhundert vor sich gehen. In Deutschland fing der Übergangsprozefs erst im 15. Jahrhundert an. Um diese Zeit beginnen auch die oft sich wiederholenden Kämpfe der Arbeitgeber mit den Arbeitnehmern, der Meister also mit den Gesellen. Die galizischen Zunftstatuten aus den letzten Decennien des 15. Jahrhunderts beweisen, dafs auch die polnischen Gesellen schon damals ihre eigenen Klasseninteressen hatten.

---

[1] Schmoller: Zur Geschichte der deutschen Kleingewerbe, Halle 1870. p. 326—333.

Erst als ein Teil der Gesellen für ihr ganzes Leben zu der Gesellenstellung verdammt war, empfanden sie das Bedürfnis einer eigenen Organisation. Erst damals entstanden innerhalb der Zünfte die Brüderschaften derjenigen Gehülfen, die wir heute Gesellen nennen. Früher verstand man unter diesem Namen die Meister[1].

Diese Entwickelung trat in manchen Handwerken viel später als in anderen ein. Auch die Schnelligkeit dieser Entwickelung war sehr verschieden. Zuerst treffen wir sie in solchen Gewerben, in welchen das Kapital schon früh eine grofse Rolle zu spielen anfing, wo kostbare Hülfswerkzeuge nötig sind und deren Beschaffenheit von ganz wesentlichem Einflusse auf das Gedeihen des Betriebes ist, wo eine specialisierte Arbeitsteilung schon früher sich als unentbehrlich erwies und wo die Meister nicht nur den Ortsbedarf befriedigen. Darum sehen wir zuerst bei den Webern eine grofse Zahl von Gehülfen, denen die Meisterstellung für immer versagt ist. Deshalb organisierten sich bei den Webern und den verwandten Gewerben die Gesellen zuerst als eine besondere sociale Klasse.

In solchen Gewerben dagegen, bei welchen man das kleinste Kapital braucht, um als Meister selbständig werden zu können, in solchen, bei denen sich — ein gewisser technischer Entwickelungsgrad als gegeben angenommen — eine weitgehende Arbeitsteilung nicht einführen läfst oder nicht nötig ist, und in solchen, bei welchen der Absatz sich hauptsächlich auf den örtlichen Bedarf beschränkt, lassen sich die alten, patriarchalischen Zustände am längsten beobachten. Zu diesen Gewerben gehört die Schuhmacherei.

Nicht nur der Charakter eines Gewerbes ist für diesen Wandel in der socialen Stellung der Personen, die jedes einzelne Gewerbe beschäftigt, zur Gesellschaft wie untereinander von Einflufs, sondern auch die Lage und Gröfse des Wohnorts der Gewerbetreibenden. In kleinen Städten mit beschränktem Absatz wird jeder derartige Wandel viel langsamer vor sich gehen. Hier sind die Kunden mit den Produkten unmoderner, primitiver Werkzeuge zufrieden. Hier ist noch keine der vielen Arten der Reklame eingedrungen, es bedarf zur Leitung eines selbständigen Geschäfts noch nicht besonderer persönlicher und ökonomischer Eigenschaften.

Wie lange sich diese alten, patriarchalischen Zustände im Schuhmachergewerbe sogar in grofsen Städten erhalten haben, zeigen uns die Lemberger Verhältnisse. Noch bis zum Jahre 1848 wohnen fast alle Schuhmachergesellen bei

---

[1] Schmoller. Die Strafsburger Tucher- und Weberzunft. Strafsburg 1879, p. 194.

ihren Meistern und essen bei ihnen. Die Bewegung der vierziger Jahre ist aber auch an diesen Verhältnissen nicht spurlos vorübergegangen: die Gesellen suchen eine gröfsere Unabhängigkeit zu erlangen. Zuerst wollen sie nach Beendigung der täglichen Arbeit Herren ihrer Zeit und nicht länger von den Haussitten der Meister abhängig sein. Im Jahre 1848 fängt auch der Accordlohn an, sich weiter zu verbreiten. Die Arbeiter wohnen und essen noch bei dem Meister, aber das Abendessen nehmen sie aufser dem Hause ein. Die Emancipation der Gesellen schreitet stetig weiter. Schon im Jahre 1855 wohnen die Gesellen nur noch bei ihren Meistern, ihre Kost aber bestreiten sie von ihrem Lohne. Die Lehrlinge müssen den Gesellen das Mittagessen, Frühstück und Vesperbrod in die Werkstatt bringen. Dieser Zustand dauert bis gegen Ende der sechziger Jahre.

Bis zum Jahre 1860 gibt es verheiratete Gesellen nur ausnahmsweise, und zwar waren dies nach dem Zeugnisse von mit den damaligen Verhältnissen vertrauten Männern die weniger geschickten und intelligenten Gesellen. Die anderen heirateten erst, nachdem sie das Meisterrecht erlangt hatten. Seit den sechziger Jahren ändern sich die Beziehungen der Meister und Gesellen gänzlich, auch heiraten die Gesellen jetzt häufiger.

Obwohl dieser Umschwung bald nach der Einführung der Gewerbefreiheit erfolgte, wäre es doch falsch, ausschliefslich dieses Gesetz für ihn verantwortlich zu machen. Es ist vielmehr eine ganze Reihe von Ursachen, die an dieser Wirkung teilnehmen. Einmal mufste die demokratische, freisinnige Agitation, welche in den vierziger bis sechziger Jahren in Galizien sehr blühte, alle patriarchalischen Zustände, an denen nur ein Schatten von Beschränkung der persönlichen Freiheit haftete, erschüttern. Zugleich fällt in diese Zeit auch der Einzug der Nähmaschine in die galizische Schuhmacherwerkstatt. In den grofsen Städten Lemberg und Krakau ist sehr bald ein Geschäft ohne Maschine unmöglich. Dadurch wird die Erlangung einer selbständigen Stellung im Schuhmachergewerbe sehr erschwert, und eine viel gröfsere Zahl von Gesellen wird gezwungen, sich mit ihrer abhängigen Stellung zeitlebens zu begnügen. Und dies hat wieder zur Folge, dafs die Zahl der verheirateten Gesellen ebenfalls zunimmt.

Ferner ist auch die Gewerbeordnung von 1859 nicht ohne Einflufs auf diese Wandlung der alten Sitten geblieben. Die Sitten sind oft baufällig wie ein Turm: nimmt man einen Grundstein heraus, so fällt der ganze Turm zusammen, schafft man eine alte sociale Institution ab, so verlieren auch die Sitten ihren Boden, auf dem sie gestanden und aufgewachsen waren.

Man hat die Autorität der Zünfte, die Gesellen- und Meisterstücke abgeschafft, man hat dem gewerblichen Leben seine alten Formen und seine Organisation geraubt, und mit diesen sind auch die ohnehin schwer erschütterten alten Sitten zu Grunde gegangen.

In anderen Städten, in die die politische Agitation nicht eingedrungen ist, haben sich dagegen die alten Sitten erhalten; das gewerbefreiheitliche Gesetz hat hier nur wenig Einfluſs geübt. In vielen kleinen Städten folgte man den Zunftstatuten nicht darum, weil sie gesetzliche Kraft hatten, sondern weil sie alte Institutionen waren, die schon die Väter respektiert hatten. In diesen blieb alles beim alten, auch nach Beseitigung der Zwangsbefugnisse der Zünfte und ihrer Autorität. Die hausindustriellen Städtchen Kulików und Uhnów, auch die Stadt Stryj sind hierfür ein Beispiel.

Zum Verständniss dieser socialen Verhältnisse im Handwerk, und speciell zum Verständnis ihrer Verschiedenheit in der Klein- und Groſsstadt wird es nützlich sein, auf das zwischen Meistern und Gesellen obwaltende Zahlenverhältnis mit einigen Worten einzugehen. Die Zahl der Gesellen läſst sich aus den amtlichen Quellen nicht ermitteln. Dieselben geben überhaupt keine Zahlen, aus denen sich die wahrscheinliche Anzahl und deren Verhältnis zu der der Meister auch nur annähernd erkennen lieſse. Meine Fragebogen geben über diesen Punkt den einzigen Aufschluſs, der von principieller Wichtigkeit für die Erkenntnis der socialen und ökonomischen Lage der Handwerkerklasse ist. In den 96 Ortschaften, aus welchen ich Antworten erhalten habe, beträgt die Zahl der Schuhmachermeister 2644; die der Gesellen 3776; die der Lehrlinge 1822. Die Hausindustriellen blieben in diesen Angaben unberücksichtigt. Nach der Gröſse der Ortschaften verteilen sich die Zahlen folgendermaſsen:

Laufende Nummer	Zahl der Einwohner	Zahl der Meister	Zahl der Gesellen	Zahl der Lehrlinge	Es kommen auf 100 Meister Gesellen	Es kommen auf 100 Meister Lehrlinge	Zahl der Ortschaften
1.	bis 10 000	1275	960	485	75	38	81
2.	10—26 000	800	726	517	90,8	64.7	13
3.	Krakau	134	600	140	448	104	1
4.	Lemberg	435	1490	680	342,5	156	1
Zusammen		2644	3776	1822	145	68,9	96

In Sachsen entfallen nach Schöne auf 100 Betriebe 49,5 Gesellen und 21,4 Lehrlinge. Weil aber unsere Zahlen blofs Städte betreffen, dürfen wir sie blofs mit analogen Zahlen Schöne's vergleichen. In sächsischen Städten kommen 62,9 Gesellen und 24,5 Lehrlinge auf 100 Meister. In Galizien ist das Verhältnis mehr als zweimal so grofs bei den Gesellen und beinahe dreimal so grofs bei den Lehrlingen. Das beweist eine sehr rasche Vermehrung der Schuhmacher; keineswegs darf man daraus auf die Blüte des Gewerbes schliefsen. Sehr richtig weist Professor Gustav Schmoller darauf hin[1], dafs die Gestalt der Volkswirtschaft sich bei starker Bevölkerungszunahme notwendig verändere. Es mufs eine andere Bodenverteilung, eine andere lokale und berufliche Verteilung der Bevölkerung eintreten. Die Gesellschaft ergreift aber nicht sogleich den richtigen Ausweg; die überschüssige ländliche Bevölkerung und diejenigen, welche in den Berufsklassen ihrer Eltern keinen Platz finden können, drängen vor allem zu denjenigen Gewerben, welche am leichtesten zu erlernen sind und das kleinste Kapital verlangen. Die von mir angegebenen Zahlen besagen deshalb nicht mehr, als dafs das Schuhmachergewerbe eben ein Reservoir für die überschüssige Bevölkerung der landwirtschaftlichen Klasse und anderer Berufsgruppen bildet.

Es ist das Verdienst Hoffmanns[2], zuerst darauf hingewiesen zu haben, dafs die Aussicht, selbständig ein Handwerk zu betreiben, von dem Verhältnis der Zahl der Meister zu der der Gehülfen, d. h. der Gesellen und Lehrlinge abhängt. Hoffmann nimmt an, dafs ein Handwerker im 30. Jahre die Meisterstellung erlangt und bis zum 60. Jahre lebt; wenn er nur einen Lehrling beschäftigt und die Lehrzeit desselben vier Jahre beträgt, so wird der Meister im Laufe seiner dreifsigjährigen Meisterzeit mindestens sieben Lehrlinge ausbilden, obwohl nur ein einziger Meisterplatz zu besetzen ist. Berücksichtigt man dabei den Bevölkerungszuwachs und die Sterblichkeit während der Gesellenzeit, so bleiben doch noch fünf übrig, welche keine selbständige Meisterstellung erlangen können.

Der Verfasser der Untersuchungen über die sächsische Handwerkerstatistik hat diesen Hoffmannschen Gedanken präciser ausgeführt[3]. Er taxiert die durchschnittliche Lebensdauer eines Handwerkers auf 55 Jahre, das 30. nimmt er als das Jahr des Meisterwerdens an. Es ist also der 25. Teil der

---

[1] Zur Geschichte der deutschen Kleingewerbe im 19. Jahrhundert. Halle 1870. p. 344.
[2] Die Befugnis zum Gewerbebetriebe. Berlin 1841. p. 122—136.
[3] Schmoller, Zur Geschichte der deutschen Kleingewerbe im 19. Jahrhundert, p. 339, 340.

Meister jährlich zu erneuern, oder vielmehr wenn man den Zuwachs der Bevölkerung und den Abgang der Meister zu anderen Berufsarten rechnet, der 20. Teil. Berücksichtigt man die Sterblichkeit vom 14. Lebensjahre, welches als das Jahr des Eintrittes in das Handwerk zu betrachten ist, bis zum 30. Jahre, so braucht die Zahl der Lehrlinge bei vierjähriger Lehrzeit blofs $^1/_4$ höchstens $^1/_2$ der Meisterzahl zu betragen, und, was die Gesellen betrifft, so darf, wenn die Gesellenzeit 12 Jahre dauert, die Zahl derselben nur $^3/_4$ bis $^4/_4$ der Meister sein, wenn alle eine selbständige gewerbliche Stellung erlangen sollen.

In den kleinen galizischen Städten, die weniger als 10000 Einwohner haben, entfallen nun auf 100 Schuhmachermeister 75 Gesellen und 38 Lehrlinge. Alle haben die Hoffnung, einmal selbständig zu werden, jeder sucht vor Begründung einer eigenen Familie eine selbständige gewerbliche Stellung zu erlangen.

Von den 81 Städtchen, die weniger als 10000 Einwohner zählen und deren Schuhmachergenossenschaften meine Fragebogen ausgefüllt haben, gibt es in 20 verheiratete Gesellen überhaupt nicht, in den anderen in sehr geringer Zahl. Die socialen Gewohnheiten richten sich immer nach den Bedürfnissen der Mehrheit: darum sehen wir, dafs die Schuhmachergesellen in diesen Städtchen bei ihren Meistern wohnen und speisen.

Ganz anders ist es in gröfseren Städten. Hier fallen auf 100 Meister 90,8 Gesellen und 64,7 Lehrlinge. Nach der obigen statistischen Kalkulation dürfen bei diesem Zahlverhältnis alle Gesellen sich Hoffnung auf eine selbständige Stellung machen, die aber durchschnittlich nicht vor dem 30. Lebensjahre erlangt werden kann, während in Galizien im Jahre 1887 von hundert verheirateten Männern 76,28 dieses Alter noch nicht überschritten hatten[1]. Von den in höherem Alter heiratenden Männern gehört die gröfsere Zahl, wie ich aus meiner Beobachtung schliefsen darf, den höheren Klassen an. Die Angehörigen der Handwerker- und Arbeiterklasse heiraten meistens bald nach Erfüllung ihrer Militärpflicht, zumal in den gröfseren Städten, wo der ökonomische Sinn der Handwerker nicht durch Eigenbesitz entwickelt ist. Könnten also auch alle Gesellen wirklich im 30. Lebensjahre eine Meisterstellung erreichen, so bliebe trotzdem eine ganze Anzahl verheirateter Gesellen, die als solche nicht bei ihren Meistern wohnen und essen würden. Schon dies allein weist darauf hin, dafs die alten patriarchalischen Verhältnisse wie Naturallöhnung in diesen Städten — auch beim Schuhmachergewerbe — in Auflösung begriffen sind.

Eine solche statistische Kalkulation zeigt uns zwar die Ver-

---

[1] Österreichisches statistisches Handbuch von 1890.

hältnisse deutlich, erklärt sie uns aber nicht. Um sie zu erklären, mufs man sich die ökonomischen und sittlichen Zustände der Handwerker vergegenwärtigen. In kleinen Städten, wo der Sohn in der Regel den Beruf des Vaters ergreift und wo ein grofser Teil der Handwerker etwas besitzt, ist es manchen Gesellen möglich, schon bald nach ihrer Militärzeit ein eigenes Geschäft zu gründen, oder das väterliche leiten von der Zeit ab Vater und Sohn gemeinschaftlich, obgleich in diesem Falle nur der erstere Meister genannt wird.

Anders ist es in den meisten gröfseren Städten. Besitzende Handwerker sind hier verhältnismäfsig selten. Dabei werden hier an den Meister viel höhere Ansprüche gestellt als in kleinen Städten, die noch teilweise ländliche Verhältnisse haben. Die meisten Gesellen in gröfseren Städten werden mit gröfster Anstrengung arbeiten und viele Jahre sich die Gründung einer Familie versagen müssen, um im stande zu sein, eine kleine Summe zu ersparen, die den Grundstein zur Meisterstellung bilden könnte. Die anderen weniger Fleifsigen werden bei ihrem kleinen Einkommen sehr bald die Unmöglichkeit, sich auch nur eine kleine Summe zu sparen, einsehen. Deshalb verzichten sie von vornherein auf eine Meisterstelle und heiraten schon frühe. Viele tüchtige und fleifsige Gesellen, die jedoch weniger ausdauernd und von leidenschaftlicherem Temperament sind, werden auch frühe zur Gründung eines eigenen Hausstandes schreiten.

Wir werden sehen, dafs es für einen verheirateten Gesellen unmöglich ist, eine Summe zu erübrigen, mit der sich ein Geschäft begründen läfst. So erreichen alle diese zuletzt von mir erwähnten Gesellen nie eine Meisterstellung. Ihre Beschäftigung als Gesellen füllt ihr ganzes Leben aus.

Die Zahl der verheirateten Gesellen steigt mit der Gröfse des Wohnortes und dem Verschwinden ländlicher Verhältnisse. Von den sechs galizischen Städten mit über 18 000 Einwohnern, deren Schuhmachergenossenschaften meine Fragebogen beantwortet haben, hat nur Drohobycz, dessen Verhältnisse trotz seiner Gröfse den ländlichen ähnlich sind, eine sehr kleine Zahl verheirateter Gesellen. In den anderen ist ihre Zahl sehr bedeutend. Die alten traditionellen Zustände sind hier verschwunden. Nach Angabe der Genossenschaftsvorsteher wohnt blofs ein Viertel aller Gesellen bei ihren Meistern. Von anderen Städten mit mehr als 10 000 Einwohnern haben sieben meine Fragebogen ausgefüllt. Von diesen überwiegen nur in Jaroslau diejenigen Schuhmachergesellen, die bei ihren Meistern weder wohnen noch essen. In den anderen finden sich solche zwar auch, aber ohne mehr als ein Drittel aller Gesellen zu betragen. In den beiden gröfsten galizischen Städten Lemberg und Krakau kommt das Wohnen beim Meister fast nie vor. In diesen beiden Städten kommen auf je 100 Meister 349 Gesellen. Hier kann also nur ein kleiner Prozentsatz die Meisterstellung erlangen, und die Einführung der völligen Geldlöhnung wird unabweisbar.

In kleinen Städten, wo die Gesellen bei den Meistern wohnen und essen, ist der Lohn unbedeutend; aber er spielt auch hier eine Rolle, weil die kleine Summe, welche in solchen Orten ein Schuhmacher zur Gründung eines eigenen Geschäftes nötig hat, von ihm aus diesem Lohn erspart werden muſs, falls er kein Vermögen geerbt hat. In gröſseren Städten ist die Höhe des Lohnes das Maſs für die ökonomische Lage einer groſsen Zahl von Familien, deren ganzes Einkommen der Arbeitslohn bildet. Die Ermittelung der Lohnverhältnisse gehörte zu den wichtigsten Zwecken meiner Enquête. Eine genaue Beantwortung der diesbezüglichen Fragen habe ich den Genossenschaftsvorständen am dringendsten ans Herz gelegt. Es existierte damals, als ich meine Fragebogen verfaſste und versandte, nur eine statistische Publikation über die galizischen Lohnverhältnisse, nämlich die schon erwähnte Abhandlung von Dr. Kleczyński über die ökonomischen Verhältnisse der ländlichen Bevölkerung[1].

Im Jahre 1888 wurde das allgemeine Krankenversicherungsgesetz erlassen. Die Grundlage der Organisation der österreichischen Arbeiterkrankenkassen liegt nach diesem Gesetze in den Bezirkskrankenkassen. Zur Berechnung der Beiträge der Mitglieder und ihrer Arbeitgeber haben die Behörden den ortsüblichen Tagelohn zu ermitteln. Ergeben sich in einem Bezirk erhebliche Unterschiede, so darf der ortsübliche Lohn in mehrere Klassen eingeteilt werden. Die Ergebnisse dieser Arbeit sind in den „Amtlichen Nachrichten des Ministeriums für innere Angelegenheiten" veröffentlicht worden.

Gewisse Aufschlüsse über Lohnverhältnisse können wir ferner auf Grund des Unfallversicherungsgesetzes erlangen; dieselben sind freilich von sehr geringem socialpolitischem Werte, weil das für die Betriebsinhaber vorgeschriebene Anmeldungsformular bloſs den durchschnittlichen Lohn nachweist und die Verdienste der Kinder, der gewöhnlichen Handlanger, der Werkführer und Betriebsbeamten zusammenwirft. Die Unfallversicherungspflicht erstreckt sich mit einer einzigen Ausnahme (Bauarbeiter) auf Handwerker überhaupt nicht.

Die einzige brauchbare Grundlage für eine Erkenntnis der Handwerkslohnsätze kann uns daher meine Enquête bieten. Elf von meinen Fragen bezwecken die Ermittlung der Lohnhöhe und der Löhnungsweise der Gesellen beiderlei Geschlechts. Es sind dies die Fragen 20—30. Selbstverständ-

---

[1] Wiadomości Statystyczne o stosunkach krajowych pod. redak. Dr. D. T. Pilata. Rocsnik 7 zesz. Lwów 1881.

lich konnte ich von den Genossenschaftsvorständen lediglich Schätzungen der Durchschnittslohnsätze erwarten.

Die Durchschnitte der von dem Personal einer Fabrik bezogenen Löhne haben bekanntlich sehr geringen Wert. Wenn man von den Löhnen der gelernten Arbeiter und der Handlanger einen Durchschnitt bildet, so erhält man Zahlen, mit denen weder das Einkommen der ersteren noch das der letzteren übereinstimmt. Dasselbe findet statt, wenn man bei der Berechnung der Durchschnitte den Verdienst der Kinder, Männer und Frauen nicht unterscheidet. Die Durchschnittsangaben haben ferner einen um so geringeren Wert, je verschiedener die Lohnsätze der beteiligten Lohnempfänger sind. Die Gehälter einiger Betriebsbeamten und Werkführer können ganz wesentlich die Durchschnittszahlen erhöhen und die Löhne der Arbeiter als befriedigend erscheinen lassen, wenn diese in Wirklichkeit nur dem notdürftigsten Lebensunterhalt genügen.

Anders ist es aber, wenn die Durchschnittszahlen blofs den Verdienst der Gesellen des gleichen Geschlechtes und Handwerkes ausdrücken. Denn alle diese gehören derselben Altersklasse an, und es existiert unter ihnen nicht jene sociale Scheidung, wie sie zwischen den gelernten und ungelernten Arbeitern besteht; alle gehören zu den ersteren.

In meinen Fragebogen sind die Löhne nach den Geschlechtern getrennt. Obgleich für das Schuhmachergewerbe die Frauen blofs in vier Städten in Betracht kommen, hielt ich es doch für zweckmäfsig, zur Ermittlung der Frauenlöhne besondere Fragen aufzustellen.

Von grofsem praktischen und theoretischen Interesse ist die Kenntnis der bestehenden Lohnzahlungsmethoden, der Häufigkeit des Vorkommens der einzelnen Arten, ihre Vergleichung nach der Höhe der Löhne und die daraus sich ergebenden Konsequenzen für die Wirkung der verschiedenen Methoden.

Ich fragte also nach der Verbreitung des Accord- und des Zeitlohnes. Es ist einleuchtend, dafs die Genossenschaftsvorstände auch diese Frage nur schätzungsweise beantworten konnten.

Wir sahen, dafs in kleineren Städten die Gestalt der Betriebe und das sociale Verhältnis zwischen Gesellen und Meistern ein anderes als in gröfseren ist. Es hat also grofses Interesse, die Höhe der Löhne in diesen Städten zu vergleichen, wie in der folgenden Tabelle geschieht.

(Siehe die Tabelle auf Seite 91).

Die meisten Hausfrauen berechnen nicht genau, wie hoch sich die Ernährung der Gesellen stellt, darum haben die Meister immer diejenigen Gesellen lieber, welche bei ihnen wohnen und essen, als die verheirateten, die ihre eigene Haushaltung haben. Daher der auffallend kleine Unterschied zwischen den Löhnen bei freier Kost und Wohnung und den Geldlöhnen.

In Lemberg und Krakau hat die grofse Zahl der ver-

Gröfse der Städte	Die Lohnhöhe[1]						Zahl der Gesellen	Zahl der Ortschaften
	o. K. u. o. W.		m. K. u. o. W.		m.K.u.m.W.			
	fl.	kr.	fl.	kr.	fl.	kr.		
bis 10 000	2	30	1	10	—	85	960	81
10 000—26 000	3	—	1	30	—	85	726	13
Krakau	4	—	—	—	—	—	600	1
Lemberg	5	—	—	—	—	—	1490	1

heirateten Gesellen die Erhöhung der Löhne erforderlich gemacht, damit sie wenigstens den notwendigsten Lebensunterhalt bestreiten können. Dasselbe haben wir in verschiedenen anderen Städten, z. B. in Brody, wo auf 47 Meister 54 Gesellen kommen. Der durchschnittliche Wochenverdienst beträgt dort 3 fl. 60 kr.

Man mufs übrigens beachten, dafs drei hausindustrielle Ortschaften sich unter den Städten befinden, deren Einwohnerzahl zwischen 10 000 und 26 000 liegt. Diese Ortschaften drücken durch ihre niedrigen Lohnsätze den Lohndurchschnitt jener Städte herab. Es sind die hausindustriellen Städtchen Rzeszów, Grodek und Drohobycz. Der Lohnsatz der mittelgrofsen Städte wäre um 25 kr. wöchentlich höher, wenn wir bei der Berechnung der Durchschnittslöhne diese drei hausindustriellen Städtchen unberücksichtigt liefsen.

In den kleinen Städten unter 10 000 Einwohnern überwiegt die Zahl der ledigen Gesellen so sehr, dafs die Meister die verheirateten Gesellen ganz entbehren können. Im Lebenslauf der meisten Schuhmacher dieser Städte ist der Gesellenstand nur eine kurze Episode. Der Absatz dieser kleinen städtischen Schuhmacher ist zum grofsen Teile auf die ländliche Bevölkerung beschränkt. In vielen gebirgigen Gegenden tragen, wie schon erwähnt wurde, die Leute statt der Schuhe selbstgefertigte sogenannte „Krypcie". Dieser Umstand ist nicht zum wenigsten an der Niedrigkeit der Löhne in diesen Städten und Bezirken schuld. Günstiger aber wirkt der Umstand, dafs viele ein kleines Besitztum haben, ein Haus mit Garten, manchmal eine kleine geerbte Summe Geldes, während in anderen Städten meistens die Schuhmachergesellen schon brotlos sind, wenn sie nur einige Tage keine Arbeit haben. In den gröfseren Städten leiden auch die Schuhmacher mehr als in kleinen unter der Fabrikkonkurrenz.

In der umseitig folgenden Tabelle verzeichne ich die

---

[1] o. K. u. o. W. = ohne Kost und ohne Wohnung. m. K. u. m. W. = mit Kost und mit Wohnung. m. K. u. o. W. = mit Kost und ohne Wohnung.

Wochenlöhne galizischer Schuhmachergesellen beiter, nach Regierungs-

Namen der Bezirke[1]	höchster		durchschnittlicher		niedrigster	
	fl.	kr.	fl.	kr.	fl.	kr.
1.* Biała	—	—	2	40	—	—
2. Bóbrka	2	—	1	80	1	60
3.* Bochnia	—	—	—	—	—	—
4. Bochorodczony	—	—	—	—	—	—
5. Borszców	—	—	—	—	—	—
6. Brody	4	60	3	60	2	50
7.* Brzesko	—	—	—	—	—	—
8. Brzeżany	4	—	3	50	2	—
9.* Brzozów	—	—	—	—	—	—
10. Buczacz	—	—	—	—	—	—
11.* Chrzanów	—	—	—	—	—	—
12.* Cieszanów	3	50	—	—	1	60
13. Czortków	4	—	—	—	2	—
14.* Dąbrowa	—	—	—	—	—	—
15. Dobromil	—	—	—	—	—	—
16. Dolina	—	—	—	—	—	—
17. Drohobycz	3	80	2	40	1	80
18.* Gorlice	—	—	—	—	—	—
19.* Grybów	—	—	—	—	—	—
20. Gródek	2	60	2	20	1	50
21. Horodenka	4	60	3	60	2	50
22. Husiatyn	—	—	3	—	—	—
23.* Jarosław	4	—	—	—	2	40
24.* Jasło	—	—	—	—	—	—
25. Jaworów	—	—	—	—	—	—
26. Kałusz	—	—	—	—	—	—
27. Kamionka Strumiłowa	—	—	—	—	—	—
28.* Kolbuszowa	—	—	—	—	—	—
29. Kołomyja (Kolomeo)	4	50	—	—	2	60
30. Kossów	—	—	—	—	—	—
31.*a) Krakau (Stadt)	6	—	4	—	2	40
31.*b) Krakau (Land)	—	—	—	—	—	—
32.* Krosno	—	—	—	—	—	—
33.* Lisko	—	—	—	—	—	—
34. a) Lemberg (Stadt)	8	—	5	—	2	40
34. b) Lemberg (Land)	3	60	3	—	2	40
35.* Łańcut	—	—	—	—	—	—
36.* Limanowa	—	—	—	—	—	—
37.* Mielec	—	—	—	—	—	—
38. Mościska	—	—	—	—	—	—
39. Myślenice	3	—	—	—	2	—
40. Nadwórna	—	—	—	—	—	—

[1] Alle Bezirke, deren Namen mit Sternchen bezeichnet sind, liegen in Westgalizien.

XI 1.

und ortsübliche Wochenlöhne ungelernter Arbezirken zusammengestellt.

Löhne der Schuhmachergesellen									Ortsübliche Wochenlöhne ungelernter Arbeiter					
mit Kost aber ohne Wohnung						mit Kost und mit Wohnung						höchster		durchschnittlicher		niedrigster	
höchster		durchschnittlicher		niedrigster		höchster		durchschnittlicher		niedrigster							
fl.	kr.	fl.	kr.	fl.	kr.	fl.	kr.	fl.	kr.	fl.	kr.	fl.	kr.	fl.	kr.	fl.	kr.
1	80	1	50	1	—	1	—	—	90	—	60	3	—	—	—	2	40
1	80	1	50	1	—	1	—	—	90	—	60	—	—	1	32	—	—
—	—	—	—	—	—	—	—	—	—	—	—	—	—	2	40	—	—
—	—	—	—	—	—	—	—	—	50	—	—	—	—	1	80	—	—
—	—	—	—	—	—	—	—	—	—	—	—	—	—	2	40	—	—
2	—	1	50	1	—	1	—	—	80	—	40	—	—	1	44	—	—
—	—	—	—	—	—	—	—	—	—	—	—	—	—	2	40	—	—
—	—	—	—	—	—	1	—	—	80	—	60	2	40	—	—	1	20
—	—	—	—	—	—	1	20	—	90	—	50	—	—	1	80	—	—
—	—	—	—	—	—	—	—	—	—	—	—	—	—	1	80	—	—
—	—	—	—	—	—	—	—	—	—	—	—	—	—	2	40	—	—
2	20	—	—	1	80	1	—	—	90	—	—	—	—	2	40	—	—
2	—	—	—	1	—	1	40	—	—	—	80	—	—	2	40	—	—
—	—	—	—	—	—	—	—	—	—	—	—	—	—	2	40	—	—
—	—	—	—	—	—	—	—	—	—	—	—	3	—	—	—	2	40
—	—	—	—	—	—	1	20	—	—	—	60	—	—	3	60	—	—
—	—	—	—	—	—	1	20	—	—	—	60	—	—	1	98	—	—
—	—	—	—	—	—	—	—	—	—	—	—	—	—	3	—	...	—
—	—	—	—	—	—	1	—	—	80	—	60	—	—	2	40	—	—
—	—	—	—	—	—	—	80	—	60	—	50	2	40	—	—	1	50
—	—	—	—	—	—	1	80	1	—	—	80	—	—	3	60	—	—
—	—	—	—	—	—	1	20	1	—	—	90	—	—	1	80	—	—
—	—	—	—	—	—	2	—	1	40	—	90	—	—	2	40	—	—
—	—	—	—	—	—	1	—	—	70	—	50	—	—	1	50	—	—
—	—	—	—	—	—	—	—	—	—	—	—	—	—	2	40	—	—
—	—	—	—	—	—	—	—	—	—	—	—	—	—	2	40	—	—
—	—	—	—	—	—	—	—	—	—	—	—	1	80	1	20	—	90
—	—	—	—	—	—	1	40	1	—	—	80	—	—	3	—	—	—
—	—	—	—	—	—	—	—	—	80	—	—	—	—	3	—	—	—
—	—	—	—	—	—	—	—	—	—	—	—	6	—	—	—	3	60
—	—	—	—	—	—	—	—	—	—	—	—	—	—	3	—	—	—
—	—	—	—	—	—	—	—	—	—	—	—	3	60	—	—	1	20
—	—	—	—	—	—	—	—	—	—	—	—	—	—	3	60	—	—
—	—	—	—	—	—	—	—	—	—	—	—	6	—	4	20	3	—
—	—	—	—	—	—	1	20	—	90	—	60	—	—	3	—	—	—
—	—	—	—	—	—	—	—	—	—	—	—	—	—	3	60	—	—
—	—	—	—	—	—	—	—	—	—	—	—	—	—	3	—	—	—
—	—	—	—	—	—	—	—	—	—	—	—	—	—	1	20	—	—
—	—	—	—	—	—	—	—	—	—	—	—	—	—	2	40	—	—
—	—	1	20	—	—	—	—	—	80	—	—	—	—	2	40	—	—
—	—	—	—	—	—	—	—	—	—	—	—	—	—	2	70	—	—

Wochenlöhne galizischer Schuhmachergesellen beiter, nach Regierungs-

Namen der Bezirke	Ohne Kost und ohne Wohnung		
	höchster	durchschnittlicher	niedrigster
	fl. | kr.	fl. | kr.	fl. | kr.
41.* Nisko	2 | 40	2 | —	1 | 50
42.* Neu Sandec	— | —	2 | 60	— | —
43.* Neu Markt	2 | 40	2 | —	1 | 20
44.* Pilzno	— | —	— | —	— | —
45. Podhajce	— | —	— | —	— | —
46.a) Przemyśl (Stadt)	— | —	— | —	— | —
46.b) Przemyśl (Land)	— | —	— | —	— | —
47. Przemyślany	— | —	— | —	— | —
48. Rawa Ruska	— | —	— | —	— | —
49. Rohatyn	— | —	— | —	— | —
50.* Ropczyce	— | —	— | —	— | —
51. Rudki	— | —	— | —	— | —
52.* Rzeszów	3 | 40	2 | 30	1 | 80
53. Sambor	— | —	— | —	— | —
54.* Sanok	— | —	— | —	— | —
55. Skałat	3 | 50	— | —	2 | —
56. Sniatyn	3 | 60	— | —	2 | 40
57. Sokal	2 | 40	2 | —	1 | 20
58. Stanislau	3 | 60	3 | —	2 | —
59. Alt Stadt (Staremiasto)	2 | 40	2 | —	1 | 50
60. Stryj	3 | —	2 | 40	1 | 40
61.* Tarnobrzey	— | —	— | —	— | —
62. Tarnopol	4 | —	3 | 60	2 | —
63.* Tarnów	3 | —	2 | 40	1 | 80
64. Tłumacz	— | —	2 | 40	— | —
65. Trembowla	— | —	— | —	— | —
66. Turka	— | —	— | —	— | —
67.* Wadowice	2 | 60	2 | 40	1 | 50
68.* Wieliczka	1 | 80	1 | 50	1 | 20
69. Zaleszczyki	3 | —	2 | 40	1 | 80
70. Zloaraz	— | —	— | —	— | —
71. Złoczów	— | —	— | —	— | —
72. Żółkiew	— | —	2 | 40	— | —
73. Zydaczów	— | —	— | —	— | —
74.* Żywiec	3 | —	2 | 40	2 | —

XI. 1.

und ortsübliche Wochenlöhne ungelernter Arbezirken zusammengestellt.

Löhne der Schuhmachergesellen									Ortsübliche Wochenlöhne ungelernter Arbeiter					
mit Kost aber ohne Wohnung						mit Kost und mit Wohnung								
höchster		durch-schnitt-licher		nie-drigster		höchster		durch-schnitt-licher		nie-drigster		höchster		durch-schnitt-licher		nie-drigster	
fl.	kr.	fl.	kr.	fl.	kr.	fl.	kr.	fl.	kr.	fl.	kr.	fl.	kr.	fl.	kr.	fl.	kr.
1	30	1	—	—	80	—	90	—	80	—	60	—	—	2	40	—	—
—	—	1	20	—	90	—	60	—	40	—	—	2	40	—	—	2	—
—	—	—	—	—	—	1	20	—	90	—	60	—	—	2	40	—	—
—	—	—	—	—	—	—	—	—	—	—	—	6	—	2	40	1	50
—	—	—	—	—	—	—	—	—	—	—	—	—	—	1	20	—	—
—	—	—	—	—	—	—	—	—	—	—	—	—	—	4	20	—	—
—	—	—	—	—	—	—	—	—	—	—	—	—	—	3	—	—	—
—	—	—	—	—	—	—	—	—	90	—	—	—	—	3	60	—	—
—	—	—	—	—	—	—	—	—	—	—	—	—	—	3	—	—	—
—	—	—	—	—	—	—	—	—	—	—	—	—	—	3	60	—	—
—	—	—	—	—	—	—	—	—	—	—	—	—	—	1	80	—	—
—	—	—	—	—	—	—	—	—	90	—	—	—	—	1	50	—	—
—	—	—	—	—	—	—	—	—	—	—	—	—	—	1	80	—	—
—	—	—	—	—	—	—	—	—	—	—	—	—	—	3	—	—	—
—	—	—	—	—	—	1	50	—	—	—	80	—	—	4	20	—	—
—	—	—	—	—	—	1	20	—	—	—	60	3	—	1	80	1	80
—	—	—	—	—	—	1	—	—	80	—	50	—	—	2	10	—	—
2	40	2	—	1	80	1	—	—	80	—	60	—	—	3	—	—	—
1	80	1	40	1	20	1	20	1	—	—	60	—	—	3	—	—	—
—	—	—	—	—	—	1	50	1	—	—	50	—	—	2	40	—	—
—	—	—	—	—	—	1	20	—	90	—	60	4	80	2	40	2	40
—	—	—	—	—	—	—	—	—	—	—	—	—	—	2	40	—	—
—	—	—	—	1	—	—	—	—	—	—	80	—	—	4	—	2	60
—	—	—	—	—	—	1	20	1	—	—	90	4	80	3	—	—	—
1	80	1	50	—	80	1	50	1	20	—	60	—	—	3	—	—	—
1	10	1	—	—	80	—	80	—	60	—	40	—	—	2	40	—	—
—	—	—	—	—	—	1	20	—	90	—	50	—	—	2	40	—	—
—	—	—	—	—	—	—	—	—	—	—	—	—	—	2	40	—	—
—	—	—	—	—	—	—	—	—	—	—	—	—	—	2	40	—	—
—	—	—	—	—	—	—	—	—	—	—	—	—	—	3	—	—	—
—	—	—	—	—	—	1	20	—	90	—	50	3	60	—	—	1	20

Löhne der galizischen Schuhmachergesellen nach politischen Bezirken geordnet. Dabei sind getrennt: die Löhne ohne freie Kost und Wohnung, die Löhne mit Kost und Wohnung und die Löhne mit Kost aber ohne Wohnung. Innerhalb dieser drei Klassen sind noch die höchsten, mittleren und niedrigsten Löhne unterschieden. Ebenso gibt die Tabelle den zum Zwecke der Krankenversicherung festgestellten ortsüblichen Tagelohn[1] an. Sie führt also zugleich die Vergleichung der Löhne der Schuhmachergesellen mit denen der gewöhnlichen Tagelöhner aus. Die hier angegebenen Löhne betreffen ausschliefslich die erwachsenen männlichen Arbeiter. In den amtlichen Nachrichten sind die Löhne pro Tag angegeben. Ich habe sie, um den wöchentlichen Lohn zu bekommen, mit 6 multipliziert. Gleichwie bei den ortsüblichen Löhnen konnte ich auch für die Gesellenlöhne nicht ziffermäfsig feststellen, welcher Teil den niedrigsten, welcher den mittleren und welcher den höchsten Lohnsatz bezieht.

Aus der Tabelle ersehen wir, dafs der Lohn der Schuhmachergesellen in 15 Bezirken den ortsüblichen Tagelohn übersteigt. 9 von diesen Fällen betreffen Bezirke, deren Hauptstädte mehr als 10 000 Einwohner haben. In diesen schwankt der Unterschied zwischen 2 fl. 10 kr., wie wir es in Brody sehen, und 30 kr. in Neu Sandec. (Die Namen der Bezirkshauptstädte, die mehr als 10 000 Einwohner haben, sind gesperrt gedruckt. Die Löhne anderer Städte dieser Bezirke haben auf den Durchschnittssatz einen sehr geringen Einflufs.) In vier dieser Städte ist der Lohn der Schuhmachergesellen dem ortsüblichen gleich: in Stanislau, Stryj, Tarnopol und Tarnów. Der Grund dieser Erscheinung ist wohl die grofse Anzahl der Schuhmacher in diesen Städten. In 7 Bezirken sind die Löhne der Schuhmachergesellen niedriger als der ortsübliche Arbeitslohn der gewöhnlichen Handlanger! Alle diese Bezirke haben keine Städte von mehr als 10 000 Einwohnern.

Wie niedrig die Schuhmacher in Galizien gelohnt werden, sogar diejenigen, welche für höhere Klassen arbeiten und ihren Beruf mühsam erlernen mufsten, charakterisiert am besten die Thatsache, dafs in Lemberg und Krakau die Löhne der Schuhmachergesellen mit den ortsüblichen Löhnen der ungelernten Arbeiter ungefähr auf einer Stufe stehen, in Krakau sogar noch etwas niedriger.

Die Löhne in den Bezirken, in welchen alle Gesellen bei ihrem Meister wohnen, kann ich leider nicht mit den ortsüblichen Löhnen der ungelernten Arbeiter vergleichen, weil man bei der Feststellung des ortsüblichen Tagelohns zu den Zwecken der Krankenversicherung nur den Verdienst Derjenigen berücksichtigt hat, die keine Wohnung und keine Kost

---

[1] Amtliche Nachrichten des Ministeriums des Innern 1889, Nr. 22.

von ihren Arbeitgebern bekommen, oder weil die Behörden alle Auszahlungsmethoden vereinheitlicht und alle Naturalleistungen, also auch die Wohnung und Kost in Geld umgerechnet haben.

Des weiteren zeigt meine Enquête, dafs auch die Fruchtbarkeit des Bodens keinen geringen Einflufs auf die Löhne nicht nur der ländlichen Arbeiter, sondern auch auf den Verdienst der Handwerker ausübt. Der durchschnittliche Lohn der Schuhmachergesellen in Westgalizien (die Namen der Bezirksstädte Westgaliziens sind auf der Tabelle mit einem Stern bezeichnet) beträgt ohne Kost und Wohnung 2 fl. 80 kr., während er sich in Ostgalizien auf 3 fl. 60 kr. beläuft, obwohl in Westgalizien alle Nahrungsmittel viel teurer sind. Eben die bedeutend gröfsere Fruchtbarkeit Ostgaliziens erklärt uns diese Erscheinung.

Den Einflufs der Fruchtbarkeit des Bodens auf die Handwerkslöhne können wir auch in einzelnen Bezirken verfolgen, so z. B.: Jaroslaw mit 12 422 Einwohnern hat niedrigere Löhne als Horodenka mit 10 014 Einwohnern, obwohl Jaroslaw nächst Lemberg, Krakau und Przemysl die gröfste Garnison hat. Und eine Garnison in einer so kleinen Stadt erhöht mit allen Preisen auch die Löhne der Gesellen. Aufserdem hat Jaroslaw einen sehr belebten Handelsverkehr, während Horodenka von jedem Handel fast ganz abgeschnitten ist. Der Bezirk von Jaroslaw gehört zu den unfruchtbarsten, dagegen der Bezirk von Horodenka zu den fruchtbarsten Gegenden in ganz Galizien. Neu Sandec mit 11 085 Einwohnern hat viel niedrigere Gesellenlöhne als Brzezany mit 10 899, Stryj mit 12 422 Einwohnern als Husiatyn mit 5 214 Einwohnern. So könnte ich überall nachweisen, dafs die Fruchtbarkeit des Bodens nicht nur die Löhne der ländlichen Arbeiter, sondern auch die der Handwerker beeinflufst.

Die Vergleichung der Arbeitslöhne der Schuhmachergesellen mit den ortsüblichen Löhnen gewöhnlicher ungelernter Arbeiter mufs durch die Vergleichung mit dem Verdienst der Gesellen anderer Handwerke vervollständigt werden. Ich lasse daher eine Tabelle folgen, welche die Gesellenlöhne aus allen Handwerken angibt. Diese Tabelle ist ausschliefslich auf Grund meiner Privatuntersuchung zusammengestellt. Die Löhne in Städten von weniger als 10 000 Einwohnern werden getrennt von den Löhnen in Städten mit 10 000 bis 26 000 Einwohnern aufgeführt. Aufserdem werden in besonderen Rubriken die Löhne der Arbeiter von Krakau und Lemberg vermerkt. In den zwei ersten Städte-Kategorien habe ich auch die Löhne bei freier Wohnung und Kost oder allein bei freier Kost verzeichnet. Aber ein solches Verhältnis kommt so selten in Krakau und Lemberg vor, dafs diese Unterscheidung dort unnötig scheint. Es haben sogar die meisten Lemberger und Krakauer Genossenschaften blos die voll in Geld ausbezahlten Löhne, das sind die Löhne für Gesellen ohne freie Wohnung und Kost, angegeben. Die Genossenschaftsvorstände waren der Meinung, daſs beim Meister wohnende Gesellen so selten seien, daſs sich für dieses Verhältnis keine Regel ermitteln lasse, auch liege in diesen Ausnahmefällen meist ein Verwandtschaftsverhältnis zwischen Geselle und Meister zu Grunde. In der letzten Rubrik sind die Durchschnitte aus den Lohnsätzen der vier vorangehenden Rubriken enthalten. Diese Durchschnittszahlen sind richtig berechnete Mittelzahlen, nicht etwa arithmetische Mittel aus den Einzellöhnen. Das heiſst: Jede Lohnzahl ist mit der Zahl der Gesellen in den betreffenden Städten multipliziert; die Produkte sind dann zusammengezählt und die Summe durch die Zahl aller Gesellen des betreffenden Handwerks dividiert. Alle von mir angegebenen Durchschnittslöhne — auch die in der vorangehenden Tabelle — sind auf diese Weise berechnet.

In den Rubriken 4 und 5 unter II und III und 2 und 3 unter IV und V sind die Resultate der Erhebungen, die ich zur Ermittelung der Löhnungsarten angestellt habe, verzeichnet. In den Rubriken II 5 und III 5 stehen die Zahlen der Ortschaften, in welchen der Zeitlohn überwiegt, in II 4 und III 4 die Zahlen der Ortschaften, in welchen der Accordlohn überwiegt. Bei Lemberg und Krakau bedeutet das Zeichen $+$ in den Rubriken 2, daſs der Accordlohn, in den Rubriken 3, daſs der Zeitlohn vorherrscht. Das Zeichen 0 in den Rubriken 2 bedeutet, daſs Accordlohn nie vorkommt, daſs also die Gesellen ohne Ausnahme nach der Zeit gelohnt werden.

(Siehe Tabelle S. 100—101).

Aus unserer Tabelle ersehen wir, daſs die Schuhmachergesellen neben den Töpfern und Faſsbindern den geringsten Lohn erhalten. Hierin liegt wieder ein Beweis für die Thatsache, daſs das Schuhmachergewerbe mehr als alle anderen Gewerbe den Zufluchtsort für die überschüssige Bevölkerung anderer Berufe bildet. Nicht selten gibt der Bauer seinen Sohn, dem er kein Grundstück vermachen kann, in die Lehre zum Schuhmachermeister. Das geschieht vor allem in der Nähe groſser Städte; in entlegenen Gegenden, besonders in den fruchtbaren Teilen Ostgaliziens, nur sehr selten. Ebenso suchen die Dienstboten für ihre Söhne im Schuhmachergewerbe ein Unterkommen. Sie wollen sich dadurch von der Sorge für deren Ernährung, Erziehung und Überwachung befreien. Es kommt ihnen oft nicht auf den Verdienst der Kinder an, sondern nur auf die Befreiung von dieser Sorge, denn sie haben keinen Haushalt und wissen nichts mit ihren Kindern anzufangen.

Die niedrigen Löhne der Faſsbinder und Töpfer haben in

anderen Umständen ihre Ursachen. Die ersteren sind meistens arme Bauern aus Gebirgsgegenden, welche sehr geringe Bedürfnisse haben. Die letzteren treiben nur selten das Gewerbe als ihren ausschliefslichen Beruf. Meistens sind sie dabei noch Landwirte und füllen nur ihre freie Zeit mit der Töpferei aus. Es handelt sich also lediglich um eine Hausindustrie.

Aus dem Vergleich mit anderen Handwerken ersehen wir, dafs die Löhne der Schneider denen der Schuhmacher am nächsten kommen. Diese Thatsache läfst sich damit erklären, dafs auch die Schneider nur ein sehr geringes Kapital nötig haben, um ein eigenes Geschäft zu gründen. Nicht wenig trägt auch an der Übersetzung des Schneider- und Schuhmacherhandwerks der Umstand die Schuld, dafs die meisten Menschen am häufigsten von allen Handwerkern mit Schuhmachern und Schneidern zu thun haben und daher zuerst auf diese Gewerbe bei der Wahl des Berufes für ihre Kinder verfallen. Auch das hilft den grofsen Andrang zu diesen Handwerken erklären.

Die höheren Klassen, welche nur bei wohlhabenden Schuhmachern und Schneidern kaufen, schliefsen aus der Wohlhabenheit dieser auf das ganze Handwerk. Sie glauben, es seien lohnende Gewerbe, und wissen nicht, dafs die Meister, die sie kennen, nur seltene Ausnahmen sind. Darum raten sie ihren Dienstboten und kleinen Privatbeamten, ihre Söhne die Schuhmacherei oder Schneiderei erlernen zu lassen.

Die Schuhmacherei gehört zu den Gewerben, die die gröfste Zahl von Meistern im Vergleich zu der der Gesellen haben. Sie illustriert am besten die Wahrheit, dafs die Lohnsätze hauptsächlich von der Zahl der Konsumenten und ihrer Kaufkraft abhängen, sofern die Arbeitgeber so zahlreich sind, dafs sie sich nicht leicht über die zu zahlenden Löhne verständigen können. Mit der Überschreitung einer gewissen Zahl der Unternehmer steigen die Löhne nicht, sondern sie sinken. Die Zahlungsfähigkeit der Unternehmer nimmt ab, ihr Warenabsatz wird immer kleiner; wenn ihre Arbeiter leicht zu einem anderen Gewerbszweig übergehen können, werden sie ihr Kapital verzehren; wenn ihre Arbeiter gelernte Handwerker sind, welchen ihre Standesehre verbietet, in die Schicht gewöhnlicher Tagelöhner herabzusteigen, werden sie die Arbeitslöhne herunterzudrücken versuchen, und die Gesellen werden gezwungen sein, sich das gefallen zu lassen. Dieses Beispiel zeigt, wie schwierig es ist, nationalökonomische und sociologische Gesetze aufzustellen, wenn sogar Sätze wie der von der Steigerung der Preise durch die Konkurrenz der Käufer Ausnahmen zulassen. Sie sind nicht so sicher und unumstöfslich, wie Manche meinen, sind vielmehr durch wirtschaftliche Nebeneinflüsse modifiziert und von vielen socialen Erscheinungen abhängig.

Wochenlöhne

I. Namen der Handwerke	II. In Städten bis zu 10 000 Einwohnern					III. In Städten	
	1. o. K. u. o. W.	2. m. K.	3. m. K. u. W.	4. A.	5. Z.	1. o. K. u. o. W.	2. m. K.
Barbiere	2,40	1,50	1,00	—	3	4,00	2,90
Bäcker	3,20	1,20	1,00	—	16	6,00	—
Broncearbeiter	—	—	—	—	—	6,00	4,00
Bürstenbinder	—	—	—	—	—	5,00	—
Drechsler und Regen-/schirmmacher männl.	—	—	—	—	—	4,50	—
Drechsler und Regen-/schirmmacher weibl.	—	—	—	—	—	2,00	—
Faßbinder	2,50	—	1,00	—	24	3,00	—
Fleischer	3,80	—	1,80	—	24	6,00	—
Glaser	2,00	—	1,00	—	16	4,00	—
Gärtner	—	—	—	—	—	—	—
Gerber	3,00	1,50	1.10	1	5	4,50	1,50
Hutmacher	2,60	—	1,00	—	4	—	—
Klempner	3,80	—	1,30	—	22	6,00	—
Kürschner	4,00	—	1,00	5	5	5,00	—
Kessler	—	—	—	—	—	7,00	—
Maurer	6,20	—	2,50	—	14	6,00	—
Messingschläger	7,00	—	2,00	4	2	8,00	3,00
Metzger	3,20	—	1,20	2	6	5,00	—
Müller	4,40	4	2,20	—	2	—	—
Lackierer	3,50	—	1,00	13	—	6,00	—
Riemer	2,40	1,50	1,00	—	15	4,50	—
Sattler	—	—	—	—	—	4,00	—
Seiler	—	—	—	—	—	3,60	1,50
Schlosser	4,50	3,00	1,50	15	24	6,50	—
Schneider männl.	3,00	1,80	1,20	21	37	4,00	2,00
Schneider weibl.	—	—	—	—	—	2,00	1,00
Schmiede	3,30	2,50	1,50	12	28	4,60	3,00
Schuhmacher männl.	2,30	1,10	0,85	56	25	3,00	1,30
Schuhmacher weibl.	—	—	—	—	—	2,00	—
Stellmacher	—	—	1,50	13	20	7,00	—
Schornsteinfeger	—	—	1,00	—	5	—	—
Tischler	4,00	2,60	1,50	15	28	5,00	—
Töpfer	2,20	1,50	0,50	—	12	3,00	1,80
Tuchmacher	3,50	—	1,00	—	2	4,50	—
Weber	—	—	1,50	—	3	3,50	—
Uhrmacher	—	—	1,50	—	—	4,00	—
Zimmerleute	5,50	4,00	2,00	—	21	7,00	4,00
Zuckerarbeiter	3,70	—	1,00	—	11	3,40	—

XI 1.

galizischer Handwerksgesellen.

von 10 000 bis 26 000 Einw.			IV. Krakau			V. Lemberg			VI. Durchschnittslöhne galizischer Handw.		
3.	4.,	5.	1.	2.	3.	1.	2.	3.	1.	2.	3.
m. K. u. W.	A.	Z.	o. K. u. o. W.	A.	Z.	o. K. u. o. W.	A.	Z.	o. K. u. o. W.	m. K.	m. K. u. W.
1,90	—	9	5,00	0	—	6,00	0	—	2,40	1,50	1,00
2,00	—	11	7,00	0	—	8,00	0	—	4,70	1,20	1,00
3,00	—	3	7,00	+	—	9,00	+	—	6,50	4,50	3,50
2,00	—	3	5,00	—	+	5,00	+	—	5,00	—	2,00
2,20	5	8	7,00	—	+	8,00	—	+	5,00	—	2,20
0,80	5	8	2,50	—	+	3,00	—	+	2,50	—	0,80
1,20	5	10	4,00	+	—	5,00	+	—	5,00	—	1,00
—	—	11	8,00	0	—	8,50	0	—	5,00	3,00	1,80
1,80	—	12	5,00	—	+	6,00	—	+	3,00	—	1,20
—	—	—	10,00	—	+	11,00	—	+	10,80	—	5,00
1,10	3	7	4,00	—	+	5,00	—	+	3,80	1,80	1,00
—	—	—	4,50	+	—	5,00	+	—	3,40	2,00	1,40
1,60	10	10	6,00	+	—	7,00	+	—	4,80	—	1,40
2,00	—	—	9,00	+	—	10,00	+	—	5,80	—	1,50
2,00	5	2	12,00	+	—	12,00	+	—	8,00	—	3,00
1,00	—	11	9,00	+	—	9,00	+	—	7,00	—	1,80
—	3	2	11,00	+	—	12,00	+	—	8,00	3,00	2,00
2,00	—	11	8,00	—	+	8,50	—	+	4,70	—	1,60
—	—	—	5,00	0	—	6,00	0	—	4,70	4,00	2,20
2,00	2	10	7,00	—	+	8.50	—	+	7,00	—	2,00
1,50	19	9	5,00	+	—	5,50	+	—	4,00	1,50	1,30
2,00	15	5	7,00	+	—	7,00	+	—	5,00	—	2,00
1,20	3	2	4,00	—	+	5,00	—	+	3,80	1,50	1,20
2,80	15	10	9,00	+	—	10,00	+	—	6,00	3,00	1,80
1,50	6	3	5,50	+	—	6,00	+	—	3,70	2,20	1,50
0,30	6	3	2,50	+	—	2,50	+	—	2,30	1,00	0,30
1,70	1	3	6,00	—	+	7,00	—	+	4,40	2,00	1,60
0,85	11	12	4,00	+	—	5,00	+	—	3,00	1,30	0,85
—	2	—	2,50	—	+	3,50	—	+	2,00	—	0,85
2,00	5	3	7,00	—	+	7,50	—	+	7,20	—	2,00
1,50	—	2	6,00	0	—	7,00	0	—	6,50	—	1,30
1,80	4	8	7,00	—	+	8,00	—	+	4.30	2,60	1,80
1,00	—	?	—	—	—	—	—	—	3,00	1,50	0,90
1,00	—	3	—	—	—	—	—	—	4,00	—	1,00
1,50	1	—	—	—	—	—	—	—	3,50	—	1,50
1,50	—	2	10,00	—	+	11,00	—	+	6.50	—	1,50
2.50	—	5	9,00	—	+	11,00	—	+	6,60	2,00	4,00
1,70	—	6	7,00	0	—	7,00	0	—	4,50	—	1,50

Wie wir sehen, erhöht die Zahl der Unternehmer, d. h. der Arbeitskäufer, nicht immer die Löhne. Sie kann die Löhne auch erniedrigen, weil ihre Zahlungsfähigkeit sinken mufs, wenn gleichzeitig keine Vermehrung der zahlungsfähigen Konsumenten ihrer Produkte eintritt.

Den extremen Freihändlern, welche die Wirkung der freien Konkurrenz überschätzen, kann man entgegenhalten, was Prof. Schmoller sagt, dafs die freie Konkurrenz ein psychologischer Druckapparat sei, welcher oft günstig wirkt, aber nicht immer. Es kommen auch Verhältnisse vor, wo dieser Druckapparat entsittlichend wirkt.[1] Man kann ihnen auch entgegenhalten, dafs die Konkurrenz durch Überschreitung gewisser Grenzen ihre reguläre Wirkung einbüfst. Bei einer zu grofsen Zahl der Konkurrenten sind die Produzenten nicht im Stande, die Löhne zu zahlen, welche den Arbeitern eine leidliche Existenz gewähren. Arbeiter und Meister verkümmern, ihre Leistungsfähigkeit sinkt. Die Meister unterbieten sich gegenseitig, die Preise der Waren sinken, die Qualität verschlechtert sich sehr, die ganze Klasse der Produzenten geht dem Ruin entgegen.

Beim galizischen Schuhmachergewerbe hat die übertriebene Konkurrenz weniger eine Abnahme der Leistungsfähigkeit bewirkt als die ökonomische Lage der Produzenten verschlechtert. Es ist unbestreitbar, dafs die technischen Kenntnisse der dortigen Schuhmacher noch viel zu wünschen übrig lassen. Ihre Leistungsfähigkeit müfste gröfser sein, wenn sie im Konkurrenzkampfe mit der Fabrikindustrie sollte bestehen können. Wenn man aber das galizische Schuhwerk mit den Produkten anderer Länder vergleicht, so mufs man zugestehen, dafs es diesen trotz seiner Billigkeit an Güte nicht nachsteht. Eine Ausnahme machen freilich die hausindustriellen Erzeugnisse, die meistens sehr primitiver Art sind. Die starke Konkurrenz der Fabrikware verhinderte jedoch eine Verschlechterung des städtischen Handwerksprodukts.

Auch die Fortschritte der Hausindustrie machen sich schon überall bemerkbar. Eine Verschlechterung des Schuhwerks merkt der Konsument sofort und läfst sie sich nicht gefallen, und so wird eine Einbufse der Qualität verhindert. Eine Verschlechterung der Qualität infolge einer zu grofsen Zahl von Produzenten tritt dagegen leichter in der Ware derjenigen Handwerke ein, bei welchen mehr die Dauerhaftigkeit als das Äufsere der Ware dadurch verliert. Trotzdem will ich nicht leugnen, dafs es nur den Handwerkern möglich ist, alle Fortschritte der Technik mitzumachen, welche sich einer

---

[1] Zur Reform der Gewerbeordnung auf der 1877er Generalversammlung des Vereins für Socialpolitik erstattete Referate von G. Schmoller und J. F. H. Dannenberg. Vereinsschriften Band XIV, Leipzig 1878, p. 12.

leidlichen Existenz erfreuen, deren Kräfte durch eine gute Ernährung ausreichend erneuert werden, welche ihre intellektuellen Kräfte zu bilden im Stande sind und ihre freien Stunden im Kreise ihre Familie in einer behaglichen Wohnung zubringen können. — Bei den galizischen Schuhmachern sinkt also zwar die Qualität der Ware nicht, aber die Fortschritte der Technik dringen nur sehr langsam ein und zwar erst dann, wenn die unbarmherzige Notwendigkeit zu ihrer Einführung zwingt. Die kleinen, armen Meister und ihre Gesellen sind die Letzten in der Aneignung der Fortschritte.

Zu den Faktoren, die eine Verringerung der Qualität aufhalten, darf man auch die österreichische Gewerbeverfassung rechnen. Ich denke vor Allem an das geordnete Lehrlingswesen.

Wenn wir einzelne Punkte unserer Tabelle und besonders das Verhältnis der Löhne anderer Handwerker zu denen der Schuhmacher in Betracht nehmen, so können wir uns überzeugen, dafs dieses dem in anderen Ländern bestehenden ähnlich ist. Die Handwerker der Bekleidungsgewerbe sind am schlechtesten bezahlt, die Metallarbeiter am besten. Bei den ersteren stehen die Löhne der Schuhmacher am tiefsten, bei den letzteren die der Schlosser, Messingschläger und Kefsler am höchsten. Schuhmacher und Schlosser bilden also die zwei äufsersten Extreme. Zwischen der Bekleidungsindustrie und der Metallverarbeitung steht die Bezahlung der anderen Handwerker in der Mitte, wobei die Nahrungsgewerbe, die Metzger und Bäcker etc., mit ihren Löhnen den letzteren sich nähern. Die Bearbeitung des Holzes steht dagegen, was ihre Bezahlung anlangt, der unteren Grenze näher. — Ganz dieselben Verhältnisse finden wir in Berlin, wie die 1889 vom städtischen statistischen Bureau herausgegebene Lohnstatistik ergibt[1]. Auch dort beträgt der gewöhnliche Lohn der Schlossergesellen zweimal mehr als jener der Schuhmacher: der erste 30 Mk. wöchentlich, der zweite 15 Mk. Die Fafsbinder beziehen allerdings in Berlin einen höhern Lohn als die Schuhmacher, während sie sich in Galizien gleich stehen. Der Unterschied ist jedoch nicht sehr grofs, indem die ersteren 18 Mk. wöchentlich beziehen. Von den Handwerkern der Kleiderproduktion, welche nicht nur durch die Bestimmung ihre Ware, sondern auch durch ihre sociale und ökonomische Lage verwandt sind, stehen auch in Berlin die Schneider den Schuhmachern am nächsten; genau wie in Lemberg ist der Schneiderlohn um $1/6$ höher als der Schuhmacherlohn. Ebenso stehen in Berlin die Tischlergesellen an Lohn den Schneidern nahe, und von den Metallarbeitern verdienen die Klempner am wenigsten, nämlich 21 Mk. wöchentlich.

---

[1] Ermittlungen über die Lohnverhältnisse in Berlin im September 1888. Berlin 1889.

Diese Beispiele beweisen, dafs zwar die Höhe der Löhne in den verschiedenen Ländern bedeutend abweicht, aber das Lohnverhältnis der einzelnen Kategorien zu einander meistens dasselbe bleibt. Jedoch darf dieser Satz nur für diejenigen Länder den Anspruch einer Regel erheben, deren ökonomische und sociale Zustände, trotz vieler Verschiedenheiten, in den wichtigsten Punkten eine Ähnlichkeit haben, wo die Volkstradition dieselben Ansichten von der Ehre eines Handwerkes erhalten hat und erhält, wo die Menschen dasselbe Streben nach Selbständigkeit zeigen, wo sie dabei durch ihre verhältnismäfsige Mittellosigkeit und die Beschränktheit der natürlichen Produktionsmittel gehemmt werden, wo die gleiche Dichtigkeit der Bevölkerung herrscht und wo der Bevölkerungsüberschufs in derselben Weise zu einem speciellen Handwerk seine Zuflucht nimmt.

Aus einer Abhandlung über den Geld- und Reallohn in den Vereinigten Staaten[1] ersehen wir, dafs dieses Verhältnis dort ganz anders ist. Die Bevölkerung, der grofse Reichtümer an natürlichen Produktionsmitteln zu Gebote stehen, hat keine überschüssigen Glieder, für die sie ein Reservoir zu schaffen hätte. Es hat noch keine Zersplitterung des Bodens stattgefunden, welche eine grofse Zahl von Landbewohnern in die Stadt triebe. Derartige Zustände gibt es in Amerika gar nicht oder doch in weit geringerem Umfang, als in der alten Welt. So erklärt es sich uns, dafs die Schuhmacher in Amerika im Gegensatz zu ihren europäischen Kameraden keineswegs zu den am schlechtesten gelöhnten Handwerkern gehören. Der durchschnittliche Tagelohn der Schuhmacher schwankt zwischen 1,50 und 2,62 Dollars, während die Schlosser bis 2,20 Dollars erhalten.

Wenn auch die Zahl der bei der Schuhmacherei beschäftigten Frauen in Galizien nicht unbedeutend ist, indem vielfach die Frauen kleiner Meister und der zu Hause arbeitenden Gesellen ihren Männern helfen, so sind es doch nur wenige Frauen, die berufsmäfsig und gegen Lohn Schuhmacherarbeit thun, nämlich die Stepperinnen. Meines Wissens gibt es in Galizien nicht mehr als 33 Stepperinnen. Dieselben dürfen jedoch bei dieser Erörterung um so weniger unberücksichtigt bleiben, als ihre Löhne ein gewisses Licht auf manche galizischen Verhältnisse zu werfen geeignet sind. Die Niedrigkeit ihres Verdienstes ist erstaunlich. In Lemberg beträgt der Durchschnittslohn 3 fl. 50 kr. gegen einen Lohn der Gesellen von 5 fl., in Krakau 2 fl. 50 kr. gegen 4 fl. der Gesellen, in Brody 2 fl. gegen 3 fl. 60 kr., in Tarnów 2 fl. gegen 2 fl. 40 kr. der Männer. Wir sehen, dafs der Verdienst der Frauen, mit

---

[1] „Der Geld- und Reallohn in den Vereinigten Staaten" in der Zeitschrift für die gesamte Staatswissenschaft, Tübingen 1889.

der einzigen Ausnahme von Tarnów, wo es nur 2 Stepperinnen gibt, wenig mehr als die Hälfte des Lohnes der Männer beträgt. Noch ungünstiger ist dieses Verhältnis im Schneidergewerbe, wo die Löhne der Frauen zwischen der Hälfte und einem Drittel der männlichen Löhne schwanken. Wenn wir aber die Löhne der Stepperinnen und der Männer, die in demselben Geschäft arbeiten, mit einander vergleichen, so wird sich auch hier das Verhältnis nicht viel günstiger herausstellen. Der wöchentliche Verdienst der Gesellen in gröſseren Werkstätten, und nur solche beschäftigen Stepperinnen, schwankt in Lemberg zwischen 5 fl. und 8 fl., während der Lohn der Stepperinnen zwischen 2 fl. 50 kr. und 5 fl. sich bewegt.

Es muſs auf den ersten Blick auffallen, daſs in den städtischen Handwerken, welche keine groſse Kraftanstrengung verlangen, die Frauen nur halb so viel Lohn erhalten, wie die Männer, während bei der sehr anstrengenden landwirtschaftlichen Arbeit die Löhne der Frauen nur um $1/4$ niedriger sind als die Löhne der Männer. Die meisten Arten der Beschäftigung, welche Geld einbringen, stehen in der Landwirtschaft den Frauen offen. Diejenigen, die einen Erwerb brauchen, finden ihn immer in der Zeit der landwirtschaftlichen Arbeiten. Anders ist es in den Städten. Wir sehen schon aus unserer Tabelle, daſs nur drei von allen Handwerken den Frauen Beschäftigung bieten: die Regenschirmfabrikation, die Schuhmacherei und Schneiderei. Die erste kommt ihres geringen Umfangs wegen wenig in Betracht. Die zweite hat die Frauen bloſs zu einem kleinen Teile zugelassen. Eine gröſsere Bedeutung für die erwerbsuchenden Frauen hat also nur die letzte.

In den Städten anderer Länder finden zahlreiche Frauen einen Erwerb in den Fabriken, besonders in der Textilindustrie und in Magazinen. Die galizischen Städte aber haben nur sehr wenige Fabriken, und diese sind meist der Art, daſs sie weibliche Arbeit nicht verwenden können, wie z. B. Dampfmühlen, Werkstätten für landwirtschaftliche Geräte u. s. w. In den Magazinen werden ausschlieſslich Männer beschäftigt. Die Zahl derjenigen, die als Dienstmädchen ihren Erwerb finden, ist auch beschränkt durch die groſse Verbreitung der männlichen Bedienung. Vor allem aber sind die beiden ersten Erscheinungen daran schuld, daſs der Unterschied zwischen den Löhnen der Männer und Frauen in der Schuhmacherei, der Regenschirmfabrikation und der Schneiderei so groſs ist.

In anderen Ländern, z. B. in Berlin[1], schwankt der Lohnsatz der Näherinnen zwischen 10 und 18 Mk. wöchentlich so, daſs wir 12 Mk. als den durchschnittlichen Lohnsatz betrachten

---

[1] Ermittlungen über die Lohnverhältnisse in Berlin im September 1888. Berlin 1889.

dürfen; dagegen beträgt der Lohnsatz der Schneidergesellen 18 Mk., also nur ein drittel mehr als der der weiblichen Arbeiter desselben Handwerks.

Diese Lohndifferenzen kennzeichnen am besten das Wesen der Frauenfrage. Es ist eine der schwierigsten Aufgaben der socialen Wissenschaft, diese Frage zu beantworten. Schliefst man die Frauen von den meisten Gebieten des Erwerbs aus, so ist man gegen die, welche einen Erwerb notwendig brauchen, ungerecht. Man erniedrigt in den wenigen Produktionszweigen, die ihnen offen stehen, den Lohn in solchem Mafse, dafs sie, um nicht zu verhungern, einen Nebenerwerb suchen müssen, den ich nicht nennen will. Der Mangel an Erwerbsgelegenheit verhindert die Mädchen, bei der Wahl des Gatten ihrem Herzenstriebe zu folgen, und zwingt sie, den ersten Antrag, der sich ihnen bietet, anzunehmen. Dadurch wird das gesunde Familienleben gefährdet. Läfst man aber auf allen Gebieten des Erwerbs, zu denen die Frauen physisch geeignet sind, die Frauen zur Konkurrenz mit den Männern zu (ich spreche hier nicht nur von den Gesetzen, sondern vor allem von den Nationalsitten, welche die Frauenthätigkeit erlauben oder nicht), so drückt man die Löhne der Männer herab, und dadurch werden auch die verheirateten Frauen zur Erwerbsthätigkeit gezwungen, weil dann der Verdienst des Mannes nicht allein zur Ernährung der Familie hinreicht. Die meisten Frauen müssen dann den ganzen Tag aufserhalb des Hauses arbeiten. Die Erziehung der Kinder und die segensreiche psychische Wirkung der Häuslichkeit leidet. Wir sehen, wie schwierig und wichtig dieser Teil der Frauenfrage ist.

Hätte man — um zu unseren Handwerksverhältnissen zurückzukehren — im Schneidergewerbe eine Arbeitsteilung zwischen den Geschlechtern nicht eingeführt, sondern beide Geschlechter unterschiedslos zur Damen- und Herrenschneiderei zugelassen, so hätten sich die Löhne ausgeglichen. Es würde nur ein Unterschied vorkommen, der in der gröfseren Kraft der Männer begründet ist. Dann wären aber auch die Frauen der besten Gesellen zur Erwerbsthätigkeit gezwungen, und das Familienleben und die damit zusammenhängende Sittlichkeit wäre in viel höherem Grade erschüttert worden, als es jetzt der Fall ist.

Nachdem ich die Löhne der Schuhmacher mit denen anderer Berufszweige Galiziens verglichen habe, will ich noch zwischen den Löhnen der galizischen Schuhmachergesellen und denen anderer Länder eine Parallele ziehen. Über die Löhne der Schuhmachergesellen in anderen österreichischen Kronländern ist mir keine Statistik bekannt. Nur in den amtlichen Nachrichten des Ministeriums des Innern findet sich eine Tabelle, welche die Gesamtlohnsumme angibt, welche von

XI 1.

sämtlichen in Schuhfabriken beschäftigten Arbeitern jedes Kronlandes verdient wird. Ich lasse diese Tabelle hier folgen[1]:

Namen der Kronländer	Zahl d. Betriebe	Zahl der vollgelohnten Arbeiter und Betriebsbeamten		Zahl der Volontaire, Lehrlinge		Zusammen Versicherungspflichtige		Totalsumme der Versicherungspflichtigen	Jahreslohnsumme in in Gulden
		männl.	weibl.	männl.	weibl.	männl.	weibl.		
Niederösterreich	14	715	266	6	3	721	269	990	463375
Steiermark	2	455	97	—	—	455	97	552	175050
Kärnten	1	11	2	1	—	12	2	14	4317
Böhmen	27	855	317	48	2	903	319	1222	261931
Mähren	12	1105	446	25	8	1130	454	1584	424002
	56	3141	1128	80	13	3221	1141	4362	1328675

Der Umstand, dafs blofs die nach dem Unfallversicherungsgesetze in Betracht kommenden Lohnsummen hier berücksichtigt sind, ist deshalb von nur untergeordneter Bedeutung, weil hier erst bei einem zwölfhundert Gulden übersteigenden Einkommen der Mehrbetrag aus der Berechnung gelassen wird. Wichtiger ist der Umstand, dafs die Lohnsummen für männliche und weibliche Arbeiter und Lehrlinge zusammengeworfen sind. Durch die Fiktion der oberen Einkommensgrenze wird verhindert, dafs die höheren Beamtengehälter den Durchschnitt wesentlich beeinflussen. Die männlichen Arbeiter beziehen jedoch wahrscheinlich viel höhere Löhne als der Durchschnitt anzeigt. Die Tabelle ergibt folgende Durchschnittszahlen: Für Niederösterreich 467 fl., für Steiermark 317 fl., für Kärnten 308 fl., für Böhmen 214 fl., für Mähren 268 fl. jährlich.

Nach der Lohnstatistik Berlins und nach der Abhandlung über das Schuhmachergewerbe von Moritz Schöne weichen die Löhne der männlichen Arbeiter in Schuhwarenfabriken nur wenig von denen der Handwerksgesellen ab[2]. Das jährliche Einkommen der Fabrikarbeiter, welches Schöne anführt, ist ungefähr dem gleich, welches er für bessere Handwerkerwerkstätten Dresdens angibt.

Obwohl die von mir berechneten Durchschnitte viel kleiner sind als das wirkliche Einkommen der männlichen Arbeiter,

---
[1] Amtliche Nachrichten des Ministeriums des Innern Nr. 20. Wien 1888.
[2] Die moderne Entwicklung des Schuhmachergewerbes von Dr. M. Schöne, Jena 1888, p. 77—88.

so betragen sie doch in Niederösterreich dreimal soviel als das durchschnittliche Einkommen der galizischen Schuhmachergesellen; in Steiermark und Kärnten zweimal so viel; in Mähren um 108 fl. mehr als das der galizischen Schuhmachergesellen. Alle, mit Ausnahme Böhmens, übersteigen den gewöhnlichen Lohnbetrag der Lemberger Schuhmachergesellen. Aus diesen Daten dürfen wir schliefsen, dafs die Schuhmacher in allen diesen Ländern viel besser gelohnt sind als in Galizien.

In der Schweiz beträgt der Tagelohn der Schuhmacher[1]:

In Genf	höchstens	4 Frcs. 50 Cts.	wenigstens	2,50 Frcs.	
- Lausanne	-	4 - — -	-	2,50	-
- Morges	-	3 - — -	-	2,70	-
- Vévay	-	3 - 50 -	-	2,—	-
- Mülenburg	-	3 - 50 -	-	2,25	-
- Bern	-	3 - 50 -	-	2,—	-
- Basel	-	4 - — -	-	2,—	-
- St. Gallen	-	4 - — -	-	2,50	-
- Luzern	-	3 - — -	-	2,50	-
- Zürich	-	6 - — -	-	2,70	-
- Winterthur	-	4 - — -	-	2,50	-

Wir sehen, dafs sogar in Bern, welches die niedrigsten Löhne hat, der wöchentliche Lohnsatz 12—21 Frcs. erreicht, das sind 6—10 Gulden, während sie in Lemberg nur 2,40—8 Gulden betragen. Wir dürfen also annehmen, dafs sie in Lemberg wenigstens 33 Prozent niedriger sind als in Bern. In Zürich haben die Gesellen und Meister eine Lohntabelle schon seit vielen Jahren vereinbart. Die Lohnsätze dieser Tabelle werden immer nach einer Anzahl von Jahren neu geregelt[2]. Im Jahre 1873 erhielt ein Geselle für ein Paar gewöhnlicher Herrenstiefel 8—9 Frcs., für das Vorschuhen eines Paars 5 Frcs. 50 Cts., für ein Paar Knabenbotinen 3 Frcs. 25 Cts.

Moritz Schöne hat in seiner mehrfach erwähnten Abhandlung drei Tabellen entworfen, die auf das genaueste die Bewegung der Löhne dreier Dresdner Geschäfte darstellen. Zwei von diesen sind grofse und vornehme Geschäfte, das dritte arbeitet für den mittleren Bürgerstand. In einem dieser Geschäfte verdienten wöchentlich im Jahre 1886: ein Zuschneider 18 Mk., ein Vorrichter durchschnittlich 16 Mk., eine Stepperin 12 Mk., eine Näherin (Staffiererin) 11 Mk. Die Gesellen hatten einen sehr verschiedenen Verdienst, so zwar, dafs von 13 Gesellen nicht zwei den gleichen Wochenverdienst hatten. Als Durchschnittslohn dürfen wir aber 13 Mk. 50 Pf.

---

[1] Diese Zahlen sind der Abhandlung Böhmerts entnommen: „Über die Methoden der social-statistischen Untersuchungen mit besonderer Rücksicht auf die Statistik der Löhne und Preise." Zeitschrift für schweizerische Statistik 1873.

[2] Böhmert, „Arbeiterverhältnisse und Fabrikeinrichtungen der Schweiz." Zürich 1873, II, p. 145—147.

annehmen. Die Gesellen verdienten also nicht mehr, wie die in den ersten Lemberger Geschäften, wohl aber die Stepperinnen und Näherinnen, welche $^1/_3$ mehr verdienten als in Lemberg. In dem dritten Geschäfte, welches für mittlere Bürgerklassen arbeitet, beträgt der durchschnittliche Wochenverdienst der Gesellen 8 Mk.

Aus den angeführten Beispielen der Schuhmacherlöhne in anderen Ländern ersehen wir, dafs die Gesellen der vornehmsten Krakauer und Lemberger Geschäfte nicht viel schlechter gestellt sind, als die in der Schweiz und in Deutschland, wohl aber die Gesellen der kleinen Werkstätten. Der Unterschied ist enorm. Der geringste Verdienst eines Berliner Schuhmachergesellen beträgt 10 Mk. oder 6 fl. wöchentlich; dagegen in Lemberg 2 fl. 40 kr.

Nirgends sind die höchsten und niedrigsten Löhne soweit voneinander entfernt wie in Galizien. In einer so grofsen Stadt wie Berlin dürfte man erwarten, dafs der Lohnunterschied am gröfsten ist; allein dies ist nicht der Fall. Neben dem Mindestbetrage des wöchentlichen Berliner Schuhmacherlohnes von 10 Mk. übersteigt der höchste Satz daselbst nicht 20 Mk. also das doppelte des ersteren. In Lemberg beträgt dagegen der höchste Verdienst 8 fl., der niedrigste 2 fl. 40 kr., also jener mehr als das dreifache des niedrigsten.

Auf Grund der mir gestatteten Einsicht in die Geschäftsbücher alter Lemberger Firmen und der von seiten älterer Meister mir gemachten Mitteilungen bin ich imstande, den gegenwärtigen Lohnstand in Lemberg mit dem aus den fünfziger Jahren zu vergleichen. In der Zeit, aus der die unten angegebenen Lohnzahlen stammen, erhielten die Gesellen nur freie Wohnung von ihren Meistern. Erst im Jahre 1855 fängt man in Galizien an, die Sohlen mit Holznägeln zu befestigen. In den ersten zehn Jahren, ehe sich diese Arbeit eingebürgert hatte, zahlte man den Gesellen für die genagelten Schuhe denselben Preis, wie für die genähten. In dieser Zeit mufsten die Gesellen alle Arbeit selbst ausführen, d. h., sie mufsten selbst die Schäfte ankleben und steppen. Der Meister schnitt zwar die Schäfte zu und richtete die Leisten vor, hielt aber keine Stepperin und keinen Vorrichter. Mir bekannte Geschäfte, die zu den besten gehören, bezahlten ihren Gesellen folgende Preise:

Für ein Paar Rohrstiefel mit kurzen Schäften	1 fl. 40 kr.
- - - Herrenstiefel	1 - 17 -
- Bodenarbeit zu Rohrstiefeln (bei alten Stiefeln)	— - 70 -
- das Zunähen oder Zunageln einer neuen Sohle	— - 17 -

Ein geschickter und fleifsiger Arbeiter war imstande in einer Woche anzufertigen:

3 Paar Rohrstiefel à 1 fl. 40 kr. . . . . 4 fl. 20 kr.
Ein halbes Paar Herrenstiefel . . . . . — - 59 -
Er verdiente also wöchentlich . . . . . 4 fl. 79 kr.
Oder: 4 Paar Herrenstiefel à 1 fl. 17 kr. 4 fl. 68 kr.

Ein Geselle, der langsam arbeitete und kein geschickter Arbeiter war, verfertigte wöchentlich zwei Paar Rohrstiefel à 1 fl. 40 kr.; konnte er noch zu zwei alten Schuhpaaren neue Sohlen nähen, so verdiente er 3 fl. 14 kr. Oder $2^{1}/_{2}$ Paar Herrenstiefel zu 1 fl. 17 kr., so hatte er 3 fl. 51 kr. Ein solcher Arbeiter verdient jetzt in einem Geschäfte gleichen Ranges 5 fl. wöchentlich.

In Lemberg wohnte im Jahre 1870 schon kein Geselle mehr beim Meister, auch mufste er sich selbst manche unentbehrliche Kleinigkeit, wie Hanfgarn und Holznägel kaufen. In gröfseren Geschäften ist jetzt eine gröfsere Arbeitsteilung eingeführt. Die in Accord bezahlten Gesellen bekommen vorgerichtete Schäfte und haben nur die Bodenarbeit auszuführen. In dieser Zeit steigt der Lohn ganz bedeutend. Die siebziger Jahre sind die Jahre der höchsten Getreidepreise, was in einem Lande wie Galizien, dessen Bevölkerung zu dreivierteln von der Landwirtschaft lebt, den ökonomischen Verkehr, die Nachfrage nach Handwerks- und Industrieprodukten ganz wesentlich heben mufs.

In denselben Geschäften, für welche ich die im Jahre 1855 gezahlten Löhne angegeben habe, bezahlte man im Jahr 1875:

Für Bodenarbeit genähter Herrenstiefel . . . 2 fl. — kr.
- doppelte Sohlen mit Holznägeln . . . . 1 - 50 -
- desgl. einfache Sohlen . . . . 1 - 40 -
- Bodenarbeit für Rohrstiefel (bei alten Stiefeln) . . . . 1 - 50 -
- die ganze Ausführung der Rohrstiefel (mit Ausnahme des Steppens) . . . . . 2 - 30 -
- ganze Ausführung lackierter Rohrstiefel 4 - 50 -
- Befestigung neuer Sohlen an alte Schuhe
— an genähte — . . . . — - 45 -
— an holzgenagelte — . . . . — - 35 -

Die besten Gesellen verdienten bei diesen Stücklöhnen (Accordlohn) 8 fl., die mittelmäfsig geschickten 6 fl., die am wenigsten geschickten zwischen 4 fl. 50 kr. und 5 fl. 30 kr. wöchentlich. Die Werkführer, welche zugleich Zuschneider waren, 14 fl. wöchentlich, Vorrichter 8 fl. Die besten Gesellen verdienten also um 70 Prozent, die schlechtesten um 60 Prozent mehr als im Jahre 1855. Ziehen wir aber von diesen Löhnen die Ausgaben für Wohnung und kleine Zuthaten zur gewerblichen Arbeit wie Hanfgarn, Holznägel u. a. ab, so wird sich herausstellen, dafs im ersten Falle die im Jahre 1875 bezahlten Löhne um 63 Prozent höher sind als die vom

Jahre 1855, im zweiten Falle um 34 Prozent. Es dürfen dabei nur die Wohnungen der ledigen Gesellen berücksichtigt werden, weil nur solche von den Meistern freie Wohnung erhielten. Wir nehmen an, dafs die besten Gesellen monatlich 2 fl. 50 kr., die schlechtesten 2 fl. für ihr Wohnungsbedürfnis ausgeben müssen. Hanfgarn, Nägel von Holz u. s. w. kosten einen Gesellen ungefähr 16 kr. wöchentlich.

Im Jahre 1880 sind die Preise des Schuhwerks und die Löhne der Gesellen infolge starker Fabrikkonkurrenz gesunken und haben sich bis jetzt in derselben Höhe erhalten.

Derselbe Meister bezahlt jetzt folgende Stücklöhne:

Für Bodenarbeit genähter Herrenstiefel . . .	2 fl.	— kr.
- Bodenarbeit holzgenagelter Stiefel mit doppelter Sohle	1 -	35 -
mit einfacher Sohle	1 -	25 -
- Bodenarbeit zu Rohrstiefeln	1 -	30 -
- die ganze Ausführung eines Paares Rohrstiefel mit Ausnahme der Stepparbeit . .	2 -	20 -
- Befestigung neuer Sohlen bei genähten Schuhen	— -	40 -
desgl. bei holzgenagelten Schuhen . . .	— -	30 -

Ein sehr geschickter Geselle verdient jetzt, wenn er in einer Woche ausschliefslich genähte Schuhe verfertigt, 8 fl. Sein durchschnittlicher Verdienst beträgt 7 fl. 50 kr. Ein mittelmäfsiger Geselle verdient jetzt 5 fl. 40 kr., der wenigst geschickte 4 fl. 80 kr. Am meisten leiden unter der Preis- und Lohnerniedrigung die mittleren Gesellen. Ihr Lohn ist um 10 Prozent gesunken; der Lohn der Geschicktesten um 6,3 Prozent; der Lohn der Schlechtesten um 4 Prozent. Der Lohn der ungeschicktesten Arbeiter befriedigte in den siebziger Jahren blofs die notwendigsten Bedürfnisse. Darum zeigte er sich auch allen Lohnschwankungen gegenüber am wenigsten elastisch. Ganz dieselben Verhältnisse zwischen den früheren und den jetzigen Löhnen habe ich in vier andern Geschäften gefunden, deren Inhaber mir sehr brauchbare Auskunft erteilten.

Die einzigen Lohnzahlungsmethoden, die in Galizien vorkommen, sind Zeit- und Accordlohn. Alle Arten von Prämien werden schon durch die Natur des Betriebs ausgeschlossen. Bis jetzt sind nur zwei Arten Prämien in gewerblichen Unternehmungen verbreitet: eine für Schnelligkeit der Arbeit, eventuell für Arbeit in nicht obligatorischer Arbeitszeit, und dann für sparsame Behandlung der Rohstoffe. Eine Prämie für die Qualität der Arbeit ist fast unmöglich, weil sie zu unaufhörlichen und unentscheidbaren Streitigkeiten führen würde. Ein Schuhmachermeister hat keine wertvollen Maschinen, die bestmöglich auszunutzen in seinem Interesse läge. Aber es liegt im Interesse eines Fabrikanten, dafs seine Maschinen möglichst viele Stunden des Tages im Gange sind, weil sich dann sein für die Anschaffung der Maschinen verausgabtes Kapital besser verzinst. Darum werden die Arbeiter, welche nicht nur beim Zeitlohn, sondern auch im Accordlohn mehr als andere leisten, von den Fabrikanten besonders geschätzt und nach einem höheren Satze für diejenigen Arbeitsprodukte bezahlt, für deren Herstellung sie weniger als die Durchschnittszeit für Verfertigung derselben Anzahl von Stücken brauchten. Einem Schuhmachermeister kommt es aber beim Accordlohn nur dann auf schnelle Erledigung der Arbeit an, wenn er einen ausnahmsweise ungeduldigen Kunden hat. Meistens ist ihm aber nur daran gelegen, die Arbeit immer in der gleichen Zeit verrichtet zu erhalten. Denn wenn ein Geselle die fertige Ware ausnahmsweise schnell abgibt, so kann der Meister dadurch in Verlegenheit kommen, weil er dann eventuell für ihn keine fernere Arbeit hat. Ich erwähnte in dem vorhergehenden Abschnitte schon, daſs manche Meister in Monaten, wo der Absatz schlecht ist, ihren Gesellen ausdrücklich sagen, daſs sie sich mit der Arbeit nicht beeilen sollten.

Die Prämien für die sparsame Behandlung der Rohstoffe andrerseits können im Schuhmachergewerbe keine allgemeine Anwendung finden, weil der Meister in der Regel die Schuhe selbst zuschneidet.

Wie aus der Tabelle S. 100 ersichtlich, ist im Schuhmachergewerbe der Accordlohn am verbreitetsten unter allen Handwerken. Das könnte darin seinen Grund haben, daſs die Arbeit sehr gleichmäſsig ist und sich leicht in feste Kategorien fassen läſst. Beim Schneidergewerbe, das im allgemeinen die gröſste Ähnlichkeit mit der Schuhmacherei hat, ist dies schon schwieriger, besonders bei rohen und unentwickelten Verhältnissen, wie sie in kleinen Städten vorkommen, wo ein und derselbe Schneider für alle Klassen der Bevölkerung arbeitet und wo die Trachten der einzelnen Klassen so verschieden sind, wie in Galizien. Dabei kommt es bei kleinen Meistern, die wenig Bestellungen haben, oft vor, daſs von dem Meister und seinem Gesellen zusammen an demselben Rock gearbeitet wird.

Aus meinen Fragebogen kann ich den Einfluſs des Accordlohns auf den Verdienst der Gesellen nicht ersehen, weil keine Genossenschaft getrennte Angaben über die Höhe von Accord- und Zeitlohn gemacht hat. Eine Vergleichung der Löhne in Städten, wo überwiegend im Accord, mit denen, wo überwiegend im Zeitlohn gearbeitet wird, wäre unmaſsgeblich, weil hier die Unterschiede der Löhne durch viele andere Faktoren mitbedingt sind. Der Zeitlohn kommt in Galizien im Schuhmachergewerbe bloſs in den kleinsten Städten vor, wo die Verhältnisse ähnlich liegen wie auf dem Lande. Die zwei

Städte mit über 10 000 Einwohnern, welche dennoch Zeitlohn haben, sind die hausindustriellen Ortschaften Grodek und Drohobycz. Es ist nicht erkennbar, dafs der Verdienst der Gesellen in den kleinen Städtchen mit überwiegendem Zeitlohn niedriger wäre als in anderen Ortschaften derselben Gröfse. In Lemberg und Krakau werden alle Gesellen im Accord gelohnt. In den mittelgrofsen Städten wird ausnahmsweise die Arbeit der Schuhmachergesellen nach der Zeit bezahlt, jedoch nur in den kleinsten Werkstätten, welche hauptsächlich für die ländliche Bevölkerung oder für Vorstädter produzieren.

Die einzigen Schuhmacher in Krakau und Lemberg, welche Zeitlohn haben, sind Zuschneider und Vorrichter. Auch die Stepperinnen werden immer nach der Zeit bezahlt. Von diesen 3 Arbeiterkategorien darf man nur den Verdienst der Vorrichter mit dem der übrigen Gesellen vergleichen. Die Arbeiten des Vorrichters sind nicht schwieriger als die der Bodenarbeiter, trotzdem verdienen geschickte Bodenarbeiter in den Werkstätten, in welchen die Vorrichter 7 fl. wöchentlich bekommen, durchschnittlich 6 fl. 50 kr. Der höhere Lohn des Vorrichters ist daraus zu erklären, dafs er weniger Freiheit als die übrigen Gesellen hat. Während diese jeden Augenblick die Werkstatt verlassen können, darf jener den ganzen Tag, mit Ausnahme der Mittagspause von einer Stunde, seinen Arbeitsplatz nicht verlassen.

Eine ähnliche Erscheinung treffen wir im Schneidergewerbe in Lemberg und Krakau. Der Accordlohn ist auch in diesem Gewerbe vorherrschend, aber die Arbeit der Ausbesserer wird nach der Zeit bezahlt. Ihre Arbeit ist leichter als die der anderen Gesellen, welche neue Kleidungsstücke verfertigen; trotzdem verdienen sie nicht weniger als die Accordarbeiter. In mir bekannten Werkstätten bekommen sie 6—8 fl. wöchentlich, d. i. ebensoviel wie die übrigen Gesellen.—

Wir besitzen kein statistisches Material, um den Verdienst bei ganz derselben Arbeit im Zeit- und Accordlohn zu vergleichen. Darum dürfen wir aus diesen angeführten Thatsachen keine allgemeinen Schlüsse ziehen. Unwillkürlich aber lassen sie uns vermuten, dafs der Accordlohn den Verdienst der galizischen Gesellen nicht erhöht. Wegen der grofsen Freiheit, welche die Accordarbeiter geniefsen, sind sie bereit, auch für verhältnismäfsig geringen Lohn zu arbeiten. Diese Freiheit erhöht indefs nicht ihren Fleifs, sondern in Galizien findet oft das Gegenteil statt. Die Accordarbeiter kommen später in die Werkstatt, sie schliefsen die Tagesarbeit früher und halten sich dafür auf der Strafse auf. Dem gegenüber benutzen andere die Freiheit zur Verlängerung der Arbeitszeit und werden durch den Accordlohn zu gröfserer Anstrengung bei der Arbeit angespornt. Diese Leute verdienen mehr als die nach der Zeit gelohnten. Ich darf aber behaupten, daſs die Zahl der fleiſsigen und strebsamen Gesellen kleiner ist als die der trägen. Beim Accordlohne gewinnen vor allem die Meister, denn sie brauchen die Arbeiter nicht zu überwachen. Ob aber der Accordlohn zur Erhöhung des Gewinnes beiträgt, ist sehr zweifelhaft. Es hängt dies vor allem von dem Charakter und dem angeborenen Fleiſs der Arbeiter ab.

In der Schweiz[1] ergeben sich nach Böhmert folgende Unterschiede zwischen dem täglichen Verdienst der Schuhmacher, die nach der Zeit gelohnt werden, und derer, die im Accord arbeiten:

	Accordlohn				Zeitlohn			
	höchstens		wenigstens		höchstens		wenigstens	
	Frcs.	Cts.	Frcs.	Cts.	Frcs.	Cts.	Frcs.	Cts.
Genf . . .	4	5	2	50	4	—	2	75
Lausanne . .	4	—	2	50	3	—	3	—
Morges . . .	3	—	2	70	3	—	2	50
Vevay . . .	3	50	2	—	2	80	2	70
Neuenburg .	3	50	2	25	3	—	2	50
Bern	3	50	2	—	3	—	2	50

Aus diesen Zahlen sehen wir, daſs die niedrigsten Zeitlöhne höher als die niedrigsten Verdienste beim Accordlohn sind. Bei den höchsten Zahlen aber besteht das umgekehrte Verhältnis. Die Verdienste beim Accordlohn schwanken mehr als beim Zeitlohn, sie sind mehr individualisiert; die Charaktereigenschaften der Arbeiter treten bei ihnen mehr zu Tage.

Dritter Abschnitt.
Der Reallohn der Schuhmachergesellen.

Ich habe so eingehend, wie es bei den mir zu Gebote stehenden Materialien möglich war, die Lohnverhältnisse der galizischen Schuhmacher dargestellt. Diese geben uns aber noch keine Vorstellung von der wirtschaftlichen Lage derselben. Um eine solche zu gewinnen, muſs man die Preise der Güter, welche zur Befriedigung ihrer Bedürfnisse dienen, kennen lernen.

Die österreichische Preisstatistik ist sehr mangelhaft. Von den Preisen, welche bei unserem Thema in Betracht kommen,

---

[1] Böhmert: „Über die Methoden der socialstatistischen Untersuchungen mit besonderer Rücksicht auf die Statistik der Löhne und Preise. Zeitschrift für schweizerische Statistik 1873.

gibt das österreichische statistische Handbuch nur diejenigen der wichtigsten Arten des Getreides, weiter die der Kartoffeln, des Bieres und des Holzes an. Für Galizien werden blofs die in Lemberg gezahlten angegeben. Auch das Bureau des galizischen Landesausschusses hat keine Preisstatistik veranstaltet. In meinen Fragebogen sind nur die Preise der Wohnungen berücksichtigt. Diese sind andere für die arbeitenden als für die übrigen Klassen und erschienen mir darum am wichtigsten; andererseits durfte ich die Genossenschaftsvorstände nicht mit noch mehr Fragen belästigen. Die einzigen Arbeiten über Preise galizischer Bedarfsartikel, welche mir zu Gebote stehen, sind erstens die Artikel in dem Werke von Lipp „Verkehrs- und Handelsverhältnisse Galiziens," das aber schon aus dem Jahre 1870 stammt; und zweitens die schon erwähnte Abhandlung über die Wohlstandsverhältnisse der ländlichen Bevölkerung Galiziens von Dr. Josef Kleczyński, herausgegeben im Jahre 1880 von dem statistischen Bureau des galizischen Landesausschusses. Es ist einleuchtend, dafs sich die Preise seit jener Zeit bedeutend geändert haben, sodafs man jene Daten nur mit der gröfsten Vorsicht benutzen darf.

Zur Kontrolle und Ergänzung dieser älteren Daten besitze ich jedoch die Zahlen, welche sich aus den von mir und meinen Gewährsmännern zusammengestellten Haushaltungsbudgets von Schuhmacherfamilien ergeben. Auch die Marktberichte der Tageszeitungen können uns dabei dienlich sein. Die Angaben in den Arbeiten von Dr. Kleczyński und Lipp werden uns nur zur Berechnung der Preisunterschiede an einzelnen Orten dienen können, und das auch nur da, wo seit jener Zeit die Verkehrsverhältnisse sich nicht wesentlich geändert haben.

Nach dem Berichte der Tageszeitung „Gazeta Narodowa" zahlte man am 30. Dezember 1889 (in Krakau am 14. Januar 1890) folgende Preise:

	Lemberg		Krakau		Tarnopol		Podwołoczyska		Jarosław	
	fl.	kr.	fl.	kr.	fl.	kr.	fl.	kr.	fl.	kr.
100 kg. Weizen	8	10	9	62	7	85	7	65	8	40
- - Roggen	7	65	8	70	7	27	6	5	7	70
- - Gerste	7	45	8	25	7	10	7	10	7	50
- - Hafer	7	85	8	10	7	37	6	80	7	85
- - Erbsen	8	50	—	—	7	85	8	—	—	—

Die Kartoffelpreise, welche unter den Nahrungsausgaben des Schuhmachers die Hauptrolle spielen, sind in dieser Tabelle nicht angegeben, weil sie im grofsen Handel keine Rolle spielen. Die Brantweinbrennereien kaufen nur die Produkte der nächsten Umgegend an. Die Preise weichen sehr bedeutend voneinander ab. Sie hängen von der Fruchtbarkeit des Bodens, von der Zahl der Branntweinbrennereien und von den Verkehrsmitteln ab. Wie grofs die Abweichungen sind, wo die Preise am höchsten und wo am niedrigsten stehen, können wir aus der Arbeit von Dr. Kleczyński ersehen. In der folgenden Tabelle, welche die Kartoffel-, Rindfleisch-, Mais-,

		Krakau		Jarosław		Grodek		Lemberg		Tarnopol		Podwołoczyska	
		fl.	kr.	fl.	kr.	fl.	kr.	fl.	kr.	fl.	kr.	fl.	kr.
Kartoffeln in Korez[1]	n. d. öster. stat. Handb.	—	—	—	—	—	20	2	4	—	—	—	—
	nach Dr. Kl.	1	75	2	—	2	20	2	60	1	50	1	—
	n. d. Haushaltungsbudgets	—	—	—	—	1	20	1	60	—	—	—	80
Mais in Korez[1]	n. d. öster. stat. Handb.	—	—	—	—	—	—	5	60	—	—	—	—
	nach Dr. Kl.	—	—	—	—	—	—	—	—	—	—	5	—
	n. d. Haushaltungsbudgets	—	—	—	—	—	—	—	—	—	—	6	—
Buchweizengrütze in Litern	nach Dr. Kl.	—	—	—	—	6	—	6	—	4	70	4	—
	n. d. Haushaltungsbudgets	—	—	—	—	—	10	—	11	8	—	—	8
Reis in 100 kg.	n. d. öster. stat. Handb.	—	—	—	—	—	—	—	28	—	—	—	—
Rindfleisch in kg.	nach Lipp	—	—	—	34	—	42	—	38	—	—	—	—
	n. d. öster. stat. Handb.	—	—	—	—	—	—	—	42	44	44	—	—
	nach Dr. Kl.	—	42	—	—	—	42	—	—	—	—	—	57
Milch in Litern	nach Dr. Kl.	—	4	—	5	—	3	—	6	—	5	—	5
	n. d. Haushaltungsbudgets	—	6	—	—	—	5	—	7	—	—	—	6
Eier in Schock	n. d. Haushaltungsbudgets	1	50	—	—	1	20	1	50	—	—	1	20
Kohl in Schock	nach Dr. Kl.	1	80	—	—	1	—	1	—	—	—	1	—
	n. d. Haushaltungsbudgets	—	—	—	—	—	90	1	—	—	—	—	90
Brennholz in Kubikmetern	n. d. öster. stat. Handb.	—	—	—	—	—	—	2	89	—	—	—	—
	n. d. Haushaltungsbudgets	3	—	—	—	1	80	2	30	—	—	1	9

[1] Korez = 128 Liter.

Milch-, Kohl-, Reis-, Eier-, Brennholz-, Buchweizengrützepreise verzeichnet, geben die ersten Rubriken die aus der Arbeit von Dr. Kleczyński[1] entnommenen Preise wieder, die zweiten Rubriken die in meinen Haushaltungsbudgets von Schuhmacherfamilien enthaltenen. Für diejenigen Fleischpreise, welche dem Werke von Lipp[2] entnommen sind, ist eine fernere Rubrik bestimmt. Die Holz- und Eierpreise sind nur die in den Haushaltungsbudgets angegebenen. Für die Stadt Lemberg enthält die erste Rubrik die im österreichischen statistischen Handbuch gegebenen Daten. Alle diese Zahlen stellen die Durchschnittspreise des ganzen Jahres vor. Die aus der Arbeit von Dr. Kleczyński entlehnten Preiszahlen betreffen das Jahr 1878, die aus dem Werke von Lipp das Jahr 1870, die des österreichischen statistischen Handbuchs das Jahr 1888. Meine aus den Haushaltungsbudgets entlehnten Zahlen betreffen das Jahr 1890.

Aus diesen Zahlen ersehen wir, dafs die vegetabilischen Nahrungsmittel in Westgalizien (nach den in Jarosław und Krakau bezahlten Preisen) viel teurer sind als in Ostgalizien. Und eben diese spielen in der Ernährung der Schuhmacher die wichtigste Rolle. In den Preisen der animalischen Nahrungsmittel sehen wir keinen Unterschied zwischen West- und Ostgalizien; dieselben sind vielmehr von der Gröfse der Städte und städtischen Accise abhängig. Auch die Holzpreise kann man nicht in west- und ostgalizische trennen; sie hängen von der Bewaldung der betreffenden Gegend ab und sind in Gebirgsbezirken am niedrigsten. Den zweiten Platz nehmen die Bezirke ein, die im Umkreis von Lemberg liegen. Die Preise der Wohnungen werden wir in einem besonderen Abschnitte behandeln.

Um die ökonomische Lage der galizischen Schuhmacher mit der in anderen Ländern zu vergleichen, wollen wir die wichtigsten Konsumartikel eines anderen Landes mit denen Galiziens zusammenstellen; ich wähle als Beispiel einen Vergleich zwischen Berlin und Lemberg. Sodann wollen wir die Schuhmacherlöhne hier und dort einander gegenüberstellen[3]. Beides aus dem Monat Dezember 1887. Die lemberger Preise sind auf Grund der Zeitungsberichte und Aussagen von Sachkundigen zusammengestellt.

---

[1] Wiadomosci Statystyczne wydane przez krajowe biuro statystyczne pod redakcyą Dr. Tadensza Pilata zescyt 1, Rocznik 7. Luów 1881.
[2] Lipp: „Verkehrs- und Handelsverhältnisse Galiziens". 1870.
[3] Statistisches Jahrbuch der Stadt Berlin für 1889.

I.	II. Berlin		III. Lemberg		IV. In Berlin höher als in Lemberg	V. In Lemberg höher als in Berlin
	ℳ	₰	ℳ	₰	%	%
Weizen 100 kg.	16	30	14	20	13	—
Roggen - -	11	90	12	10	—	2
Erbsen - -	25	—	15	—	40	—
Kartoffel	4	50	2	80	30	—
Milch Liter	—	20	—	12	40	—
Rindfleisch kg.	—	89	—	86	10	—
Arbeitslohn der Schuhmachergesellen	15	—	8	—	46	—

Am kläglichsten stellt sich uns die ökonomische Lage unserer Schuhmachergesellen dar, wenn wir sie mit der ihrer nordamerikanischen Fachgenossen vergleichen. Nach der in der Tübinger Zeitschrift erschienenen Abhandlung über Geld- und Reallohn in den Vereinigten Staaten sind die Preise der Nahrungsmittel dort meistens niedriger als bei uns, andere Bedarfsartikel der Arbeiter blofs sehr wenig teurer, der Reallohn in Amerika demgemäfs achtmal höher als im Durchschnitt der galizische.

Die Preis- und Lohnstatistik allein gibt uns aber noch keine richtige Vorstellung von der ökonomischen Lage einer Klasse; wir müssen die Art der Verwendung ihrer Löhne, die ganze Lebensart dieser Klasse kennen. Dadurch erfahren wir nicht nur die Wohlstandsverhältnisse: wir bekommen auch einen Einblick in die socialen und intellektuellen Zustände.

Ehe ich zur Beschreibung der heutigen Lebensweise der Gesellen und kleinen Meister übergehe, wird es nicht ohne Interesse sein, etwas über das Leben der Gesellen in den fünfziger Jahren zu erfahren. Ein Lemberger Schuhmachermeister, der sich durch mühsame, fleifsige Arbeit, durch Sparsamkeit und Redlichkeit ein kleines Vermögen und eine bessere Stellung unter den Bürgern der Stadt erworben hat, beschreibt mir seine Gesellenzeit wie folgt:

„Im Jahre 1856 habe ich mein Gesellenstück gemacht und bin als Geselle freigesprochen worden. Ich darf sagen, dafs ich zu den tüchtigen und fleifsigen Arbeitern gehörte. Ich verdiente wöchentlich 4 fl. 50 kr. bis 5 fl. Die Wohnung und das Bettzeug bekam ich von meinem Meister; alles andere mufste ich von meinem Lohne bestreiten. Meine Ernährung war folgende:

„Früh trank ich für 3 kr. warme Milch und afs dazu eine Semmel oder ein Stück Brot für 2 kr. Oder statt dessen afs ich für 3 kr. geräuchertes Schweinefleisch und für 2 kr. Brot; oder für 4 kr. gekochte Wurst und für 2 kr. Brot. Im Sommer bestand mein Frühstück oft in Butterbrot für 4 kr. und Radieschen für 2 kr. An Sonn- und Feiertagen war mein Frühstück viel besser. Ich trank Kaffee mit Semmel für 10 kr. oder afs geräuchertes Schweinefleisch mit Kohl für 10 kr. Manchmal afs ich auch ein Paar Würste mit Meerrettig ebenfalls für 10 kr. Durchschnittlich kostete mein Frühstück 7 kr., das macht für die Woche 49 kr. Mein Mittagessen setzte sich aus einer Fleischsuppe, Rindfleisch und einer Mehlspeise zusammen. Dreimal wöchentlich bekam ich statt des gekochten Rindfleisches mit einer Mehlspeise Rinds- oder Kalbsbraten mit Gemüse. Dieser Mittagstisch kostete 17 kr. oder 1 fl. 19 kr. wöchentlich. Meine Vespermahlzeit war: Butterbrot oder Milch mit Semmel für 4 kr. oder 28 kr. wöchentlich. Mein Abendessen war sehr verschieden: polnische Wurst, eine Portion gebratener Kartoffeln, Butterbrot mit weichem Schafkäse („Bryndza"), eine Portion Gulasz, Wiener Schnitzel mit Gurken bildeten abwechselnd mein Abendessen. Dabei afs ich immer noch ein Stückchen Brot dazu. Durchschnittlich kostete das 8 kr. (56 kr. wöchentlich). Ich ging jede zweite Woche in das Theater auf die Gallerie, was 20 kr. kostete. Um meine Ausgaben für Kleider klar anzugeben, teile ich sie in zwei Kategorien. Die zur ersten Kategorie gehörenden Kleider hielten drei Jahre lang vor, die zur zweiten blofs ein Jahr. Die erste Kategorie bestand aus folgenden Kleidungsstücken:

Ein Winterüberzieher	30 fl.	— kr.
Ein schwarzer Rock	25 -	— -
Ein schwarzes Beinkleid	6 -	— -
Eine Weste	2 -	50 -
Ein Cylinder	3 -	— -
Eine Mütze	1 -	— -
Ein Regenschirm	1 -	50 -
Zusammen	69 fl.	— kr.

Das macht also 44 kr. wöchentlich.

Zur zweiten Kategorie gehörten folgende Kleidungsstücke:

Ein Jacket	3 fl.	— kr.
Ein bei der Arbeit benutztes Beinkleid	1 -	50 -
Eine Winterunterjacke	— -	80 -
Meine Wäsche	7 -	50 -
Zwei Kravatten	— -	40 -
Ein Paar Handschuhe	3 -	— -
Zusammen	16 fl.	20 kr.

Das macht 31 kr. wöchentlich.

„Die zur Arbeit nötigen Werkzeuge, die ich selbst kaufen mufste, kosteten 3 fl. jährlich oder 6 kr. wöchentlich. Mein wöchentliches Ausgabebudget war demnach folgendes:

Meine Kost	2 fl. 52 kr.
Die dreijährigen Kleidungsstücke	— - 44 -
Die einjährigen Kleidungsstücke	— - 31 -
Das Waschen meiner Wäsche	— - 10 -
Arbeitswerkzeuge	— - 6 -
Theater	— - 10 -
Beiträge zur Gesellenlade	— - 11 -
Beiträge zum Gesellenvereine	— - 3 -
Cigarren	— - 20 -
Für Bier und Früchte	— - 20 -
Zusammen	4 fl. 7 kr.

„Den Rest, das sind 43 bis 93 kr., ersparte ich. Diese Ersparnisse bildeten die Grundlage meines Geschäftes."

Diese Darstellung eines Gesellen-Soll und Habens macht einen angenehmen Eindruck auf uns. Alle hauptsächlichen Bedürfnisse sind befriedigt und doch bleiben noch ganz ansehnliche Ersparnisse. Freilich mufs man auch die sittliche Kraft des Mannes anerkennen, der seine Ausgaben so einschränken konnte, um es zu solchen Ersparnissen zu bringen.

Schlimmer aber ging es den weniger tüchtigen Gesellen. Diese mufsten sich des Morgens mit einem Stück Brot mit Schmalz oder einem Gläschen Schnaps und einem Stückchen Brot begnügen, und waren mit ihrer sonstigen Ernährung und mit ihrer Kleidung gleich schlimm gestellt.

Ein kümmerliches Dasein führten die damals noch selten anzutreffenden verheirateten Gesellen. Ihre Frauen suchten durch Waschen oder Feilhalten von Gemüse und anderen Nahrungsmitteln auf den Märkten zur Bestreitung der Unterhaltskosten beizutragen. Und nur selten gelang es ihnen, sich vor Elend zu schützen.

Seit dieser Zeit sind die Löhne ungefähr um 50 Prozent gestiegen. Ein mittelmäfsig tüchtiger Geselle verdient jetzt so viel wie in den fünfziger Jahren der beste, mufs aber auch seine Wohnung selbst bezahlen. Die Preise der Nahrungsmittel sind dagegen nur wenig gestiegen.

In Volksküchen bekommt ein Geselle für 40 kr. seine ganze tägliche Kost. Als Frühstück erhält er Kuttelflecke oder Lungen, ein Gläschen Schnaps und ein Stückchen Brot; als Mittagessen Fleischbrühe und eine Portion gekochtes Rindfleisch mit Gemüse, d. h. Kartoffeln, Erbsen oder Bohnen; das Abendessen ist dem Frühstück ähnlich, nur dafs er statt Branntwein $1/4$ Liter Bier bekommt.

Für seine Wohnung bezahlt ein lediger Geselle 2 fl. bis 2 fl. 50 kr. monatlich und zwar als Aftermieter bei verheirateten Gesellen, kleinen Meistern oder Bureaudienern. Seine wöchentlichen Ausgaben dürften folgendermafsen anzusetzen sein:

Nahrung	2 fl.	80 kr.
Wohnung	—	60 -
Waschen der Wäsche	—	15 -
Kleider	—	80 -
Arbeitswerkzeuge	—	6 -
Kleine Zuthaten zur gewerblichen Arbeit, welche die Gesellen sich selbst zu kaufen haben	—	20 -
Beiträge zur Krankenkasse	—	18 -
Beiträge für Gesellenvereine	—	15 -
Cigarren	—	20 -
Summa	5 fl.	14 kr.

Rechnet man noch 40 kr. für geistige und körperliche Vergnügungen dazu, so ist schon der ganze Verdienst eines durchschnittlich geschickten Gesellen in Anspruch genommen, und es bleibt nichts übrig für Ersparnisse, welche die Gründung eines eigenen Geschäftes ermöglichen könnten. Es sind Ausnahmen unter den Gesellen, welche sich in ihren Bedürfnissen Beschränkungen auferlegen, um zurücklegen zu können. Die geschicktesten Gesellen, die am meisten verdienen, erhöhen sehr oft ihre Ausgaben durch ein besseres Vesperbrot, welches 70 kr. wöchentlich kostet, und durch regelmäfsigen Theaterbesuch an jedem Sonntag oder Sonnabend. Und doch bleibt ihnen bei einem Verdienst von 7 fl. 50 kr. noch 1 fl. übrig, so dafs sie schon in sechs Jahren ein kleines Kapital besitzen, das zur Gründung eines eigenen Geschäftes hinreicht. Aber nur sehr wenige Gesellen sind so sparsam, dafs sie nach dieser Rechnung leben.

Wie anders aber steht es mit denen, die in kleineren Geschäften arbeiten und 4 fl., 3 fl. 60 kr. oder gar nur 2 fl. 40 kr. wöchentlich verdienen! Sie müssen alle ihre dringendsten Bedürfnisse einschränken, sie können nicht täglich Fleisch essen, manche nur jeden zweiten Tag, manche sogar nur einmal in der Woche. Und wenn sie dennoch nach vielen Jahren eine kleine Summe erspart haben, so wird diese doch nie so grofs sein, dafs sie sich einen Laden mieten oder Ledervorrat kaufen können. Es wird ihnen höchstens zum Eintrittsgeld in die Genossenschaft reichen. Diejenigen, die weniger als 3 fl. 60 kr. wöchentlich verdienen, sind nicht einmal imstande, dieses Sümmchen zu ersparen. Wenn sie ein höheres Alter erreichen, beschäftigen sie sich meistens mit Schuhflicken. Sie treiben das Gewerbe aber geheim, gehören keiner Genossenschaft an und bezahlen keine Steuern.

Wenn wir die jetzige Lage der Gesellen mit der in den fünfziger Jahren vergleichen, so kommen wir zu der Überzeugung, dafs sie sich ganz wesentlich verschlechtert hat. Denn das Kapital, welches zur Gründung auch des kleinsten Geschäftes nicht entbehrt werden kann, ist ganz erheblich gestiegen. Auch sehr tüchtige Gesellen, wenn schon nicht die Geschicktesten, müssen viele Jahre hindurch mühsam arbeiten, bis sie das nötige Geld zusammengespart haben. Erst wenn sie 30 bis 40 Jahre alt sind, können sie ein eigenes Geschäft gründen. Viele heiraten früher und machen es sich dadurch unmöglich, jemals als Meister selbständig zu werden. Wenn auch die Frauen mit Waschen und Nähen das Einkommen des Mannes vergröfsern, so sind sie doch nicht imstande, irgend eine kleine Summe zu ersparen. Als Beispiel führe ich den Haushalt eines tüchtigen und fleifsigen Gesellen an. Er arbeitet als Vorrichter schon 24 Jahre in einem der ersten und vornehmsten Geschäfte Lembergs. Seine Familie besteht aus vier Personen: beide Eltern und zwei Kinder. Der Vater verdient wöchentlich 7 fl, seine Tochter 1 fl. 50 kr., zusammen 8 fl. 50 kr.

Die Wohnung kostet wöchentlich	1 fl. 25 kr.
- Ernährung -	4 - 20 -
Heizung (durchschnittlich)	— - 35 -
Kleider	1 - 70 -
Kartoffelstärke u. s. w.	— - 20 -
Lehrgegenstände für das Söhnchen	— - 10 -
Beiträge zur Krankenkasse und zum Verein „Gwiazda"	— - 40 -
Zusammen	8 fl. 20 kr.

Für Vergnügungen bleiben ihnen also nur 30 kr., und es ist unmöglich zu verlangen, dafs die Familie, nachdem sie die ganze Woche gearbeitet hat, am Sonntag sich kein Vergnügen gewähren solle. Eine Sonntagsvergnügung ist für sie ein ebenso unentbehrliches Bedürfnis, wie jedes andere. Von Ersparnissen kann also keine Rede sein.

Als Frühstück essen sie Brot mit Salz und trinken ein Gläschen Schnaps, die Kinder $1/6$ Liter Milch. Das Mittagessen besteht aus Kümmelsuppe oder „Barszcz" (eine Nationalsuppe von Rotenrüben), Buchweizengrütze oder Kartoffeln mit Speck, im Sommer statt Speck oft Sauermilch. Zweimal wöchentlich essen sie Fleischsuppe und gekochtes Rindfleisch. Abends wird gegessen, was vom Mittagessen übrig ist.

Die Kleider sind sehr dürftig. Fast den ganzen Tag hat die Frau Kleider auszubessern. Das ist der Haushalt eines tüchtigen Gesellen, welcher nie arbeitslos ist und in einer der ersten Werkstätten arbeitet. Um wieviel schlechter mufs demnach die Lage der Familien anderer Schuhmachergesellen sein!

In Krakau sind die Verhältnisse sogar noch trauriger als

in Lemberg, weil die Nahrungsmittel teurer und die Löhne niedriger sind.

Anhang Nr. III gibt ein Bild der Lebensweise einer Gesellenfamilie in Lemberg, Anhang Nr. IV einer Meisterfamilie. Im ersteren Falle handelt es sich um einen geschickten Gesellen, im zweiten um einen wohlhabenden Meister. In beiden kann man Ausgaben und Einnahmen in alle Einzelheiten verfolgen.

In den Städten mit mehr als 10000 Einwohnern ist die Ernährung der Schuhmacher der in Krakau und Lemberg gewöhnlichen ähnlich. In Drohobycz z. B. besteht die Nahrung der geschicktesten Gesellen (Handwerker, nicht Hausindustrieller) in der Frühe aus einem Stück Brot und einem Stückchen geräuchertem Fleisch, Mittags aus Fleischsuppe und gekochtem Rindfleisch mit Kartoffeln, Abends aus Brot mit Käse. Diese Lebensweise kostet einen ledigen Gesellen wöchentlich 2 fl. 40 kr. Deshalb können nur die Geschicktesten sich das leisten, und bleibt auch diesen nur 1 fl. 40 kr. für alle anderen Ausgaben. Die mittelmäfsig geschickten Gesellen können blofs zweimal wöchentlich Fleisch essen. Sonst besteht ihre Nahrung aus Kartoffeln, „Barszcz" u. a.

Eine Gesellenfamilie, welche aus den Eltern und drei Kindern besteht, mufs in Drohobycz, wenn sie dreimal Fleisch essen will, wenigstens 4 fl. wöchentlich für den Nahrungszweck ausgeben. Also übersteigt dieser einzige Ausgabeposten schon sehr bedeutend den Verdienst der geschicktesten Arbeiter, und dabei sind noch alle anderen Bedürfnisse unberücksichtigt. Bei den allerbescheidensten Ansprüchen auf Kleidung und Wohnung belaufen sich die Ausgaben auf 300 fl. jährlich, während die geschicktesten Gesellen in Drohobycz 157 fl. verdienen. Es können also nur diejenigen Gesellen in dieser Weise leben, die sonst noch etwas Privatvermögen haben oder deren Frauen besonders tüchtige Näherinnen oder Wäscherinnen sind. Nur ganz wenige verheiratete Gesellen können zweimal in der Woche Fleisch essen, die anderen müssen darauf verzichten. Sogar in den mittelgrofsen Städten, wo die Löhne der Gesellen am höchsten sind, wie in Horodenka und Brody u. a., sind die meisten verheirateten Gesellen gezwungen, auf Fleischnahrung zu verzichten.

Die Ernährung in den kleinen Städten von weniger als 10000 Einwohnern ist der der ländlichen Bevölkerung und der Hausindustriellen sehr ähnlich. Um mich nicht zu wiederholen, verweise ich auf den betreffenden Abschnitt im ersten Teile der vorliegenden Arbeit.

Ich erwähnte schon, dafs in diesen Städten verheiratete Gesellen sehr selten sind. Der durchschnittliche jährliche Verdienst eines Schuhmachergesellen in diesen kleinen Städten beträgt 119 fl. 60 kr., während Dr. Kleczyński den Wert des durchschnittlichen jährlichen Konsums einer ländlichen Familie in Galizien auf 313 fl. berechnet[1], obwohl er nur 12 kg als durchschnittlichen Fleischkonsum annimmt. Das Los der verheirateten Gesellen ist daher in diesen kleinen Städten sehr traurig. Ihre Frauen müssen den ganzen Tag aufserhalb des Hauses als Tagelöhnerinnen, Dienstboten oder Wäscherinnen arbeiten. Trotzdem gewährt der Verdienst einer solchen Familie ihr nur den notdürftigsten Unterhalt und ist nicht imstande, ihre verbrauchten Kräfte ausreichend zu erneuern. Sie müssen nicht nur auf Fleisch, sondern auch auf Milch und Weizenmehl verzichten. Mit Ausnahme der Kartoffeln können sie sich den Genufs aller anderen Nahrungsmittel nur in geringem Umfange erlauben. Die Familien der verheirateten kleinstädtischen Gesellen sind ein Bild des gröfsten Elends. Glücklicherweise ist ihre Zahl nicht sehr grofs.

Vierter Abschnitt.
Das Lehrlingswesen.

Wiewohl in Österreich der obligatorische Schulunterricht vom 6. bis 14. Jahre dauert, so beginnt die Lehrzeit nach übereinstimmender Aussage aller Genossenschaften doch schon im Alter von 12 bis 14 Jahren, da für Kinder, die schon sechs Jahre die Schule besucht haben, das Gesetz eine Einschränkung des Unterrichts für zulässig erklärt. Die Dauer der Lehrzeit beträgt, sich in den vom Handelsministerium gezogenen Grenzen haltend, 2 bis 4 Jahre. Ihre genaue Bestimmung hängt vom freien Ermessen der Parteien ab, wenigstens hat unter den mir bekannten Genossenschaften keine einzige von dem ihr zustehenden Rechte, die Dauer derselben zu fixieren, Gebrauch gemacht. Inwiefern die Vereinbarung der Zeit durch örtliche Gepflogenheiten bestimmt wird, läfst sich nicht erkennen.

Die Zahl der Lehrlinge ist nicht genau festzustellen. Der Grund hierfür liegt darin, dafs einerseits, wie ich schon gesagt habe, die österreichische Berufsstatistik zu mangelhaft ist und andererseits meine Enquête nur die zu Genossenschaften vereinigten Handwerker umfafst. Nur diese haben Lehrlinge im eigentlichen Sinne des Wortes. Bei den Schuhmachern auf dem Lande lernt der Sohn von seinem Vater, und hat einmal ein kinderloser Schuhmacher einen Knaben zur Aushülfe, dann geht ihm dieser bei allen Arbeiten zur Hand, bei der Landwirtschaft ebensogut wie bei der Schuhmacherei.

Bei der mangelhaften Bildung der Mehrheit unserer Schuhmacher gestattet das Gesetz auch den mündlichen Lehrvertrag. Jedoch ist dieser in Gegenwart des Genossenschafts-

---

[1] Wiadomósci statystyczne wydawane pod redakcys. Dr. T. Pilata. Rocznik 7, zesz. I, p. 77—80.

vorstandes abzuschliefsen, und seine wesentlichen Bestimmungen sind im Protokollbuche zu vermerken (§ 99 Ö. G.). Wird er schriftlich abgeschlossen, so mufs er der Genossenschaft gemeldet werden. Von der Befugnis, dafs man eine längere als vierwöchentliche Probezeit bis zu drei Monaten vereinbaren darf, machen die Schuhmacher keinen Gebrauch. Man sieht keinen Grund ein, warum man sich so lange die Möglichkeit einer Auflösung des Kontraktes offen halten soll. Die Schuhmacherei erfordert keine grofsen Körperkräfte, die Eltern können nach den in Galizien herrschenden Ansichten unmöglich so schnell ihren Entschlufs über die Zukunft ihres Jungen ändern, des letzteren Neigungen befragt man weder vorher noch nachher; wozu also eine so lange Probezeit?

In den ersten Jahren der Lehrzeit erhält in Galizien der Schuhmacherlehrling niemals Lohn, im letzten bekommt er meist 30 bis 80 kr. wöchentlich. Tüchtige redliche Meister, die es mit dem Anlernen der Lehrlinge ernst nehmen, geben selten mehr als 30 kr., die weniger ein Lohn als vielmehr ein Taschengeld sein sollen.

Das Lehrgeld spielt bei den galizischen Schuhmachern keine besonders wichtige Rolle, wie die mir vorliegenden Antworten von 96 Genossenschaften beweisen. Nur bei 15 derselben wird es stets gezahlt, 12 Genossenschaften kennen es überhaupt nicht, und die übrigen berichten, dafs manchmal ein Lehrgeld vereinbart werde. In allen den Fällen aber, wo es vorkommt, ist es kein eigentliches Lehrgeld, sondern vielmehr eine Entschädigung, welche der Meister für die dem Lehrling gewährte Kost und Wohnung erhält. Nur einige Lemberger Schuhmacher verlangen, trotzdem die Lehrburschen aufserhalb der Meisterwohnung wohnen und essen, ein wirkliches Lehrgeld, das jedoch höchstens 25 fl. beträgt. Das sogenannte Lehrgeld für die beim Meister wohnenden Lehrlinge wird in halbjährlichen oder jährlichen Raten entrichtet, welche letzteren je nach der Wohlhabenheit der Eltern und der Gröfse der Stadt zwischen 10 und 20 fl. schwanken.

Die Beschaffung von Wäsche und Kleidung liegt den Eltern der Lehrlinge ob, sofern sie nicht durch Verabredung einer fünfjährigen, also gesetzwidrigen Lehrzeit die Sorge dafür dem Meister zuschieben. Indessen fehlt es nicht an Meistern, die human genug sind, auch ohne solche Vereinbarung für die Kleidung zu sorgen.

Da weitaus die meisten Lehrlinge bei ihren Meistern wohnen (selbst in Krakau und Lemberg ist dies die Regel), so besteht zwischen beiden Teilen noch immer jenes patriarchalische Verhältnis, wie es anderswo schon der Geschichte angehört.

Ein Knabe, der schon mit 12 Jahren in die Lehre eintritt, ist gewöhnlich noch zu wenig körperlich entwickelt, als dafs man ihm schon gewerbliche Arbeiten anvertrauen könnte. Oft kann ihn der Meister im ersten Jahre nicht einmal zum Austragen der Ware benutzen, was ihm jedenfalls viel dienlicher wäre, als den Tag über die dumpfe Luft der Werkstätte einzuatmen und den oft sittenverderblichen Gesprächen der Gesellen zu lauschen oder für sie hin und wieder Brot und Schnaps zu holen. Erst im zweiten Jahre zeigt man ihm das, womit man bei den älter Eintretenden sofort beginnt: die Anfertigung des Pechdrahtes. Dieser wird aus Hanfgarn und Borste gemacht; der dünnere wird zum Nähen der Besätze und der Schäfte benutzt; der dickere zur Bodenarbeit. Mit dem selbstgemachten Pechdraht mufs der Knabe auf einem Stückchen Leder das Nähen versuchen, dann erst gibt man ihm alte Schuhe zum Ausbessern. Im zweiten Jahre seiner Lehrzeit bekommt er Kinderschuhe zur Ausführung, im dritten auch Stiefel für Erwachsene. Das ist der gewöhnliche Verlauf der Lehrzeit für Schuhmacherlehrlinge.

Die gewerbliche Arbeit bildet aber nicht ihre ausschliefsliche Beschäftigung. Die Wohnung beim Meister führt diesen sehr leicht in Versuchung, den Lehrling zu den häuslichen Verrichtungen heranzuziehen. Bei den armen Meistern helfen sie mit im Haushalt. Die wohlhabenden verwenden sie mindestens zum Austragen. Die Zahl der Schuhmacher, welche besondere Geschäftsdiener halten, schätze ich auf höchstens 10 in ganz Galizien.

Während ich in Berlin unter den wohlhabenden Schuhmachern viele getroffen habe, die keine Lehrlinge ausbilden, haben in Galizien selbst die wohlhabendsten Meister Lehrlinge, soweit mir bekannt jedoch nie mehr als drei. Sie benutzen dieselben im ersten Jahre überwiegend und oft ausschliesslich zur Geschäftsbedienung, erst im zweiten füllt die gewerbliche Ausbildung beinahe den ganzen Tag aus. Die ärmeren Meister, welche nur 1 bis 2 Gesellen haben, halten nicht selten zwei Lehrlinge. Hier finden wir glücklicherweise keine bestimmte Arbeitsteilung unter den Lehrlingen, der ältere wie der jüngere wird zu häuslichen Verrichtungen und zur Geschäftsbedienung herangezogen, wenngleich man jenen wegen seiner gröfseren gewerblichen Fähigkeit seltener in Anspruch nimmt. Dafs man diese Zustände als schädlich verwerfen und eine gesetzliche Änderung verlangen müsse, möchte ich im Einklange mit den Gewährsmännern der deutschen Reichsenquête bestreiten[1]. Sehr richtig argumentirt schon Hoffmann[2], wenn er sagt, das Verhältnis

---

[1] Ergebnisse der über die Verhältnisse der Lehrlinge, Gesellen und Fabrikarbeiter auf Beschlufs des Bundesrats angestellten Erhebungen. Berlin 1877.
[2] Die Befugnis zum Gewerbebetriebe von J. G. Hoffmann. Berlin 1841, p. 100.

zwischen Meister und Lehrlingen gestalte sich analog dem zwischen Vater und Kindern, und wenn letztere häusliche Arbeiten verrichteten, dann müfsten auch erstere im Hause mitangreifen. Empfiehlt sich schon darum ein diesbezügliches Gesetz nicht, so kommt noch als weiterer Grund hinzu, dafs zwischen der Familie des Meisters und den Lehrlingen ein Wall errichtet würde, der dem bisherigen herzlichen Verkehr ein Ende machte. Zudem ist die häusliche Arbeit ein heilsames Gegenmittel gegen die gesundheitsschädlichen Folgen langdauernder Arbeit im Schuhmachergewerbe für den jugendlichen Körper. Mifsbräuchlich ist es natürlich, wenn ein Meister die Arbeitsteilung in der Weise gestaltet, dafs er den älteren Lehrjungen nur zu gewerblichen, den jüngeren nur zu häuslichen Arbeiten benutzt, und so die wohlthätigen Folgen, die sich aus einer vernünftigen Abwechslung für beide ergäben, illusorisch macht. Gegen derartige Mifsbräuche sollten die Genossenschaften energisch vorgehen. Die Möglichkeit dazu gewährt ihnen ja § 100 Absatz I der österreichischen Gewerbeordnung, der bestimmt, dafs den Lehrlingen die zu ihrer Ausbildung notwendige Zeit nicht entzogen werden darf. Um gesundheitsschädlichen Folgen vorzubeugen, wäre es auch zweckmäfsig, wenn man die Grenze, von welcher ab die gewerbliche Ausbildung durch Eintritt in eine Lehre beginnen dürfte, um zwei Jahre hinausschöbe, so dafs sie also erst vom 14. Jahr ab begänne.

Die Lehre wird durch eine Prüfung beschlossen. Nur 11 von den 96 Genossenschaften, welche meine Fragebogen beantworteten, haben eine solche nicht eingeführt. Sie findet in der Weise statt, dafs der Lehrling in der Werkstatt eines anderen Meisters ein Paar Schuhe anfertigt. Da die genauen Zunftbestimmungen über deren Anfertigung überall in Wegfall gekommen sind, gibt ihm derselbe ein Paar zur Arbeit, das er gerade nötig hat, und so verursacht die Prüfung keine Unkosten. Über die Güte der ausgeführten Probearbeit entscheidet der Vorstand oder die zu diesem Zwecke eingesetzte Kommission. Die Staatsbehörden haben dabei keinen Einflufs.

In manchen Städten begutachtet sie sogar nur der Meister, bei dem die Prüfung stattfindet. Der Lehrherr hat, gleichviel, ob eine Prüfung bei seiner Genossenschaft besteht oder nicht, dem Lehrling über Lehrzeit und Betragen ein Zeugnis auszustellen, das vom Genossenschaftsvorsteher zu beglaubigen ist. Von dem statutarischen Rechte, einem Meister, dessen Lehrlinge schon mehrmals die Prüfung mit ungünstigem Erfolge versucht haben, die Befugnis zum Halten von Lehrlingen zu entziehen, hat meines Wissens noch keine Genossenschaft Gebrauch gemacht. Nach übereinstimmender Aussage der mir bekannten Meister spornt die Prüfung Lehrherrn wie Lehrling zu höherem Eifer an. Durch den Genossenschaftsvorstand darf für denjenigen Lehrling, welcher sich in derselben als unzureichend ausgebildet erweist, die Lehrzeit verlängert werden.

Wenn schon die Genossenschaften das Recht haben zu bestimmen, wie viel Lehrlinge ein Meister nehmen darf, damit deren Ausbildung nicht leide, begnügen sie sich doch festzusetzen, daſs, wer keinen Gesellen hat, höchstens drei Lehrlinge gleichzeitig halten dürfe. Jene Befugnis ist zwar sehr wichtig für andere Kronländer und selbst in Galizien für andere Gewerbe, in der galizischen Schuhmacherei aber hindern schon die noch herrschenden patriarchalischen Verhältnisse einen Miſsbrauch der Lehrlingsannahme. Da Meister und Lehrlinge zusammen wohnen, kann jener nur so viel Burschen brauchen, als seine Wohnungsverhältnisse ihm erlauben.

Gar mancher Schuhmacher namentlich in der Kleinstadt kann nur notdürftig lesen und schreiben. Als bedeutender Fortschritt aber ist es zu bezeichnen, daſs seit zwei Decennien in der Handwerkerwelt fast durchweg das Bewuſstsein zum Durchbruch gekommen ist, daſs ein gewisses Maſs von Bildung, welches die Verständigung mit anderen Menschen und das Begreifen der Erscheinungen des alltäglichen Lebens erleichtert, unumgänglich notwendig ist. Deswegen hält man darauf, daſs die Lehrlinge regelmäſsig die Fortbildungsschulen besuchen, soweit solche vorhanden sind, und in den gröſseren Städten würde es einem Meister als ein Mangel an Gemeinsinn ausgelegt werden, wollte er aus Erwerbssucht seine Lehrlinge vom Schulbesuch abhalten.

Obgleich § 75 der österreichischen Gewerbeordnung, welcher den Besuch der Fortbildungsschulen regeln will, diese überall voraussetzt, gibt es von ihnen in Galizien doch noch recht wenige. Der Unterricht in denselben findet an zwei Wochentagen Abends und Sonntags früh statt. In anderen Städten beschränkt sich die ganze Weiterbildung auf Wiederholungsstunden, die am Sonntag Mittag in der Volksschule abgehalten werden.

Um diese Skizze über das Lehrlingswesen im Schuhmachergewerbe zu vervollständigen, darf ich das Fehlerhafte in demselben nicht übergehen. Die mit geringen technischen Kenntnissen ausgestatteten Meister, denen wir besonders in den kleineren Städten begegnen, können selbstverständlich keine guten Lehrherren sein. Den ziemlich zahlreichen tüchtigen Meistern in den gröſseren Städten fehlt es wieder an der Fähigkeit, ihre Fertigkeiten anderen beizubringen, da sie selbst es als Lehrlinge den Meistern „absahen" und nun ein Gleiches von ihren Lehrburschen verlangen. Noch schlimmer steht es mit der Ausbildung derselben, wenn ein Meister eine besondere Methode für seine gewerbliche Arbeit hat, die er gar nicht zu erklären imstande ist. Keiner liest Fachzeitungen oder Fachschriften, und nur sehr wenige kennen die rationelle Methode des Maſsnehmens und Zuschneidens oder das Winkelsystem. Nur in Lemberg weiſs ich zwei Schuhmacher, die eine Ausnahme von dieser Regel bilden. Daſs trotzdem viele galizische Schuhmacher Schuhe anfertigen, die an gutem Sitz und Schönheit der Form nichts zu wünschen übrig lassen, haben sie ihrem angeborenen Geschmack zu verdanken.

Da in Galizien, wie früher erwähnt, jeder Schuhmacher Herren- und Damenstiefel arbeitet und mit Ausnahme einiger weniger auch die Schäfte selbst näht, so hat der Lehrling Gelegenheit, sich bei dem nötigen guten Willen und einiger Klugheit in allen Arten der Gesellenarbeit seines Handwerkes auszubilden.

Dem in anderen Ländern viel bemängelten Übelstande, daſs weder Lehrlingen noch Gesellen Gelegenheit geboten wird, das Zuschneiden und Maſsnehmen zu erlernen, begegnen wir auch in Galizien. Freilich findet man den Wunsch, diese Dinge zu erlernen, bei Lehrlingen nicht zu häufig. Findet sich aber einmal unter den Gesellen ein Wiſsbegieriger, so trifft er nur mit groſser Mühe jemanden, der ihm für Geld dies beibringt, und vervollständigt dann seine Kenntnisse, indem er dem Meister absieht, wie dieser es macht, vorausgesetzt, daſs er sich in einem Geschäfte befindet, wo beide zusammen arbeiten. Wie anderswo, so erhält der Lehrling in Galizien die specifischen, zum selbständigen Gewerbebetrieb erforderlichen Kenntnisse nicht. Warenkunde und Buchführung sind für ihn ein verschlossenes Buch.

Der Begriff des Lehrlings ist bei unseren galizischen Schuhmachern noch immer der althergebrachte. Der Meister, der nur so viel Jungen annimmt, als es sein Hausstand erlaubt, betrachtet diese noch immer als Mitglieder seiner Familie und so kommt es, daſs sie nicht zu gewerblichen Lohnarbeitern herabsinken. Selbst bei den wohlhabendsten Meistern, die 12—14 Gesellen beschäftigen, essen Lehrlinge am Familientische mit. Zweifelsohne hat dieses patriarchalische Verhältnis auch seine Schattenseite. Der Lehrling steht ganz unter der Gewalt des Meisters, der er sich, wenn sie jener miſsbräuchlich anwendet, lieber durch Weglaufen entzieht, als daſs er die Hülfe der Genossenschaft anruft.

Ein entlaufener Lehrling wird von seinen Eltern dem Meister wieder zugeführt, der den jugendlichen Ausreiſser für seine Missethat noch strenger als die Eltern selbst bestraft. Oder der betreffende Lehrling wird vom Genossenschaftsvorstande vermahnt und ihm aufgegeben, in die Lehre zurückzukehren. Thut er dies nicht, dann wird er vor der Gewerbebehörde verklagt, von dieser meist zu 24- bis 48stündigem Arrest verurteilt und zwangsweise seinem Meister zugeführt.

Da indess solche Fälle sehr selten vor die Organe der Genossenschaft kommen, sind Erscheinungen wie Vernachlässigung der Lehrlinge oder ihre Überbürdung mit Arbeit selbst seitens wohlhabender Meister an der Tagesordnung. Zum Ruhme der intelligenten Meister in den gröfseren Städten mufs indessen gesagt werden, dafs Überschreitungen ihrer Autorität durch körperliche Züchtigung der Lehrlinge nicht mehr vorkommen. Alle diese Übelstände machen ein Organ unentbehrlich, welches sich an Ort und Stelle von der Behandlung der Lehrlinge und der ihnen gebotenen Möglichkeit das Handwerk zu erlernen überzeugen kann. Die jetzige Thätigkeit der Genossenschaften für ein geordnetes Lehrlingswesen erweist sich lange nicht als ausreichend. Die Gesellen sind von jedem Einflusse auf dasselbe durch unsere Gewerbeordnung ausgeschlossen, und doch bilden sie in allen Ländern das Element, welches sich die Regelung dieses Gegenstandes angelegen sein läfst. Beispielsweise erlassen in England die Trades Unions[1] die ausführlichsten Bestimmungen über das Halten von Lehrlingen, über die Dauer der Lehrzeit, das Verhältnis der Zahl der Lehrlinge zu der der Gesellen und die Art und Weise der für jene erforderlichen Ausbildung, überwachen die Durchführung dieser Vorschriften und weigern sich bei Unternehmern zu arbeiten, welche dieselben verletzen. Ferner sind die Gesellen aber auch die berufensten Träger einer Kontrolle des Lehrlingswesens, da nur sie aufser den Meistern aus eigener Anschauung die Lage der Lehrlinge in allen ihren Einzelheiten kennen. So haben denn auch die deutschen Gewerkvereine, wie Dr. Brinckmann mitteilt[2], in vielen Fällen das Lehrlingswesen zum Gegenstand ihrer Beratungen und Beschlüsse gemacht und mit grofser Energie die Befolgung der letzteren durchgesetzt. Ratsam wäre es, in unseren gewerblichen Genossenschaften Kommissionen zu bilden, deren specielle Aufgabe die Fürsorge für ein geordnetes Lehrlingswesen wäre, und welche zur Hälfte von der Genossenschaftsversammlung aus dem Kreise der Gewerbsinhaber, zur Hälfte von der Gehülfenversammlung aus dem Kreise der Gesellen gewählt würden, wie es schon bei der Krakauer Schuhmachergenossenschaft seit einiger Zeit geschieht. Diese Kommission müfste das Recht haben, jederzeit die Arbeitsstätten zu betreten, um sich von den thatsächlichen Verhältnissen an Ort und Stelle zu überzeugen. Macht man ausschliefslich den

---

[1] Die Arbeitergilden der Gegenwart von Brentano. Leipzig 1871, II, 142—155.
[2] Lehrlingswesen. Referat von Dr. J. Brinckmann, Verhandlungen der dritten Generalversammlung des Vereins für Socialpolitik. XI. Leipzig 1875, p. 102—106.

Gewerbsinhabern diese Fürsorge zur Pflicht, so wird der ganze Zweck vereitelt, indem das Solidaritätsgefühl ein strenges Einschreiten unter Kollegen verhindert.

Zur Überwachung der gesetzlichen Vorschriften genügten solche Kommissionen mit Mitgliedern, die einen höheren Bildungsgrad keineswegs zu besitzen brauchen. Um aber das Lehrlingswesen weiter fortzubilden und neu zu gestalten, ist die Einwirkung der Gewerbeinspektoren unentbehrlich, was schon der Regierungsentwurf vom Jahre 1879 ausgesprochen hat. Ich habe Gelegenheit gehabt, die Thätigkeit der österreichischen Gewerbeinspektoren aus der Nähe zu beobachten und die Details derselben kennen zu lernen. Dabei habe ich mich überzeugt, dafs sie sich nicht auf die Kontrolle der gesetzlichen Vorschriften beschränkt, sondern vielmehr das Verhältnis zwischen Gewerbsinhabern und Arbeitern, sowie die ganze Entwicklung der Industrie höchst segensreich beeinflufst. Die Inspektoren machen die Unternehmer mit neuen technischen Systemen und Methoden bekannt, und viele der letzteren verdanken die Blüte ihres Geschäftes der Befolgung von Ratschlägen des Inspektors. Das Beispiel von Österreich hat bewiesen, dafs seine Thätigkeit viel fruchtbarer ist, wenn er polytechnisch vorgebildet ist, und man mufs in der That zugeben, dafs ein solcher Mann sich viel leichter mit nationalökonomischen und hygienischen Fragen bekannt machen kann, als umgekehrt, wenn ich auch nicht leugnen will, dafs auch aus Nationalökonomen und Ärzten die tüchtigsten Inspektoren hervorgehen können, wie das Beispiel des bekannten Schweizer Inspektors Dr. Schuler zeigt.

Meines Erachtens müfsten die Werkstätten zunächst von den genossenschaftlichen Kommissionen und in längeren Zeitabschnitten von den Gewerbeinspektoren besucht werden. Letzteren fiele die Aufgabe zu, die Meister zu milderer Behandlung der Lehrlinge zu bewegen, wie sie unserer heutigen Kulturentwicklung entspricht, sie zum Lesen von Fachschriften und Fachzeitungen aufzumuntern und sie bei der Einführung neuer Methoden zu beraten. So würde sich in Österreich die Gewerbeinspektion, bei der nötigen Vermehrung durch gleich tüchtige Kräfte wie bisher, zu einem für die Hebung des Handwerks und vor allem des Lehrlingswesens hervorragend wichtigen Organe gestalten.

Für einen tüchtigen Schuhmacher ist eine gewisse Übung im Zeichnen, Kenntnis der Anatomie des menschlichen Fufses, sowie in seiner Eigenschaft als Geschäftsmann die Kenntnis der Buchführung und der Warenkunde unerläfslich. Der Sonntagsunterricht, wie er in gewöhnlichen Volksschulen erteilt wird, ist hierfür unzureichend. Deswegen sollten wenigstens in Städten von über 10 000 Einwohnern, wo eine genügende Zahl von Lehrlingen sich findet, Fortbildungsschulen eingerichtet werden, welche die Gelegenheit böten, die für das Handwerk erforderlichen Kenntnisse zu erwerben.

So sehr aber auch Österreich die meisten anderen Länder auf dem Gebiete des gewerblichen Schulwesens überflügelt hat, so ist doch Galizien in der Annahme, es sei ein vorwiegend ackerbautreibendes Land, bisher merkwürdig vernachlässigt worden. Wieweit es in dieser Beziehung hinter den anderen Kronländern zurücksteht, beweist ein Blick auf die unten folgende Tabelle.

Die österreichische statistische Centralkommission unterscheidet drei Gruppen gewerblicher Schulen[1]:

1. staatsgewerbliche und verwandte Schulen,
2. Fortbildungsschulen,
3. Fachschulen für einzelne Gewerbezweige.

Namen d. Kronländer	Staatsgewerbliche u. verwandte Schulen	Fortbildungsschulen	Fachschulen für einzelne Gewerbe	Zahl der gewerbl. Schulen zusam.	Zahl der Schüler in allen diesen Schulen	Zahl aller Einwohner
Niederösterreich . .	3	118	12	133	17 931	2 330 621
Oberösterreich . . .	—	8	6	14	881	759 620
Salzburg	1	4	1	6	382	163 570
Steiermark	1	31	1	33	1 794	1 213 597
Kärnten	1	6	3	10	421	348 730
Krain	—	8	2	10	661	481 243
Küstenland	—	8	5	13	1 008	647 934
Tirol und Vorarlberg	1	16	14	31	1 439	912 549
Böhmen	6	156	44	206	21 538	5 560 819
Mähren	2	33	14	49	4 314	2 155 407
Schlesien	1	11	7	19	2 437	565 475
Galizien	3	10	8	21	2 313	5 958 907
Bukowina	1	3	—	4	347	571 671

Während also in Oberösterreich auf 10 000 Einwohner 70,3 Schüler gewerblicher Unterrichtsanstalten kommen, steht Galizien mit 3,6 an unterster Stelle. Selbst die in jeder anderen Beziehung zurückgebliebene Bukowina hat 5,5 Schüler auf 10 000 Einwohner. Die unter dem Titel staatsgewerbliche und verwandte Schulen zusammengefafsten Anstalten sind infolge ihrer weiteren Lehrziele dem Durchschnittshandwerker

---

[1] Statistik der Unterrichtsanstalten vom Jahre 1886—1887, herausgegeben von der österreichischen statistischen Centralkommission.

unzugänglich. In Galizien sind sie dem Kunst- und dem Baugewerbe gewidmet. Unberücksichtigt sind in der Tabelle die Fachschule für Schuhmacher in Uhnów sowie sechs neue Fortbildungsschulen, die Dank der Initiative der Landeskommission zur Hebung von Gewerbe und Industrie seit 1886 entstanden sind. Galizien hat jetzt folgende Fortbildungsschulen: vier in Krakau, zwei in Lemberg, je eine in Brzczany, Drohobycz, Jaroslau, Kołomyja, Neu-Sandez, Przemyśl, Rreszów, Stanislau, Tarnów und Żółkiew. Die Schülerzahl beläuft sich auf 3255. Es kommt also ungefähr auf 1800 Einwohner ein Schüler. Bei einem so auffälligen Mangel an Schulen mußte in den meisten Städten die Vorschrift des § 75a der österreichischen Gewerbeordnung, die den Lehrherren vorschreibt, den Lehrlingen die zum Besuch der Fortbildungsschule notwendige Zeit nicht zu entziehen, wirkungslos bleiben.

Aufser der Schule in Uhnów gibt es in Galizien nur noch eine Anstalt, in der man sich die für das Schuhmachergewerbe erforderlichen Fertigkeiten aneignen kann, nämlich die grofse für die Aufnahme von 400 Greisen und Greisinnen und von 600 Waisen bestimmte Stiftung des Grafen Skarbek zu Drochowyż. Die Waisen werden zu einem praktischen Beruf herangebildet und zwar die Mädchen als Köchinnen, Näherinnen und Wäscherinnen, die Knaben als Handwerker. Unter den mit der Anstalt verbundenen 10 Musterwerkstätten befindet sich auch eine für Schuhmacher, in der im Jahre 1889 zehn Knaben arbeiteten. Theoretischer Fachunterricht wird nicht erteilt, dagegen erhalten sämtliche Knaben einen gemeinsamen den Bedürfnissen des Handwerkerstandes Rechnung tragenden Unterricht, der sich auf folgende Gegenstände erstreckt: Religion, polnische und deutsche Sprache, Rechnen, Grundzüge der Geometrie mit besonderer Berücksichtigung der für Handwerker wichtigen Teile, Naturgeschichte, polnische Geschichte, Technologie und Freihandzeichnen. Die Anstalt hat das Recht, ihre Lehrlinge freizusprechen, und schon mancher tüchtige Geselle ist aus ihr hervorgegangen.

Was die Einrichtung der Handwerkerschulen betrifft, so müssen sie sich, wie schon im ersten Kapitel dieser Arbeit gesagt wurde, von den für Hausindustrielle bestimmten nicht nur in Bezug auf ihren Lehrplan, sondern auch durch ihre ganze Organisation unterscheiden.

Unsere Hausindustriellen sind meistens kleine Grundbesitzer. Ein Lehrlingswesen gibt es bei ihnen nicht. Dem Vater ist es vor allem darum zu thun, dafs sein Sohn recht bald ihm mitverdienen hilft. Ob er dies thut, indem er zu Hause an Rohrstiefeln für den Verkauf auf dem Markte arbeiten hilft, oder in der am Orte befindlichen Schule für Bezahlung arbeitet, ist dem Vater gleich. Anders liegen die

Verhältnisse beim städtischen Handwerk. Hier stammt eine grofse Zahl von Lehrlingen aus ländlichen Arbeiterfamilien oder von Dienstboten, die überhaupt keinen eigenen Haushalt haben. Für solche Eltern ist es von höherem Werte, wenn ihre Kinder Kost, Wohnung und häusliche Pflege von ihren Meistern, als wenn sie für ihre Arbeit eine geringe Vergütung erhalten. Namentlich lassen sich Dienstboten bei der Wahl eines Berufes für ihre Kinder durch diesen Gedanken leiten. Da nun aber nicht die gewerblichen Schulen, welche Lehrlingen die gröfste Ausbildung verleihen, sondern diejenigen die besten sind, welche den ökonomischen und socialen Verhältnissen am meisten Rechnung tragen, so sind für das Schuhmachergewerbe Schulen, die den Lehrling den ganzen Tag oder den gröfsten Teil desselben in Anspruch nehmen, nicht am Platze.

Die écoles manuelles d'apprentissage und die écoles nationales professionelles[1] haben dreijährige Kurse mit einer täglichen Unterrichtszeit von 7—8 Stunden in den ersteren, von fast ebensoviel in den letzteren. Die Anstalten selbst sind mit niederen Schulen, sogar mit Kindergärten, verbunden und bieten ihren Schülern häusliche Pflege und Unterhalt. Diese beiden Arten von vielgepriesenen Schulen, über die man in den letzten Jahren so viel geschrieben hat, wären, so Ausgezeichnetes sie auch in Frankreich leisten, für Galizien zwecklos, selbst wenn man ein über das ganze Land sich erstreckendes Netz von Schulen nach diesem Muster einrichtete. Unsere Bevölkerung ist eben zu arm, um ihre Kinder bis zum 16. Jahre unterhalten zu können, ohne bereits deren eigene Kräfte zum Gelderwerbe zu benützen, oder gar jährlich 500 Frcs. oder 250 fl. für sie zahlen zu können. Hier sind nur gewerbliche Fortbildungsschulen am Platze, in denen die Lehrlinge in den arbeitsfreien Stunden unterrichtet werden. Als Vorbild für Galizien kann dabei das Königreich Württemberg dienen, das bei seinen zwei Millionen Einwohnern 153 gewerbliche Fortbildungsschulen mit 11 990 Schülern aufweist[2]. In diesen Schulen werden nur die allen Gewerben gemeinsamen Bedürfnisse berücksichtigt. Als Fächer, die allen Berufsarten zugute kommen, werden darnach gelehrt: geometrisches, Freihand-, technisches und artistisches Fachzeichnen, Modellieren, Arithmetik, Geometrie, Anleitung zu gewerblichen Aufsätzen und zur Buchführung, gewerbliches Rechnen, Chemie, Physik, Mechanik, Wirtschaftslehre u. s. w. Aufgabe der Genossenschaften wäre es, für den speciellen

---

[1] Dr. Max Weigert, „Die Volksschule und der gewerbliche Unterricht in Frankreich". Berlin 1890. (In: Volkswirtschaftliche Zeitfragen).

[2] Die gewerblichen Fortbildungsschulen Deutschlands von Dr. Rud. Nagel. Eisenach 1877.

Fachunterricht Parallelklassen bei den gewerblichen Fortbildungsschulen einzurichten. Die Kosten des gemeinsamen Unterrichtes hätten die Gemeinden zu tragen, die für den speciellen Fachunterricht die Genossenschaft. Für Schuhmacher könnte der letztere etwa folgende Gegenstände umfassen:

Modellkonstruktion. Im Theoretischen: Anatomie des Fuſses, Fuſsstruktur, Vorführung und Erklärung des Fuſsskeletts u. s. w.

Im Praktischen: Entwerfen und Schneiden von Modellen nach dem Winkelsystem mit besonderer Berücksichtigung kranker und verkrüppelter Füſse, Abgieſsen von Füſsen, Herrichtung von Leisten nach verschiedenen Maſsen u. s. w.

Warenkunde. Im Theoretischen: Lehre vom Begriff, der Aufgabe und dem Nutzen der Warenkunde, Ursprung, Herstellung und Verwendung der im Schuhmachergewerbe gebräuchlichsten Waren und Werkzeuge, Rot-, Weiſs-, Sämisch-, Schnell- und Extraktgerbverfahren unter Vorlegung der verschiedenen Gerbstoffe und Beschwerungsmittel.

Im Praktischen: Vorführung, Auszeichnen und Ausschneiden mit Berechnung sämtlicher inländischer und gangbarer ausländischer Ober- und Unterledersorten, Erklärung der Unterscheidungsmerkmale einander ähnlicher Ledergattungen u. s. w.

Dies ist der Lehrplan, wie ihn die Berliner Schuhmacherinnung für ihre Fachschule eingeführt hat. Mit einem einmaligen Aufwande von 100—200 fl. und einer jährlichen Ausgabe von 200 fl. könnte die Genossenschaft ganz gut die Kosten für den speciellen Fachunterricht bestreiten und somit die Leistungsfähigkeit der Lehrlinge bedeutend erhöhen. Auch den Meistern und Gesellen, welche das Bedürfnis fühlen, die Lücken in ihren praktischen und theoretischen Kenntnissen auszufüllen, müſste die Teilnahme am Unterricht freistehen.

Je mehr sich die Fabrikindustrie vervollkommnet, desto dringender wird das Bedürfnis nach solchen Schulen. Will der Meister in dem Kampfe gegen die Fabrikarbeit konkurrenzfähig bleiben, so muſs er sich notgedrungen mit den Fortschritten des Schuhmachergewerbes vertraut machen. Bis jetzt hat der anfangende Meister keine Ahnung von dem Bau des menschlichen Fuſses. Ehe er sich durch lange Übung eine gewisse Fertigkeit im Anpassen der Leisten erwirbt, verliert er noch gar manchen Kunden, der es nun vorzieht, in einem Laden mit Fabrikware seinen Bedarf zu decken, wo er zwar auch nicht besser sitzende, dafür aber viel billigere Schuhe bekommt. Noch einen anderen Übelstand brachte der bisherige Schlendrian mit. Der Handwerker versteht sich ganz und gar nicht auf die Beurteilung des Rohstoffes und läſst sich nicht selten beim Einkauf desselben übervorteilen.

Ein systematischer Unterricht, der sich auf alle Thätigkeiten des Schuhmachers erstreckte, würde solcher Unkenntnis abhelfen.

Um auch den Söhnen wohlhabenderer Familien den Handwerkerberuf annehmbarer zu machen, sollte man diese von der Pflicht, längere Zeit hindurch als Lehrling und Geselle arbeiten zu müssen, befreien, und für einen diese praktische Schulung ersetzenden Unterricht sorgen.

Anerkanntermafsen gibt die Mittelschule den Schülern, die sie nicht ganz durchmachen, keine einheitliche, abgeschlossene Bildung. Es bedarf also solcher Schulen, die nach Absolvierung der Volks- oder städtischen Normalschule denen, welche sich einem praktischen Berufe widmen wollen oder müssen, in 3—4 Jahren eine den Geist entwickelnde praktische Bildung bieten, die den künftigen Beruf des Schülers berücksichtigt und ihm alle die Kenntnisse verschafft, welche ein kleiner Unternehmer oder guter Arbeiter nötig hat. Wenn auch die Fächer der humanistischen Bildung, wie Geschichte, Geographie, Litteratur, Geschichte der Muttersprache u. s. w. in dieser Schule berücksichtigt werden müfsten, so wäre doch der Hauptnachdruck auf die praktischen Fächer zu legen, die im Leben eines jeden Gewerbetreibenden die wichtigste Rolle spielen, wie Zeichnen, Buchführung und Technologie. Mit dem theoretischen Unterricht müfste eine Musterwerkstätte verbunden sein, in welcher der Schüler die technischen Fähigkeiten sich erwerben könnte. Es wäre zweckmäfsig, diese nach dem Muster der Pariser Lehrlingsschule[1] einzurichten, in der die Schüler im ersten Jahre alle Werkstätten der Reihe nach durchmachen. Hierbei erkennen die Lehrer, für welchen Beruf ihre Zöglinge befähigt sind und diese, welcher Beruf ihren Neigungen am meisten zusagt.

Von der Beschaffenheit der Schule und der Dauer der Lehrzeit in ihr müfste der Dispens abhängig sein, der Lehrlingen und Gesellen hinsichtlich der Länge der gesetzlich vorgeschriebenen Beschäftigung bei einem Meister erteilt werden dürfte. Der Dispens dürfte sich nur auf die Lehrlingsjahre oder einen Teil der Gesellenzeit, nie aber auf alle Jahre erstrecken, um so nicht ein Privileg der Reichen zu schaffen. Auch die Söhne aus wohlhabenden Familien müfsten die Gesellenzeit wenigstens zum Teil durchkosten, um später als Meister die Wünsche ihrer Gesellen verstehen zu können, sonst ginge dieser Vorzug des Handwerkerstandes, dafs der Arbeitgeber ein offenes Ohr für seine Arbeiter hat, verloren.

Natürlich können derartige Schulen nur von grofsen Ge-

---

[1] Weigert a. a. O.

meinden, von Kronländern oder dem Staate errichtet werden. Aber gerade in unseren Tagen, wo auch im Schuhmachergewerbe der Kampf mit der Fabrikindustrie beginnt, sind sie besonders notwendig, damit dem Handwerk intelligente Köpfe und kleine Kapitalisten zugeführt werden. Das Schuhmachergewerbe bedarf gerade jetzt entsprechend vorgebildeter Kräfte, welche die ökonomische Lage richtig zu begreifen imstande sind und nicht eine unnötige Monopolisierung der Schuhmacherei verlangen, sondern im Vertrauen auf die eigene Kraft sich mit allen Erfindungen bekannt zu machen willens sind; die bei vorhandener Gröfse des Betriebs für Maschinen sich solche anschaffen und dann ihre Kollegen zur Ergreifung der genossenschaftlichen Hülfe gegen die fabrikmäfsige Grofsindustrie durch Gründung von Rohstofflagern, Verkaufshallen u. s. w. bewegen.

Von der Errichtung solcher Schulen, nicht aber von der Erhöhung des Schulgeldes in den Mittelschulen ist schliefslich auch eine Verminderung des gelehrten Proletariats zu erwarten.

Fünfter Abschnitt.

Wohnungsverhältnisse.

Da sich in der Wohnung das Leben der Familie abspielt, können wir aus ihrer Beschaffenheit, ihrer inneren Einrichtung u. s. w. gewisse Schlüsse auf die Bildung und Gesittung ihrer Bewohner machen. Andererseits werden aber auch unsere moralischen und sogar unsere intellektuellen Zustände durch die Beschaffenheit der Wohnung beeinflufst. Wenn es möglich wäre, der Befriedigung einer Klasse von menschlichen Bedürfnissen den Vorzug vor anderen zu geben und ihr eine gröfsere Wichtigkeit als anderen zuzuschreiben, müfste man zugestehen, dafs vom Standpunkt der Privatwirtschaft aus die Ernährung den ersten Platz einnimmt, weil sie den gröfsten Posten im Haushaltungsbudget darstellt und das körperliche Leben durch die Ernährung in erster Linie bedingt ist. Vom kulturhistorischen Standpunkte aus ist der Wohnung der erste Platz anzuweisen. In ihr ist die sociale Frage bildlich dargestellt, in ihr spiegeln sich so recht die Klassengegensätze, weil sie zeigt, welche Kluft Arm und Reich scheidet. Was für die Pflanze der Boden, ist für den Menschen die Wohnung. Wohl können den von ihr ausgehenden Einflüssen energisch und sittlich gut veranlagte Naturen widerstehen. Indessen darf man doch den Einflufs von Erscheinungen nur nach ihrer Wirkung auf den Durchschnittsmenschen beurteilen, bei dem man nur einen gewissen durchschnittlichen Grad von Willensstärke, von Widerstandskraft gegen äufsere Versuchungen voraussetzen darf. Wenn ich von diesem Durchschnitt spreche, liegt mir nichts ferner als die Annahme der Gleichartigkeit der menschlichen Anlagen. Vielmehr gibt es in Galizien ebenso wie in anderen Ländern Menschen genug, die trotz der ungünstigsten Wohnungsverhältnisse nicht alles Gefühl für Scham und Sittlichkeit verloren haben.

Bei der Befriedigung des Wohnungsbedürfnisses tritt, wie ich noch bemerken möchte, am meisten der Kommunismus des Familienlebens hervor. Jedes andere Bedürfnis wird in viel mehr individueller Weise befriedigt als gerade dieses. Der Gesellschaft gegenüber tritt dafür in der Wohnung der Familienindividualismus und das Streben der gesellschaftlichen Einheit, die die Familie darstellt, nach räumlicher Absonderung von anderen solchen Einheiten hervor.

Mit dem raschen Wachstum der Städte und dem Zuzug der Landbevölkerung, endlich mit dem Entstehen von Fabriken an Orten, wo es an Wohnungen für Arbeiter fehlt, tauchte die Wohnungsfrage auf, und Philanthropen, Staatsmänner und Nationalökonomen wandten ihr ihre ganze Aufmerksamkeit zu. In England, wo sie am frühesten akut wurde, behandelte man sie schon in den zwanziger Jahren, worauf andere Länder folgten. Nur Österreich steht in dieser Beziehung sogar hinter Rufsland und Spanien zurück. Weder der Reichsrat noch die Landtage der einzelnen Kronländer gingen an die Lösung der Arbeiterwohnungsfrage [1]. Die Anstalten einzelner Industrieller für Arbeiter erweckten kein allgemeines Interesse. Allein da Österreich in den letzten Jahren soviel zur Lösung der socialen Frage auf legislatorischem Wege gethan hat und anderen Staaten hierin weit voraus ist, so steht auch zu erwarten, dafs es über kurz oder lang auch an die Regelung der Wohnungsfrage herangehen wird. In meiner Heimatstadt Lemberg ist dieselbe seit einigen Monaten Gegenstand öffentlicher Diskussion, und eine Anzahl hochgesinnter Männer haben nach dem Muster des Arbeiterquartiers von Mülhausen [2] einen Plan zur Errichtung eines Arbeiterviertels ausgearbeitet.

Die Wohnungsverhältnisse der arbeitenden Klasse in Galizien zeigen ein wenig erfreuliches Bild. Wie es auf dem Lande in dieser Beziehung aussieht, wurde im ersten Teile dieser Schrift schon berührt. In Krakau und Lemberg wohnen viele Familien im Keller und teilen ihr Gelafs noch mit Aftermietern. In 29 anderen galizischen Städten sind nach dem Gesetz von 1882 Kellerwohnungen ganz verboten, und die

---

[1] Die Anlage von Arbeiterwohnungen vom wirtschaftlichen, sanitären und technischen Standpunkte von Rud. Manega. Untersuchungen über die socialen Zustände in den Fabrikbezirken des nordöstlichen Böhmens von Dr. J. Singer. Leipzig 1885.

[2] Schall, Das Arbeiterquartier in Mülhausen, Berlin 1878.

Wohnungen unter dem Dache müssen den strengen gesetzlichen Bestimmungen entsprechen. Dies ist das Einzige, was die Landesgesetzgebung für eine Regelung der Wohnungsverhältnisse bisher gethan hat.

Die österreichische Wohnungsstatistik giebt weder die Gröfse der Häuser noch die Zahl der bewohnten Räume an. In dieser Beziehung ist die ungarische, welche die Wohnungen mit Specialisierung ihrer einzelnen Bestandteile und deren Höhe aufführt, viel vollkommener. In Cisleithanien unterscheidet nur die Statistik der Grofsstädte die Wohnungen nach der Zahl ihrer Räume. Den Resultaten der österreichischen Statistik, wie sie Dr. Mischelle[1] zusammengestellt hat, entnehme ich zur Beleuchtung der galizischen Verhältnisse folgende Zahlen:
Es entfallen auf 100 bewohnte Häuser Einwohner in

1. Triest und Gebiet 1 956
2. Niederösterreich 1 211
3. Kärnten . , ... 768
4. Salzburg 766
5. Tirol 718
6. Steiermark 714
7. Oberösterreich 697
8. **Galizien** **647**
9. Krain 634
10. Görz und Gradiska 632
11. Istrien 627
12. Dalmatien 594
13. Vorarlberg 572
14. Bukowina 516

Galizien steht an achter Stelle. Die Zahl der ein Haus bewohnenden Personen ist durchaus nicht hoch, namentlich im Vergleich zu der, die in den gröfsten europäischen Städten auf je ein Haus kommt. Nach Trüdinger[2] entfallen auf ein Haus in London 8, Berlin 32, Paris 35, Petersburg 52, Wien 55 Bewohner. Freilich läfst sich nach diesen Zahlen nur beurteilen, wie viel Familien in der Lage sind ein ganzes Haus bewohnen zu können. In Galizien kommen auf 1 Haus sogar nur 1,6 Wohnparteien. Da sich aber die niedrige Ziffer daraus erklärt, dafs 75 Prozent der Bevölkerung Landwirtschaft betreiben, so sind doch die Wohnungsverhältnisse höchst ungünstig. Eine positive Kenntnis der Wohnungsbeschaffenheit und des auf eine Person entfallenden Luftraumes giebt uns die österreichische Statistik nicht. Sie bietet uns nur die Zahlen,

---

[1] Die Ansiedelungs- und Wohnungsverhältnisse in Österreich von Dr. Ernst Mischelle. Statistische Monatsschrift. Wien 1883.
[2] Die Arbeiterwohnungsfrage und die Bestrebungen zur Lösung derselben von Otto Trüdinger. Jena 1888, p. 14.

welche die durchschnittliche Größe des Areals eines Hauses in allen Kronländern in Aren angeben[1].

Kärnten	7,11	Krain	4,61
Niederösterreich	6,77	Bukowina	4,44
Steiermark	6,64	Böhmen	4,11
Salzburg	6,47	Triest	3,94
Oberösterreich	5,79	Görz	3,69
Schlesien	5,26	Istrien	3,19
Galizien	4,96	Dalmatien	3,04
Vorarlberg	4,92		

Trotzdem auch hier Galizien in der Mitte steht, verhalten sich die Dinge in Wirklichkeit ganz anders, weil auf dem Lande die Häuser nur aus einem Erdgeschoß bestehen (sog. Parterrehäuser) und nur Krakau und Lemberg zweistöckige Häuser aufweisen.

Von den auf ein Haus entfallenden Wohnungen sind, in Prozenten ausgedrückt, im Keller gelegen:

Graz	3,9	Reichenberg Vorort	1,2
Prag Vororte	3,8	Wien Vororte	0,8
Krakau	2,2	Reichenberg Gemeinde	0,6
Lemberg	1,9	Wien Gemeinde	0,4
Prag Gemeinde	1,2	Triest	0,1

Vor allem sind es in Galizien Schuhmacher, welche Kellerwohnungen inne haben. Ich beabsichtigte ursprünglich durch die Fragen 47, 49, 50, 51 meiner Bogen die Wohnungsverhältnisse der Gesellen und kleinen Meister zu ermitteln. Nun konnte ich aber auf den Bogen keine Grenze zwischen kleinen und wohlhabenden Meistern ziehen, und die Erhebung auf beide Kategorien auszudehnen verbot sich dadurch, daß sonst zu verschiedenartige Resultate zum Vorschein gekommen wären, je nachdem, ob der Genossenschaftsvorsteher mit den ökonomischen und socialen Verhältnissen der besser oder schlechter situierten Meister näher bekannt wäre, und die Genossenschaften sich wahrscheinlich nicht der Mühe unterzogen hätten, so ausführliche Antworten zu geben. Deshalb glaubte ich mich auf die Wohnungsverhältnisse der verheirateten Gesellen beschränken zu müssen, zumal ich aus Erfahrung weiß, daß die keinen Gesellen beschäftigenden Meister um nichts besser wohnen als Gesellen.

Von den 96 Schuhmachergenossenschaften, die ich darum anging, äußerten sich 89 mit einer Gesamtzahl von 3610 eingeschriebener Gesellen über meine Frage. Die Ergebnisse habe ich in folgender Tabelle zusammengestellt:

---

[1] Dr. Ernst Mischelle a. a. O.

	1	2	3	4	5
I. Zahl der Ortschaften ...	20	12	48	7	2
II. Gesamtzahl der Gesellen ..	180	144	776	420	2090
III. Mietsbetrag in fl.	—	—20	20—30	30—40	40—50

Spalte 1 gibt in Rubrik I die Zahl der Ortschaften an, bei deren Genossenschaften nur ausnahmsweise verheiratete Schuhmachergesellen vorkommen, und zwar besitzen diese dann immer ihr eigenes Haus. In Spalte 2 finden sich die verheirateten Gesellen, welche meist weniger als 20 fl. jährlich für ihre Wohnung bezahlen, u. s. f. in den anderen Spalten. Aufserdem mufs ich noch hinzufügen, dafs Rubrik II nicht allein die Gesellen, welche den betreffenden Mietzins zahlen, sondern vielmehr alle in diesen Orten Ansässigen umfafst.

In den Zahlen der Rubrik II sind auch diejenigen Gesellen mit inbegriffen, welche ihr eigenes Haus besitzen. Es sind dies 418 in 80 Ortschaften, in 6 gibt es keinen einzigen solchen. Für Krakau und Lemberg konnte ich die Zahl nicht ermitteln, in letzterer Stadt dürfte sie sich auf 20 belaufen. Dafs mancher Geselle einen höheren als den angegebenen Mietzins zahlt, versteht sich von selbst. Unter 5 finden sich nur Gesellen aus Krakau und Lemberg, wo die Mieten am höchsten stehen.

Die scheinbare Niedrigkeit der Preise für die Wohnungen erweckt vielleicht bei manchem Leser den Glauben, es sei um die Wohnungsverhältnisse in Galizien ganz gut bestellt und es verlohne sich nicht, über sie Klage zu führen. Allein die Antworten auf die Fragen 51 und 52 belehren uns eines anderen. Schuhmachergesellen, die mehr als einen Raum innehaben, gibt es überhaupt nicht. Küche, Werkstatt (wenn der Geselle zu Hause arbeitet), Wohnraum, alles ist in einer Stube vereinigt. 14 Genossenschaften berichteten sogar, dafs in mindestens einem Drittel aller Fälle zwei Gesellenfamilien in einer einzigen Stube zusammenwohnen. In Brody, Krakau und Lemberg wohnen regelmäfsig zwei oder drei Familien zusammen. Ein Geselle mufs schon aufserordentlich geschickt und fleifsig sein, wenn er eine eigene Stube für sich mieten will. In welchem Verhältnis Mietzins und Einkommen zu einander stehen, zeigen folgende Zahlen.

Es beträgt
der gewöhnliche Mietzins   der durchschnittliche Jahresverdienst in den entsprechenden Ortschaften

—20 fl.	115 fl.
20—30 -	131 -
30—40 -	180 -
40—50 -	240 -

Bei uns erreicht also die jährliche Ausgabe für die Wohnung nirgends 20 Prozent des Einkommens, ein Verhältnis, wie es in grofsen deutschen Städten für die Einkommensklassen unter 1200 Mark gefunden worden ist. Beim Steigen in die höheren Einkommensklassen verringert sich natürlich der Prozentsatz. Es ist das Verdienst Engels, zuerst nachgewiesen zu haben, dafs ein desto gröfserer Teil des Einkommens, je kleiner dasselbe ist, für Befriedigung der physischen Bedürfnisse verausgabt wird. Ich habe gefunden, dafs beim Sinken des Einkommens unter eine gewisse Grenze die prozentuale Ausgabe für Wohnung zu gunsten des für die Befriedigung des Nahrungstriebes notwendigen verringert ist. Als Beispiel hierfür führe ich auf Grundlage meiner Fragebogen die Ausgaben der Lemberger Handwerker für ihre Wohnungen an.

Beruf	Jahresverdienst	jährliche Miete	jährliche Miete in Prozenten
Schuhmachergesellen	260	45	19
Fafsbindergesellen	260	45	19
Schneider- und Kürschnergesellen	312	63	20
Tischlergesellen	350	70	20
Schmiedegesellen	350	82	25
Fleischergesellen	450	100	22
Schlossergesellen	500	100	20
Kefslergesellen	600	120	19

Darnach geben Schuhmacher, Fafsbinder und Kefsler einen geringeren Prozentsatz ihres Einkommens für die Wohnung aus, als die Gesellen besser gestellter Berufe.

Welches Elend sich hinter diesen Zahlen verbirgt, begreift derjenige, der einmal die Familie eines Gesellen oder allein arbeitenden Meisters aufgesucht hat. In der Lemberger Vorstadt Zółkiewskie gibt es eine ganze Reihe von Parterrehäusern, die nur aus vier kleinen niedrigen Stuben bestehen, deren jede dem Aufenthalt je einer Familie dient, und die trotz ihrer Abgelegenheit von der Stadt keinen Vorgarten haben. In jedem dieser Häuser finden wir mindestens eine Schuhmacherfamilie.

Sehen wir uns einmal ein solches Haus näher an. Die aus unbearbeiteten Brettern zusammengefügte Thür, vor der übelriechende Abfälle liegen, führt in einen Vorraum, wo verschiedene Holzgefäfse und Geräte für den Haushalt umherliegen. Auf einem zerbrochenen Stuhl sitzt eine alte Frau, die Kartoffeln reinigt. Durch die rechts oder links befindliche Thür gelangt man in die Wohnung. Dem Eingang gegenüber befindet sich die Treppe, die zu der Dachwohnung und dem Boden führt. Die Bewohnerschaft des Hauses besteht aus zwei Schuhmacherfamilien, einem verheirateten Schneidergesellen, einer Näherin und einem zweiten Schneidergesellen, der seiner altersschwachen Augen wegen nur wenig verdient und sich mit der Dachwohnung begnügen muſs. Das Zimmer der einen Schuhmacherfamilie kostet monatlich 5 fl. Miete und ist $3^{1}/_{2}$ m breit, 4 m lang und $2^{1}/_{2}$ m hoch. Der Mann arbeitet als Geselle für einen wohlhabenden, tüchtigen Meister und verdient 6 fl. wöchentlich. Die Frau ist den Tag über mit dem Kochen und mit der Wartung der vier Kinder beschäftigt, von denen das gröſste 10 Jahr alt ist. In der ihr freibleibenden Zeit wäscht sie für mehrere ledige Gesellen und verdient damit 3—4 fl. monatlich.

Beide Leute scheinen mir redlich und fleiſsig zu sein. Als ich hinkam, traf ich die Frau beim Waschen, wie sie es täglich thut, für die Ihrigen oder um des Verdienstes willen. Der Mann arbeitet für einen Meister, der zwar eine Werkstatt besitzt, in der jedoch nur die Schäftenäherin arbeitet. Die Gesellen müssen bei sich zu Hause ihre Arbeit anfertigen. Wenn diese Einrichtung auch von günstigem Einfluſs auf das Familienleben ist und das Handwerk wenigstens einigermaſsen der Vorteile teilhaftig macht, deren sich die Hausindustrie erfreut, so hat sie doch auch ihre Schattenseiten, namentlich für den Schuhmacher. In derselben Stube, die von einem widerlichen Ledergeruch durchzogen ist, wäscht und kocht die Frau, verrichtet der Mann seine Arbeit, verbringen sechs Personen den ganzen Tag. Wie können sich unter solchen Umständen die Kinder gesund und kräftig entwickeln?

Das eine Bett, das in der Stube steht, dient den Eltern als Lagerstatt. Das jüngste Kind schläft in der Wiege, die anderen auf den Koffern und auf dem Boden. Trotz aller Bemühungen der Hausfrau läſst sich ein solcher Raum nicht sauber erhalten.

Das andere 0,50 m längere Zimmer bewohnt ein mit einem Lehrling arbeitender Meister und seine Familie, die sich aus Frau, Mutter und vier Kindern zusammensetzt. Ein Tischlergeselle, der sich als Aftermieter in der Familie aufhält, trägt 1 fl. 50 kr. zu der 6 fl. betragenden monatlichen Miete bei. Der Schuhmacher kann trotz aller fleiſsigen Arbeit auf keinen grünen Zweig kommen. Das hat ihn griesgrämig und empfindlich gemacht und ihm die rechte Lust zur Arbeit genommen. So machen sich überall in der Wohnung die Spuren der Verarmung geltend. Auf dem Bette liegt ein kleines schmutziges Kopfkissen, die anderen muſsten verkauft werden, um den Wucherern die Zinsen zu bezahlen. Auch das Bett der alten Mutter sieht nicht viel besser aus. Auf dem Bette des Tischlers liegt ärmliches und schmutziges Bettzeug. Die Kinder, von denen das jüngste 5, das älteste 14 Jahre alt ist, schlafen auf den Koffern und auf dem Boden. Das älteste von ihnen, ein Mädchen, arbeitet in einer Fabrik und verdient 6 fl. monatlich. Da die Frau so viel wie möglich näht, um etwas Geld zur Befriedigung der Wucherer zu erübrigen und die Grofsmutter zu alt und schwach ist, um ihr die Sorge für den Haushalt abzunehmen, so herrscht im Zimmer die gröfste Unordnung. An den meistens zerbrochenen Kochgefäfsen kann man noch die Reste von alten Speisen erblicken.

Fast alle diese kleinen Häuser in den Vorstädten Zołkiewskie und Zamarstynów sind sehr niedrig und sehr nafs. Ihr Wert beträgt, wenn sie vier Zimmer enthalten, oft nicht mehr als 1000 fl. und dabei werfen sie das erkleckliche Sümmchen von 240 fl. jährlich ab.

In der Vorstadt Grodeckie gibt es einige grofse Arbeitermietskasernen, die zum Teil 300 Bewohner haben. Aber abgesehen von der Gefahr des Zusammenwohnens so vieler Menschen in einem Hause, sind die Wohnungen in ihnen wegen des schlechten Lichtes und anderer Schattenseiten höchst ungesund.

Unterziehen wir auch eine solche einmal der Besichtigung. Ein Schneidergeselle ist es, der für eine monatliche Miete von 12 fl. den grofsen Saal, in dem wir uns befinden, gemietet hat. Eine Papierwand teilt den Raum in zwei Zimmer. Von den drei Aftermietern, die der Schneider aufgenommen hat, zahlt jeder 4 fl., so dafs er selbst umsonst wohnt, seine Frau aber die ganze Wohnung aufzuräumen und in Ordnung zu halten hat. Die in Aftermiete wohnenden Familien sind kinderlos, anderenfalls hätte sie die Frau nicht aufgenommen. Zwei von ihnen sind den ganzen Tag aufser dem Hause beschäftigt, nur der Schuhmacher und der Schneider arbeiten zu Hause. Die Frau des ersteren näht bei sich daheim, während die des anderen den Haushalt besorgt.

Kein Fenster, keine Thür schliefst recht, in diesen Arbeiterkasernen ist alles alt und seit unvordenklicher Zeit nicht mehr repariert worden. Die Besitzer kümmern sich nicht im mindesten um den Zustand ihrer Häuser.

Zu den besten Wohnungen unserer Lembergischen Schuhmacher gehören die Kellerwohnungen in den ersten Strafsen, weil sie meist in neuen, von den wohlhabendsten Klassen bewohnten Häusern gelegen sind und genau den Vorschriften der dortigen Bauordnung entsprechen; und das will viel sagen, wenn man bedenkt, dafs diese Bestimmungen sehr streng und detailliert sind. So sind denn diese Kellerwohnungen meistens geräumig, hoch, viel besser beleuchtet und weniger nafs als die oben erwähnten. Einen Übelstand haben sie, und der besteht darin, dafs durch die beim Waschen geöffnete Thür der benachbarten Waschküche, die von allen Mietern benutzt wird, der Brodem hereindringt.

Ein Kellerzimmer kostet monatlich 6—9 fl., das gleichgrofse darüber befindliche im Parterre 11—15 fl., ein Verhältnis, das mir nicht gerecht erscheint, wenn sich auch die Wirte immer mit dem Risiko bei der Vermietung entschuldigen wollen.

Die Nachfrage nach Kellerwohnungen seitens der arbeitenden Klassen ist immer so grofs, dafs sich die Hausbesitzer nur die zuverlässigsten Leute aussuchen, und trotzdem sie sich ihre Wohnungen ganz gut bezahlen lassen, ziehen sie ihre Mieter noch zu allerlei Diensten heran. So mufs z. B. eine Wäscherin oder Näherin, wenn die Wirtin etwas gemacht wissen will, sofort ihre Arbeit im Stiche lassen und sich der Frau zur Verfügung stellen.

Zur leichteren Aufbringung der Miete hat jeder Schuhmacher mindestens einen Schlafgänger. In vielen Fällen wohnen 12—14 Personen in einem Zimmer, einmal traf ich es, dafs zwei Schuhmachergesellenfamilien und ein lediger Bureaudiener zusammenwohnten. Merkwürdigerweise war trotz dieser Masse von Menschen der Raum ganz sauber. Ich kenne blofs einen Fall, wo ein Schuhmachergeselle ein schönes geräumiges Kellerzimmer für 8 fl. monatlich allein mit seiner Familie innehatte. Als ein geschickter und fleifsiger Arbeiter verdiente er in einem der ersten Geschäfte 8 fl. wöchentlich. Sonst bewohnen Schuhmachergesellen, und zwar auch nur die fleifsigen und tüchtigen, die genug verdienen, Zimmer für 5—6 fl. monatlich.

Auch im Centrum der Stadt, dem einzigen Viertel, das dreistöckige Häuser aufweist, wohnen Schuhmachergesellen gewöhnlich in den Hinterhäusern im dritten Stock. Sind diese Wohnungen auch trocken, so sind sie meiner Ansicht nach doch schlechter als die im Keller gelegenen, weil die Treppen dunkel und steil wie Hühnersteigen sind. Die Luft in den Zimmern pflegt wegen der Nähe der in gröfster Unordnung befindlichen Abtritte unerträglich zu sein. Das Licht kommt indirekt vom Korridor oder vom Treppenflur herein. Die Stuben sind entweder so klein, dafs sie gerade für Bett und Koffer Platz bieten und man sich sonst nicht rühren kann, oder so grofs, dafs drei Familien zusammenwohnen müssen, um die Miete zu erschwingen.

So sehen die Wohnungen der durchschnittlichen und der besser gestellten Schuhmacher aus. Die ärmsten, die sich aus alten heruntergekommenen Meistern, die jetzt vom Schuheflicken leben, ferner aus den dem Trunke ergebenen Gesellen und israelitischen Fachgenossen zusammensetzen, wohnen in einem Viertel der Altstadt namens Zarwanice, wo sich auch die wohlhabenderen jüdischen Meister nicht zu wohnen scheuen. Was man hier sieht, spottet aller Beschreibung. Prostituierte, Mäkler, Trödler, Wucherer der allerschlimmsten Art, Strafsenmusikanten, Stiefelputzer, das alles ist in diesen Ekel erregenden Häusern zusammengepfercht. Alle Abfälle werden dort auf die Gasse hinausgeworfen, eine Masse von schmutzigen, verkümmerten Jüdinnen verkauft verfaulte Fische, Bettler beiderlei Geschlechts reinigen ihren Körper ohne jedes Schamgefühl auf der Strafse.

Im Obigen habe ich, soweit es der Umfang der Arbeit gestattet, alle Arten von Wohnungen, wie sie von Gesellen und weniger wohlhabenden Meistern in Lemberg innegehabt werden, zu beschreiben versucht.

In Krakau liegen die Dinge fast ebenso wie in Lemberg. Die Städte mit mehr als 10 000 Einwohnern bilden den Übergang von den grofsstädtischen zu den kleinstädtischen Verhältnissen und weisen beiderlei Formen auf. Im Centrum der Stadt wohnen die Schuhmacher in Dachstuben, die ungefähr 3 fl. monatlich kosten. Ist die Stube etwas gröfser oder liegt sie nicht direkt unter dem Dache, dann wohnen zwei Familien zusammen. Hin und wieder bewohnt eine Gesellenfamilie allein im Hinterhause ein Parterrezimmer, dessen Fenster entweder auf eine schmutzige und so enge Gasse führen, dafs man nach der gegenüberliegenden Hausmauer hinübergreifen kann, oder in einen Hof, der mit Kot überfüllt ist und durch dessen Schmutzhaufen man sich beim Verlassen der Wohnung hindurcharbeiten mufs.

Die christlichen Schuhmacher wohnen meist in der Vorstadt. Darum liegen bei ihnen die Verhältnisse ähnlich wie in der Hausindustrie. Man glaubt auf dem Lande zu sein, so freundlich sehen die strohgedeckten, nur aus zwei Zimmern bestehenden Häuschen mit ihren Vorgärten aus. Die Meister, die infolge einer grofsen Kundschaft mit mindestens zwei Gehülfen arbeiten und Besitzer eines solchen Hauses sind, bewohnen es allein. Diejenigen, die zur Miete wohnen müssen, begnügen sich mit einem Zimmer, das Küche und Werkstatt zu gleicher Zeit ist.

Die galizischen Schuhmacher, welche allein oder nur mit Lehrlingen arbeiten, haben nie einen Laden. In demselben Zimmer, in dem die ganze Familie nebst Lehrlingen wohnt, wird auch die gewerbliche Arbeit verrichtet und werden die Kunden empfangen. Aber auch die mit Gesellen arbeitenden Meister haben nur in Lemberg und Krakau einen Laden. In 13 Städten, welche mehr als 10 000 Einwohner haben, kann man einige wohlhabende Schuhmacher finden, welche neben ihrer Wohnung und Werkstatt noch einen Laden besitzen, sie bilden aber seltene Ausnahmen. In allen anderen Städten empfangen die Schuhmacher ihre Kunden in ihren Wohnungen oder in ihrer Werkstatt, die aber nur sehr selten von der Wohnung getrennt ist.

In gröfsern Städten, namentlich in Krakau und Lemberg, wo die Schuhmacher, um Absatz zu bekommen, einen Laden haben müssen, mieten die mit 1—3 Gesellen und 2 Lehrlingen arbeitenden Meister einen Laden d. i. ein Verkaufslokal und dieses wird durch eine spanische Wand in zwei Teile getrennt. In dem nach der Strafse liegenden Teile befindet sich der Laden, im zweiten ist die Werkstatt; hier arbeitet der Meister. Sehr oft kommt es vor, dafs der vordere Teil als Werkstatt und zugleich als Verkaufsstelle dient; im zweiten Teil befindet sich dann die Wohnung der Meistersfamilie. Der Geruch vom Kochen und der Wäschebrodem wirken abschreckend auf jeden hereintretenden Kunden, so dafs man häufig die Ladenthür öffnen mufs, um frische Luft hereinzulassen, wodurch im Winter die Wohnung immer kalt bleibt.

Übergehend zu den anderen Meistern, die mehrere Gesellen bei sich beschäftigen, finden wir, dafs ihre Werkstattslokalitäten ungesund und schmutzig sind. In den meisten galizischen Schuhwerkstätten entfallen auf einen Arbeiter nicht mehr als 6 cbm. Luft, während die Gesundheitslehre verlangt, dafs 20, mindestens aber 15 cbm. einer Person im Arbeitslokale zukommen. Die Werkstattslokale befinden sich beinahe stets im Hintergebäude; das Licht empfangen sie sehr oft indirekt durch einen Korridor oder eine Vorhalle. Ich habe viele gesehen, welche kein eigenes Fenster hatten, es befand sich blofs eine kleine Glasscheibe dicht neben der Decke des Zimmers, durch welche das Licht einfiel; diese Scheibe war nicht gröfser als $1/2$ ☐m. In dem Zimmer arbeiteten fünf Schuhmacher, mithin entfiel auf eine Person blofs $1/10$ ☐m. der Fensterfläche, während die Gesundheitslehre für je 30 kbm. Raum mindestens 1 ☐m. Fensterfläche verlangt, es sollte aber auf einen Arbeiter $1/2$ ☐m. Fensterfläche entfallen.

Die schlechtesten Arbeitslokale von Schuhmachern habe ich in den Centren der Städte, welche ihrer Gröfse nach zwischen Krakau und den allerkleinsten stehen, gefunden. Es ist schwer, sich noch ungesundere und unreinlichere Räume vorzustellen als die ebenerwähnten, die geradezu aller Beschreibung spotten.

Die Krakauer und Lemberger Werkstätten befinden sich doch in einem etwas besseren Zustande. Der Flächenraum ihrer Fufsböden ist zwar nicht gröfser, das Licht nicht besser, aber sie sind höher und besitzen, wenn auch keine Ventilation, so doch Fenster oder wenigstens Thüren, welche täglich längere Zeit hindurch geöffnet werden und durch die frische Luft einströmt, während durch diejenigen der im Centrum einer kleineren Stadt gelegenen Werkstattslokalitäten nur der unerträgliche Geruch und die Ausdünstungen von Haufen verschiedener Abfälle eindringen. Nicht besser aber sind die Lemberger und Krakauer Arbeitsräume bestellt, welche sich in den ausschliefslich von Juden bewohnten Strafsen befinden. Ich mufs aber auch erwähnen, dafs ich auch in einer der ersten Lemberger Strafsen die Werkstatt eines der ersten Schuhmacher gesehen habe, deren Wände seit 11 Jahren nicht mehr mit Kalk gestrichen worden waren. Sie war nur 4 m lang, 4 m breit, 2½ m hoch. 15 Gesellen arbeiteten in diesem schmutzigen, einer Höhle ähnlichen Zimmer. Die Thüre und die Fenster pafsten so schlecht, dafs man beide Hände in ihre Ritzen stecken konnte.

Die gesundesten und behaglichsten Werkstätten finden wir in den Vorstädten kleinerer Städte (d. h. in allen Städten, Lemberg und Krakau ausgenommen). Viele der dort wohnenden Schuhmacher haben ihr eigenes Haus, das Arbeitslokal ist reinlich und sorgfältig unterhalten und hat frische ländliche Luft.

Die österreichischen Gesetze enthalten keine Vorschriften über die Beschaffenheit der Arbeitslokalitäten. Dies ist ein Übelstand, dem notwendigerweise abgeholfen werden mufs. Man braucht aber nur in die Werkstätten Berliner Handwerksmeister zu gehen, um sich zu überzeugen, dafs auch die deutschen Arbeitsräume nicht viel besser beschaffen sind als die galizischen. Wenn man unter den gestorbenen Handwerkern bei den Schuhmachern und Schneidern einen enormen Prozentsatz von Opfern der Tuberkulose findet, so trägt gewifs die Beschaffenheit der Werkstatt nicht wenig daran Schuld. Allgemeine Bestimmungen werden nicht helfen; genau specialisierte gesetzliche Mafsregeln müssen ergriffen und die Überwachung der Ausführung mufs den unteren Staatsbehörden, die Oberaufsicht den Gewerbeinspektoren anvertraut werden.

Die Beschaffenheit der Werkstätten wird nicht selten durch die Art des Absatzes bedingt. Wenn unsere kleinen Meister ihre Produkte nicht direkt an Konsumenten absetzen könnten, sondern dem Besitzer von Magazinen verkaufen müfsten, befänden sich sehr wahrscheinlich ihre Arbeitslokale nicht wie jetzt in kleinen Läden, sondern in Dach- oder Kellerkammern. Wo jetzt in den Verkaufsstellen gearbeitet wird, geschieht es aus Rücksicht auf die Kunden, und schon aus Schamgefühl wird das Lokal möglichst reinlich gehalten.

Sechster Abschnitt.

Sittlichkeit und Bildung der Schuhmacher.

Es ist eine sehr schwierige Aufgabe, die geistige und sittliche Bildungsstufe der Handwerker zu behandeln. Die socialen Verhältnisse derselben stellen so viele Abstufungen dar, ihrer ökonomischen Lage nach gehören sie so verschiedenen Klassen an, dafs man gleichzeitig ein psychologisches und ethisches Bild des gröfseren Teiles der Bevölkerung entwerfen müfste, wozu wir uns nicht für berufen und berechtigt erachten.

Die sittliche und intellektuelle Bildung der Meister in ganz kleinen, beispielsweise nicht mehr als 5000 Einwohner zählenden Ortschaften nähert sich derjenigen der ländlichen Bevölkerung. In anderen Städten unterscheiden sich die kleinen Meister nur in sehr wenigen Stücken von den verheirateten Gesellen, die wohlhabenden gehören den mittleren Bürgerklassen an.

Die Zahl der Juden unter den Schuhmachern ist nicht bedeutend (unter Hausindustriellen sind uns überhaupt keine begegnet). Sie genau zu ermitteln, ist deshalb nicht möglich, weil viele sich von der christlichen Bevölkerung auch als Handwerker abzuschliefsen suchen. Sie wissen die Verpflichtung, einer Genossenschaft anzugehören, zu umgehen, indem sie ihr Gewerbe ohne Anmeldung ausüben, die Steuer hinterziehen und die von ihnen beschäftigten Gesellen und Lehrlinge bei der Genossenschaft nicht anmelden. Letzteres thun sogar viele israelitische Meister, die Mitglieder der Genossenschaft sind, um so in eine niedrigere Steuerklasse eingereiht zu werden. Von den 96 Schuhmachergenossenschaften erklärten sich viele aufser Stande, die Zahl der israelitischen Gesellen und Lehrlinge anzugeben, weil diese nicht der Genossenschaft angehörten. Die folgende Tabelle gibt die Ergebnisse meiner Erhebung über die Zahl der Juden unter den galizischen Handwerkern an. Die unausgefüllten Stellen rühren daher, dafs die Genossenschaften der betreffenden Orte die Zahl nicht anzugeben vermochten.

(Siehe Tabelle S. 150.)

So dürftig diese Zahlen auch sind (die der Lehrlinge fehlen sogar für die beiden gröfsten Städte), so lassen sie doch erkennen, dafs der Prozentsatz der Juden unter den Schuhmachern viel geringer ist als derjenige der Israeliten überhaupt unter der Gesamtbevölkerung Galiziens, welch letzterer 12 Prozent beträgt und sich noch viel höher herausstellen würde, wenn man bei der Berechnung die ländliche Bevölkerung aufser Acht liefse, da in den Städten die Juden 38 Prozent der Bewohnerschaft ausmachen.

Unter den jüdischen Schuhmachern gibt es keinen, der ein grofses vornehmes Geschäft hätte. Meistens haben sie auch keine Werkstätte, sondern ihre Gesellen arbeiten bei sich zu Hause. Ihre Kundschaft setzt sich ausschliefslich aus Juden zusammen. Die Reichsten unter ihren Glaubensgenossen decken indessen ihren Bedarf in den feinern

	Ortschaften von −10 000 +10 000 Einwohnern	Krakau	Lemberg	Zusammen
I. a. Zahl aller Meister	1275	800	134	435	2644
b. Zahl der Ortschaften	81	13	1	1	96
c. Zahl der Ortschaften, deren Genossenschaften die Zahl der jüdischen Meister angegeben haben	78	12	1	1	92
d. Zahl der jüdischen Meister in diesen Ortschaften	68	46	6	65	181
e. Zahl aller Meister in diesen Ortschaften	1180	760	134	435	2509
f. Zahl der jüdischen Meister in Prozenten	5	6	4	14	9
II. a. Zahl aller Gesellen	960	726	1490	600	3776
b. Zahl der Ortschaften, deren Genossenschaften die Zahl der jüdischen Gesellen angegeben haben	42	10	—	1	53
c. Zahl der jüdischen Gesellen in diesen Ortschaften	20	36	—	18	74
d. Zahl aller Gesellen in diesen Ortschaften	502	620	—	1490	2612
e. Zahl der jüdischen Gesellen in Prozenten	4	5	—	1	3
III. a. Zahl aller Lehrlinge in Galizien	485	517	140	620	1762
b. Zahl der Ortschaften, welche die Zahl der jüdischen Lehrlinge angegeben haben	40	9	—	—	49
c. Zahl der jüdischen Lehrlinge	8	26	—	—	34
d. Zahl aller Lehrlinge in diesen Orten	210	465	—	—	675
e. Zahl der jüdischen Lehrlinge in Prozenten	4	5	—	—	5

christlichen Geschäften. Nur ausnahmsweise suchen jüdische Meister (und zwar sind dies die einzigen, die für die christliche Bevölkerung produzieren) ihre Kundschaft unter den Bauern.

Jüdische Gesellen stehen ausschliefslich bei ihren Glaubensgenossen in Arbeit, wenigstens ist mir kein einziger Fall bekannt, wo sie bei christlichen Meistern gearbeitet hätten. Dagegen gehen nicht selten christliche Gesellen zu jüdischen Meistern, die indessen nie auch christliche Lehrlinge haben, da ihnen christliche Eltern ihre Söhne nicht als Lehrlinge anvertrauen wollen.

Trotzdem die jüdischen Schuhmacher in den höheren Schichten der Bevölkerung keine Kunden haben, verdienen sie doch nicht weniger als diejenigen, welche die feinste Ware anfertigen. Dafs es dennoch keine wohlhabenden jüdischen Meister in Galizien gibt, hat darin seinen natürlichen Grund, dafs der Jude, wenn er etwas Geld erspart hat, das Handwerk an den Nagel hängt und Handelsmann wird.

Die jüdischen Gesellen verdienen infolge ihrer Ausdauer und ihres Fleifses ebensoviel wie die geschicktesten christlichen, die in den feinsten Geschäften arbeiten. In Lemberg schwankt der wöchentliche Verdienst eines jüdischen Gesellen zwischen 5 und 8 fl. Meistens arbeiten sie sehr schnell, dafür kommt aber auch blofs Schleuderware aus ihren Händen.

Eine weite Kluft scheidet die jüdischen von den christlichen Schuhmachern, und wenn diese ihnen die heimliche Ausübung des Handwerks legen und sie zum Beitritt zur Genossenschaft zwingen wollen, so geschieht dies um zu verhindern, dafs die Juden sich den Lasten entziehen, zu denen sie verpflichtet sind, und um dem Mifsbrauch zu steuern, dafs Juden, die keinen Befähigungsnachweis erbringen, das Gewerbe selbständig ausüben.

Da also die jüdischen Handwerker mit den christlichen nichts gemein haben, so teilen sie auch nicht deren Bestrebungen und Bewegungen. Aber nicht nur der Handwerker, sondern auch alle übrigen Juden sind von der christlichen Bevölkerung scharf geschieden. So ist denn unter ihnen das Gefühl der Solidarität stärker entwickelt, und es treten bei ihnen Klassenunterschiede weniger hervor. Es hält schwer, unter den einer und derselben Erwerbsklasse angehörenden Juden gewisse gerade dieser einen Klasse eigentümliche, nicht die Juden überhaupt charakterisierende Sitten, Ideen und Bestrebungen zu entdecken. Darum gilt auch in dem folgenden Gesagte nur von den christlichen Handwerkern.

Aus meiner ganzen Abhandlung wird klar genug hervorgehen, wie schwierig es für einen Schuhmachergesellen in der Grofsstadt ist, sich als selbständiger Meister niederzulassen, namentlich eine solche Stellung zu erringen, die ihm ein sicheres Auskommen gewährt und seiner früheren Stellung als Geselle gegenüber einen ökonomischen Fortschritt darstellt. Man wäre aber im Irrtum, wenn man meinte, durch diese Schwierigkeiten liefsen sich viele Gesellen von der Gründung eines eigenen Hausstandes abschrecken. Wenn auch viele nicht den Mut haben, die Fesseln, die ihnen die gesetzliche Ehe für ihr ganzes Leben auferlegt, zu tragen, so leben sie doch im Konkubinat, wobei man anerkennen mufs, dafs sie trotzdem ihre Pflichten gegen Frau und Kinder nicht weniger redlich erfüllen. In den meisten Fällen dauert dies Verhältnis bis an ihr Lebensende. Glückt es einem Gesellen, eine gesicherte Position sich zu verschaffen, dann läfst er dem bisherigen Zusammenleben die gesetzliche Sanktion erteilen.

Die Hoffnung auf einen derartigen Umschwung ihres Schicksals ist es auch, was die Gesellen überhaupt zum Konkubinat schreiten läfst.

Eine wie weit verbreitete Erscheinung das Konkubinat in Galizien ist, geht schon daraus hervor, dafs trotz der strengen Sitten und der Frömmigkeit der Bevölkerung unter 1000 Geburten 145 uneheliche sind[1]. Im Bauernstande werden die unehelichen Kinder meist durch nachfolgende Ehe der Eltern legitimiert. Nun sind in Galizien im Jahre 1887 von den 41 074 unehelich geborenen Kindern nur 1411 legitimiert worden, während in Niederösterreich von 22 559 unehelich geborenen 4555, in Tirol von 618 unehelichen 310 anerkannt wurden. Erwägen wir ferner, dafs der aufserehelliche Verkehr junger wohlhabender Männer mit armen Mädchen in keinem Lande so wenig geduldet wird wie in Galizien, so kommen wir zu dem Schlusse, dafs eine grofse Zahl von diesen unehelichen Kindern auf die Handwerkerklasse entfällt, und unter diesen vor allem auf die ärmsten, die Schuhmacher. Die neueste Entwickelung der socialdemokratischen Partei in Galizien trägt auch zum Weiterumsichgreifen des Konkubinats bei. Ich selbst habe Gelegenheit gehabt zu hören, wie die Führer der socialdemokratischen Arbeiterpartei ihren Anhängern die Ehe als ein Institut ohne Bedeutung hinstellten.

Doch verfehlen wir nicht auch eine erfreuliche Erscheinung in unserer Handwerkerwelt zu verzeichnen.

Die Eltern überwachen streng die Sittlichkeit ihrer Kinder. Verhältnisse, wie sie Sudermann in seinem Schauspiele „Die Ehre" aufdeckt, dafs die Tochter eines Handwerkers einem reichen jungen Faulenzer mit der Erlaubnis ihrer Eltern sich verkauft, kommen in Galizien nicht vor.

So ist das Konkubinat der dunkelste Punkt in den sittlichen Zuständen der Handwerker. Um das hoch genug anzuschlagen, vergegenwärtige man sich den traurigen Stand der Wohnungsverhältnisse, wie ich ihn beschrieben habe. Gegen schädliche Einflüsse, wie sie daraus hervorgehen können, wappnet den galizischen Handwerker, wenn man von den der Socialdemokratie anheimgefallenen Gesellen absieht, sein tiefes religiöses Gefühl. Die Meister, die alle sehr religiös sind und vor den kirchlichen Institutionen die gröfste Hochachtung haben, wirken in diesem Sinne auch auf ihre Lehrlinge ein.

Es ist allgemein anerkannt und bedarf keiner näheren Begründung, wie sehr das Familienleben darunter leidet, wenn die Frau aufserhalb des Hauses arbeiten mufs. Um mich über die galizischen Verhältnisse in diesem Punkte zu orien-

---

[1] Österreichisches statistisches Taschenbuch. Wien 1890.

tieren, erkundigte ich mich in meinen Fragebogen, ob sich die Frauen der Gesellen nur mit dem Haushalt oder auch mit Berufsarbeit beschäftigten, vor allem, ob sie diese bei sich oder aufserhalb ihrer Wohnung verrichteten. Auf Grund der Antworten, die, um in eine Tabelle eingeordnet zu werden, zu lang und unbestimmt sind, habe ich folgendes Bild gewonnen.

In den kleinen Städten mit weniger als 10 000 Einwohnern, welche in fruchtbaren Gegenden liegen, gehen die Frauen der geschickteren Gesellen nur der Hauswirtschaft nach, die anderen müssen im Sommer auf dem Felde arbeiten, im Winter verdingen sie sich als Wäscherinnen in den Beamtenfamilien. (Die Beamten bilden in den galizischen kleinen Städten den einzigen Teil der christlichen Bevölkerung, der gewisse höhere Ansprüche hat und einer Bedienung bedarf.)

In einem Drittteil aller Kleinstädte, die überhaupt verheiratete Gesellen haben, ist es die Regel, dafs die Frauen sich nur mit dem Haushalt abgeben. Zu den wenigen Orten, wo alle Frauen von Gesellen eine Berufsarbeit suchen müssen, gehören die Städte: Wadowice, Altstadt, Turka und Neumarkt.

Die Notwendigkeit der Erwerbsarbeit bei den Frauen hängt mit der Lohnhöhe, also auch mit der Fruchtbarkeit der Gegend zusammen. Leider mufs diese Arbeit meist aufserhalb des Hauses verrichtet werden.

Von den Städten von mehr als 10 000 Einwohnern sind in Brzeżany, Kolomea und Grodek alle Gesellenfrauen nur mit Hauswirtschaft beschäftigt, in den übrigen müssen die meisten auch eine Erwerbsarbeit haben, und zwar besteht diese im Nähen oder Waschen. Die Kunden, die sich aus ledigen Beamten, Offizieren, Hausdienern und Gesellen zusammensetzen, sind so zahlreich vorhanden, dafs die meisten Gesellenfrauen solche finden können, die ihnen die Arbeit nach Hause geben. In Krakau und Lemberg helfen, abgesehen von einigen wenigen, deren Männer ausnahmsweise viel verdienen, sämtliche Frauen mitverdienen, in Lemberg dadurch, dafs sie für fremde Leute bei sich zu Hause nähen und waschen. Nur einige sitzen den ganzen Morgen auf dem Markte und handeln mit Gemüse und anderen Nahrungsmitteln, eine Beschäftigung, die früher viel verbreiteter war als heutzutage. In Krakau kommt es wohl auch vor, dafs Gesellenfrauen gezwungen sind, in der Fabrik zu arbeiten.

Da in den gröfseren Städten, wo das Familienleben gröfseren Gefahren ausgesetzt ist als in kleinen, die Frauen der Schuhmacher fast immer zu Hause arbeiten, ist es leicht erklärlich, dafs wir bei den galizischen Gesellen weit mehr Familiensinn treffen als anderwärts, ein Vorzug, der die Ausrottung der Trunksucht, der sie so sehr ergeben waren, wesentlich erleichterte.

Die alte, allgemein verbreitete Unsitte, blauen Montag zu feiern, hat jetzt fast ganz aufgehört. Auf meine diesbezügliche Frage berichten blofs die Genossenschaften von Grybów, Neumarkt und Wadowice, dafs sie noch bestehe, und mit den an denselben Orten oder in der Umgegend stattfindenden Messen und Märkten zusammenhänge. Bei den Genossenschaften von Myślenice, Nisko, Oświecim und Bochnia ist der blaue Montag seit dem letzten Jahre etwas seltener, bei 88 Genossenschaften ist er ganz verschwunden. In Krakau ist nach Aussage der dortigen Genossenschaft infolge des in den letzten Monaten, d. h. seit dem 1. Mai 1890, ausgebrochenen Lohnkampfes bei den Gesellen die Trunksucht wieder zum Vorschein gekommen. Selbstverständlich ist hierin nicht die Wiederkehr des alten Lasters, sondern vielmehr ein Symptom der allgemeinen Aufregung und Erbitterung unter den Schuhmachern zu erblicken.

45 Genossenschaftsvorstände sind der Ansicht, die üble Sitte des blauen Montags habe infolge der Verschlechterung der ökonomischen Lage der Schuhmacher von selbst aufgehört. Dies wäre ja eine Ausnahme von der von Liebig aufgestellten und von vielen Sociologen und Medizinern bestätigten Regel, der zufolge die Trunksucht nicht die Ursache, sondern die Folge des Elends ist.

Meines Erachtens ist die erfreuliche Erscheinung vielmehr der Hebung des Bildungsgrades, der Gründung von Vereinen, die den Gesellen geeignete Vergnügungen bieten, und dem Einflusse der Geistlichkeit zu verdanken. Die grofse Frömmigkeit unserer Handwerker, ihr wahres Gottvertrauen, die Überzeugung, dafs der liebe Gott, wenn er ihnen Kreuz und Elend auferlegt, dies nur thue, um das Mafs ihrer Liebe zu ihm zu prüfen, dafs ferner die Armen viel eher in das Himmelreich eingehen als die Reichen, das ist es, was die meisten vor Verzweiflung und vor der Trunksucht schützt. Freilich fehlt es, besonders in Krakau und Lemberg, nicht an solchen, die, wenn sie trotz ihrer Anstrengung sich nicht selbständig machen und zu höherem Einkommen gelangen können, in einen Zustand völliger Abstumpfung versinken oder sich der socialdemokratischen Agitation in die Arme werfen. Auch in der Beziehung ist ein gesundes Lehrlingswesen von grofser Wichtigkeit. Viele fleifsige und intelligente Gesellen, die bei schlechten Meistern ihre Lehre durchgemacht haben, würden, wenn sie sich ihrer geringen technischen Fertigkeiten bewufst werden, die Schuld hieran nicht der ganzen Gesellschaft zuschieben, sondern nur ihrem Lehrherrn.

Wenn wir das Familienleben der verheirateten Gesellen

in seinen weiteren Einwirkungen betrachten wollen, so dürfen wir nicht vergessen, dafs erst in den letzten Decennien die Zahl derselben erheblich zugenommen hat, so dafs der Einflufs auf die Bildung des heranwachsenden Geschlechtes sich jetzt noch nicht sicher beurteilen läfst. In den mir bekannten Fällen achten die Eltern darauf, dafs die Kinder regelmäfsig in die Schule gehen. Geben sie ihren Sohn einem Meister in die Lehre, dann sorgen sie dafür, dafs ihm die zum Besuch der Gewerbeschule erforderliche Zeit freigegeben wird und dafs er diese Zeit auch wirklich zum Besuch der Schule verwendet.

Die Meister lassen, wenn es irgendwie thunlich ist, in dem Bestreben, ihren Kindern eine möglichst gute Bildung zu verschaffen, diese die untersten Gymnasial- oder Realschulklassen durchmachen, bevor sie sie zu einem praktischen Berufe bestimmen.

Leider erwählen gerade die geschicktesten und wohlhabendsten Meister eine der liberalen Berufsarten für ihre Söhne, gleichviel, ob sie hierfür veranlagt sind oder nicht, während diese doch, indem sie tagtäglich die verschiedensten Arten gewerblicher Arbeit und die Leitung des Geschäftes sehen, sich zu besonders tüchtigen Handwerkern heranbilden würden. Wir müssen uns hierüber umsomehr wundern, als doch geschickte Meister aus eigener Erfahrung wissen müssen, dafs man auch als Handwerker eine angesehene Stellung erringen kann. Selbst diejenigen, welche eine viel bedeutendere Stellung einnehmen als ihre studierten Brüder unter dem Beamtentum, denken sehr selten daran, ihren Söhnen Vorliebe für das Handwerk einzuflöfsen. Daher die Erscheinung, dafs, während wir viele alte Handelsfirmen besitzen, die von Generation auf Generation übergehen, wir keine einzige alte Handwerksunternehmung finden. Alle Kapitalien, die im Handwerk entstehen, fliefsen bald wieder ab. Wie sehr darunter die Entwickelung des Handwerks leidet, liegt auf der Hand.

Um die Bildung des Handwerkers, besonders des Schuhmachers, ist es noch herzlich schlecht bestellt. In kleinen Städten beschränkt sie sich auf das Schreiben und Lesen. Die grofsstädtischen und unter ihnen hauptsächlich die besseren Schuhmacher kennen jedoch die Grundzüge der polnischen Geschichte, häufig auch die Werke des gröfsten polnischen Dichters Mickiewicz, vor allem sein grofses Epos „Pan Tadeusz", und manchen historischen Roman von Kraszewski. Ich mufs hervorheben, dafs ich auch unter Schuhmachern manche Meister kenne, die trotz ihrer mangelhaften Bildung noch als Familienväter die von der Berufsarbeit freie Zeit auf ihre geistige Ausbildung verwenden. Teils durch praktische teils durch social- und gewerbepolitische Fragen angeregt, lesen sie ernste nationalökonomische Bücher. Ihre Schulbildung ist aber so gering, dafs sie beim Schreiben die gröbsten orthographischen Fehler machen.

Zur Hebung der Bildung unter den Handwerkern haben in letzter Zeit nicht wenig die Vereine „Gwiazda" beigetragen. Es sind das Vereine, deren Mitglieder ausschliefslich Gesellen sind. Ihr Zweck ist vor allem Pflege des geselligen Lebens, Hebung der Bildung durch Gründung von Bibliotheken und durch Veranstaltung von Vorträgen. Die meisten besitzen auch Versorgungskassen. An der Verwaltung nehmen Gesellen wie Meister teil, was nicht wenig zur Versöhnung der Gegensätze und zur Herstellung eines guten Einvernehmens zwischen beiden beiträgt, auch werden dadurch die Vereine vor socialdemokratischer Agitation geschützt. Die Wähler des Vorstandes sind nur Gesellen. Ein Meister, der durch das Vertrauen der letzteren Vorstandsmitglied wird, sieht das als eine grofse Ehre an. Solche Vereine bestehen in Krakau, Lemberg und den anderen mehr als 10 000 Einwohner zählenden Städten.

Die socialdemokratische Agitation ist in gröfserem Mafse nur in Lemberg und Krakau entwickelt. In kleinen Städten kann man wohl Meister finden, die auf unser gegenwärtiges Gesellschaftssystem erbittert sind und es für die Ursache ihres Elends ansehen; aber von bewufsten Socialdemokraten kann, wenigstens der Regel nach, keine Rede sein. Nur in die im Westen, an der schlesischen Grenze gelegenen kleinen Städte ist die Agitation gedrungen. In Lemberg gehört der gröfsere Teil der Gesellen der socialdemokratischen Arbeiterpartei an, die sich im letzten Jahre besonders unter der Leitung dreier energischer Agitatoren (zwei von ihnen sind Buchdrucker, der dritte Schlosser) mächtig entwickelt hat. Diese drei Männer, von denen der eine die zweiwöchentliche socialdemokratische Zeitschrift „Praca" redigiert, haben durch ihre Leidenschaftlichkeit, ihre grofse Beredsamkeit und ihren festen Glauben an die Unfehlbarkeit der Socialdemokratie einen Teil der Lemberger Arbeiterschaft für ihre Sache gewonnen. Zu den treusten Anhängern der Partei gehören die Schuhmachergesellen, wenn sie auch ihre Hingebung infolge ihrer gedrückten ökonomischen Lage nur wenig bethätigen können.

Indefs hängen unter den Lemberger Gesellen nicht alle der socialdemokratischen Partei an. Nicht nur alle diejenigen, die Mitglieder des klerikalen Vereins Skala sind, sondern auch viele andere wollen von der Bewegung nichts wissen, wie die Feier des 1. Mai bewies, an der der Verein Gwiazda, der eine sehr bedeutende Zahl von Gesellen umfafst, sich nicht beteiligte. Wenn jetzt eine so grofse Zahl von Gesellen selbst in Lemberg nicht Socialdemokraten sind, so hat das seinen tieferen, inneren Grund in dem Glauben und Gottvertrauen des Volkes. Nicht ohne Einflufs ist dabei die Thätigkeit einzelner Männer geblieben, von denen ich den Pfarrer Odelgiewicz und den Schneider Reichsratsabgeordneten Niemczynowski erwähnen mufs, da sich mit den Namen dieser beiden Männer die Erinnerung an das Streben und Ringen des galizischen Handwerkerstandes seit zwei Jahrzehnten verknüpft.

Die Art und Weise, wie die Gesellen von den Spekulanten ausgebeutet werden, erklärt zur Genüge ihre ausgesprochene antisemitische Richtung, trotzdem die Führer der galizischen Socialdemokratie die gröfsten Gegner des Antisemitismus sind. Auch die Meister sind Antisemiten, weil sie nicht weniger durch die Konkurrenz der Spekulanten und Händler mit Fabrikware leiden. Bis jetzt haben jedoch die galizischen Handwerker sich noch keinen antisemitischen Excefs zu schulden kommen lassen.

Die Gesellen haben, da sie keine direkte Steuer zahlen, nach österreichischem Gesetz kein Stimmrecht und somit auch keinen politischen Einflufs. Von den Meistern dagegen sind schon diejenigen stimmberechtigt, welche in den vier ersten Ortsklassen des Steuergesetzes der zweiten oder einer höheren Umfangsbetriebsklasse oder in der 5. Ortsklasse der dritten oder vierten Umfangsbetriebsklasse angehören.

Seit zehn Jahren berufen die Führer der Lemberger Handwerksmeister vor den Landtags- und Reichsratswahlen, wohl auch zu anderen Zeiten, die galizischen Handwerkertage, die alsdann die Kandidaten für den Reichsrat und Landtag in allen Städten aufstellen, ihre Wünsche äufsern und Petitionen an die das Volk vertretenden Körperschaften richten. Die Handwerksmeister sind damit zu einer politischen Macht geworden, um deren Gunst alle Parteien sich bewerben. Ein Pröbchen hierfür lieferten Lemberg, das einen Schmiedemeister in den Landtag, und die dortige Handels- und Gewerbekammer, die einen Schneidermeister in den Reichsrat sandte. Sieht man einmal die Namen der gegenwärtig einflufsreichen Meister durch, so stöfst man selten auf Schuhmacher.

Bei dem von Jahr zu Jahr zunehmenden Einflufs der Handwerker ist zu hoffen, dafs sie eine Verschärfung der Novelle von 1883 durchsetzen, dafs sie stark genug sein werden, um den Reichsrat zur Abfassung einer neuen Novelle zu bewegen, welche neben anderen einschlägigen Bestimmungen auch ganz speciell sich mit der Umgehung des Gesetzes über die Verpflichtung zum Befähigungsnachweis befassen und diese zur Unmöglichkeit machen wird.

Anlage I.

Formular meiner Fragebogen zur Ermittelung der socialen und ökonomischen Verhältnisse kleingewerblicher Gehülfen.

Ortschaft?
Name der Genossenschaft?
Name des Gewerbes?
1. Wieviele selbständige Mitglieder gehören der Genossenschaft an?
2. Wieviele weibliche Personen gehören der Genossenschaft als selbständige Mitglieder an?
3. Wieviele Juden sind unter den selbständigen Mitgliedern der Genossenschaft?
4. Wieviele Gesellen gehören der Genossenschaft an?
5. Wieviele weibliche Personen gehören der Genossenschaft als Arbeiterinnen an?
6. Wieviele Juden gibt es unter den Gesellen?
7. Wieviele Lehrlinge gehören der Genossenschaft an?
8. Wieviele weibliche Lehrlinge gehören der Genossenschaft an?
9. Wieviele Juden gibt es unter den Lehrlingen?
10. In welchem Jahre ist die Genossenschaft entstanden, oder wann sind die Gewerbetreibenden, welche auf diesem Bogen berücksichtigt sind, der Genossenschaft beigetreten?
11. Wieviele selbständige Mitglieder hat die Genossenschaft in ihrem ersten Jahre gehabt?
12. Wieviele Gesellen haben der Genossenschaft in ihrem ersten Jahre angehört?
13. Wieviele Lehrlinge haben der Genossenschaft in ihrem ersten Jahre angehört?
14. Wieviele selbständige Mitglieder (männlichen Geschlechts) haben weder Gesellen noch Lehrlinge?
15. Verkaufen die selbständigen Mitglieder ihre Ware an Konsumenten oder an Kaufleute und gröfsere Unternehmer?

16. Sind die Werkzeuge und Maschinen Eigentum der selbständigen Mitglieder der Genossenschaft oder der Kaufleute und Unternehmer?
17. Arbeiten selbstständige Mitglieder der Genossenschaft auch in anderen Berufsarten? Wenn es der Fall ist, in welchen? Wie oft kommt es vor? In welchen Monaten?
18. Arbeiten Gesellen auch in anderen Berufsarten? In welchen? Wie oft kommt es vor? In welchen Monaten?

Wie viele der Gesellen erhalten von ihren Arbeitgebern Kost und Wohnung: 19. Männliche?
    20. Weibliche?

Kost ohne Wohnung: 21. Männliche?
    22. Weibliche?

Wieviel verdienen wöchentlich Gesellen, welche weder Kost noch Wohnung von ihren Arbeitgebern bekommen:
    23. Männliche?
    24. Weibliche?

Welche Kost ohne Wohnung bekommen: 25. Männliche?
    26. Weibliche?

Welche Kost und Wohnung bekommen: 27. Männliche?
    28. Weibliche?

29. Überwiegt Zeitlohn oder Akkordlohn?

Wie viel verdient durchschnittlich ein Lehrling, welcher von seinem Lehrherrn (seiner Lehrfrau) Kost und Wohnung bekommt: 30. Männlicher?
    31. Weiblicher?

Welcher weder Kost noch Wohnung bekommt: 32. Männlicher?
    33. Weiblicher?

34. Kommt es vor, daſs die Eltern der Lehrlinge den Meistern die Kost und Wohnung bezahlen? Wie viel Lehrlinge gibt es, die von ihren Lehrherren (Lehrfrauen) weder Kost noch Wohnung erhalten: 35. Männliche?
    36. Weibliche?
37. Um wieviel Uhr fängt die Arbeitszeit an und wann hört sie auf?
38. Wie lange dauern die Arbeitspausen?
39. Wird in der Nacht gearbeitet?
40. Wird an Sonn- und Feiertagen gearbeitet? und wie lange?

In welchem Alter treten Lehrlinge in die gewerbliche Lehre ein: 41. Männliche?
    42. Weibliche?
43. Welche Schule haben die meisten Lehrlinge vor ihrem Eintritt in die gewerbliche Lehre absolviert?
44. Welche Schule besuchen die Lehrlinge während ihrer Lehrzeit?
45. Existieren Prüfungen am Schlusse der Lehrlingszeit (Gesellenprüfungen)?

46. Wieviele Gesellen besitzen ein Haus, Garten oder auch Ackerland?
47. Bringen diese Besitzungen Geld ein oder befriedigen sie blofs hauswirtschaftliche Bedürfnisse?
48. Wieviel geben durchschnittlich verheiratete Gesellen für Wohnung aus?
49. Haben die meisten Gesellenfamilien blofs ein Zimmer mit Küche oder haben sie mehrere Räume?
50. Nehmen die Familien, die nur einen Raum haben, noch Aftermieter an?
51. Beschäftigen sich die Gesellenfrauen nur mit Hauswirtschaft, oder haben sie auch eine Erwerbsarbeit, und wird diese Arbeit zu Hause oder aufser dem Hause verrichtet?
52. Existieren in Distrikten (in Ortschaften, welche zur Genossenschaft gehören) wohlthätige Anstalten, welche von armen Gesellen in Anspruch genommen werden können, und welchen Zweck haben diese Anstalten?
53. Welcher Teil der Gesellen ist gegen Altersinvalidität versichert?
54. Wo legen Gesellen ihre Ersparnisse ein?
55. Welcher Teil der Gesellen ist im stande eine Summe zu ersparen, welche die Gründung eines eigenen Geschäfts ermöglicht?
56. Ist die Sitte des blauen Montags noch sehr verbreitet?

Angelegenheiten der Genossenschaft.

Krankenkasse.

57. Die Höhe der Beiträge der Gesellen im Jahre 1888?
58. Die Höhe der Beiträge der Gewerbsinhaber im Jahre 1888?
59. Die Gesamtsumme aller Beiträge im Jahre 1888?
60. Die Kasseneinnahmen aus Strafen?
61. Die Kasseneinnahmen aus Geschenken?
62. Die Gesamtsumme der Einnahmen der Krankenkasse?
63. Die Zahl der Kranken, welche im Jahre 1888 das Krankengeld erhalten haben?
64. Alle Ausgaben der Krankenkasse für Krankengelder, Krankenhaus und Arzt?
65. Alle Ausgaben der Krankenkasse für Begräbnisse?
66. Die Ausgaben für Verwaltung?

---

67. Hat die Genossenschaft einen schiedsrichterlichen Ausschufs?
68. Wurde oft ein Entscheid eingeholt?
69. Kommen oft Rekurse gegen diese Entscheidungen vor?

Anlage II.

Die ökonomische Lage einer Schuhmacherfamilie in Uhnów.

1. Hauptberuf? Landwirtschaft und Hausindustrie, nämlich Schuhmacherei und Gerberei.
2. Nationalität und Religion? Ruthenisch, griechisch-katholisch.
3. Verheiratet, ledig oder in wilder Ehe lebend? Verheiratet.
4. Zahl der Familienangehörigen (d. h. der Mann, seine Frau und ihre Kinder resp. Verwandten, welche bei ihnen wohnen)? Neun Personen, nämlich Mann und Frau, der älteste Sohn mit seiner Frau und seinem Kinde, zwei jüngere Söhne, eine Tochter und die Mutter der Frau.
5. Zahl der Familienmitglieder, welche keine Erwerbsarbeit verrichten? Drei Personen: der jüngste Sohn, die Enkelin und die Mutter der Frau.
6. Alter der einzelnen Familienangehörigen? Die Mutter der Frau 71, der Mann 58, die Frau 54, der älteste Sohn 26, dessen Frau 23, die Tochter 20, der zweite Sohn 16, der dritte 12, die Enkelin 1 Jahr alt.
7. Gesundheitszustand der Familienmitglieder? Derselbe ist bei der ganzen Familie sehr erfreulich.
8. Bildungsgrad der einzelnen Familienmitglieder? Alle können ruthenisch und polnisch schreiben und lesen; der jüngste Sohn besucht die dreiklassige Gemeindeschule, der mittlere den Wiederholungsunterricht an Sonntagen.

Besitz von Produktionsmitteln.

9. Größe und Qualität des Ackers, der Wiese, des Waldes und des Gartens, welche eine Familie besitzt? 3 polnische Morgen[1] Acker, 40 Quadratklafter Garten beim

---

[1] = 1½ Hektar; ein polnischer Morgen = ½ Hektar.

Haus. Als Mitglied der Gemeinde hat sie aufserdem Mitbesitz am Gemeindewalde.
10. Haus, Gröfse desselben und Art der Benutzung? Es ist 6 Klafter lang, 3 breit und dient als Wohnung und Werkstattslokal.
11. Besitzt die Familie noch andere Gebäude? Ein Stall ist an die Wand der „Komora" (Hinterwand des Hauses) angebaut. Die Scheune befindet sich aufserhalb der Stadt.
12. Lebendes Inventar, Vieh u. s. w.? Eine Kuh, 2 alte Schweine, 2 kleine Schweine, 3 Hühner und 6 Gänse.
13. Arbeitswerkzeuge? Zur Landwirtschaft: 1 Spaten, 1 Hacke, 1 Harke. Zur Gerberei: 1 Schabeisen, 1 Schabebaum, 2 Hämmer zum Pulverisieren der Eichenrinde, 1 Falzmesser. Zur Schuhmacherei: 1 Schemel, 2 Messer, 5 Leisten, 1 Zange, 1 Hammer, 1 Block und 1 Walzholz.
14. Geldkapital? 400 fl.

Die Arbeitsverhältnisse.
I. Die Arbeit des Vaters.

A. Wenn er ein selbständiger Unternehmer ist, d. h. wenn er zu Hause in seiner Werkstatt oder im Hause seines Kunden arbeitet und wenn das Rohmaterial sein oder des direkten Konsumenten Eigentum ist.

15. Ist er ein Mitglied einer gewerblichen Genossenschaft? Ja, der Schuhmachergenossenschaft zu Uhnów.
16. Von wem wird das Produkt bezahlt, vom Konsumenten, vom Händler oder vom Unternehmer, welcher es noch einmal verarbeitet? Er verkauft seine Schuhe an Bauern auf den Märkten in Rudki und Komarno.
17. Ist der Absatz der Waren durch einen Vertrag gesichert? Nein.
18. Höhe der jährlichen Einnahme? Er hat im ganzen Jahr 400 Paar Rohrstiefel verkauft; 65 Paar zu 2 fl. 20 kr., 155 Paar zu 2 fl. 50 kr., 100 Paar zu 3 fl., 30 Paar zu 4 fl., 50 Paar zu 4 fl. 50 kr., zusammen für 1175 fl. 50 kr.
19. Wieviel ist von dieser Summe für das Rohmaterial abzurechnen? Die Häute kosten 980 fl. 50 kr.
20. Jährliche Abnutzung der Werkzeuge? 5 fl. incl. Ausbesserung der Gerbereigruben.
21. Unkosten der Unterhaltung und Ausbesserung des Werkstattlokals? Es gibt keine besondere, von der Wohnung getrennte Werkstatt.
22. Welche Familienangehörige sind bei dieser Berufsarbeit mitthätig? Alle mit Ausnahme der unter 5 erwähnten.
23. Widmen sie ihre ganze Zeit dieser Arbeit? Während sechs Monaten beinah die ganze.
24a. Die durchschnittliche Zahl der Gesellen? Einer.
 b. In welchen Monaten wird die gröfste Zahl der Gesellen

beschäftigt und wieviel beträgt sie dann? Von Mitte
August bis November werden 2 Gesellen beschäftigt.
   c. In welchen Monaten beschäftigt man die kleinste Zahl
der Gesellen und wieviel beträgt diese? Vom Dezember
bis zum Juli beschäftigt man keine Gesellen.
25.a. Wieviel beträgt der Lohn eines Gesellen in barem Gelde?
(Die Summe sollte für jeden Gesellen besonders angegeben
sein). Es sind keine wirklichen Gesellen, sondern ärmere
Meister, welche sich als Gesellen beschäftigen lassen.
Für Gerberei bekommen sie Zeitlohn und zwar 40 kr.
täglich, für Schuhmacherei 8 bis 12 kr. Akkordlohn pro
Paar.
   b. Welche Naturalien bekommen die Gesellen? Die ganze
Kost.
26.a. Zahl der Lehrlinge? Keine.
   b. Höhe des Lehrgeldes?
   c. Welchen Geldlohn bekommt ein Lehrling?
   d. Welche Naturalien bekommen die Lehrlinge?
27. Zahl anderer Hülfsarbeiter? Keine.
   a. Jährliche Durchschnittszahl?
   b. In welchen Monaten beschäftigt man die gröfste Zahl von
Hülfsarbeitern und wieviel beträgt sie dann?
   c. In welchen Monaten beschäftigt man die kleinste Zahl
von Hülfsarbeitern und wieviel beträgt sie dann?
28.a. Welchen Geldlohn bekommt ein solcher Arbeiter?
   b. Welche Naturalien erhält er?

   B. Wenn er kein selbständiger Unternehmer ist, d. h.
wenn er in einer fremden Werkstatt, in einer Fabrik
oder auch in seiner eigenen Wohnung arbeitet, das
Rohmaterial aber weder ihm noch dem direkten Konsumenten gehört.

29. Das Arbeitslokal? (Die eigene Wohnung, ein fremdes
Werkstattslokal, eine Fabrik oder das Haus des Konsumenten)?
30. Ist die Stetigkeit der Arbeit durch Vertrag gesichert?
31.a. Akkord- oder Zeitlohn?
   b. Wieviel beträgt der Stücklohn im ersten Falle und wieviel Stücke lassen sich in einer Woche herstellen?
   c. Wie hoch ist der Lohn im zweiten Falle?
32. Welche Naturalien gibt der Arbeitgeber und wie hoch ist
ihr Wert?
33.a. Wieviele Familienangehörige sind bei dieser Berufsarbeit
thätig?
   b. Wieviele fremde Personen, welche der Arbeiter selbst
löhnt, helfen ihm bei dieser Arbeit?
   c. Welchen Arbeitslohn und welche Naturalien erhalten
diese Personen?

34. Wert der Abnutzung der Werkzeuge, welche Eigentum des Arbeiters bilden?
35. a. Zahl der arbeitslosen Tage aufser den Sonntagen (bei Juden auch Samstagen)?
  b. Wieviel arbeitslose Tage entstehen durch Schuld der Arbeiter?

C. In beiden Fällen.

36. a. Ist das Arbeitslokal von der Wohnung getrennt? Nein.
  b. Gröfse des Arbeitslokals? 66 Quadratellen.
  c. Licht? 2 Fenster zu 3 Quadratellen.
  d. Luft? Rein und frisch.
  e. Wärme? Entsprechend.
  f. Ist das Arbeitslokal nafs oder trocken? Sehr trocken.
  g. Reinlichkeit? Musterhaft.
37. Arbeitszeit: a. Zahl der Pausen und Dauer derselben. Die Pausen sind nicht festbestimmt, drei gibt es regelmäfsig, eine zum Frühstück, die zweite zum Mittagessen, die dritte zum Abendessen, alle drei zusammen dauern zwei Stunden.
  b. Anfangs- und Schlufsstunde der Tagesarbeit? Vor den Jahrmärkten dauert die Arbeit 18 Stunden, sonst von 5 Uhr früh bis 8 Uhr abends.
38. Steht ein Vermittler zwischen dem Producenten und Unternehmer oder zwischen dem Producenten und dem Konsumenten, und wie steht es mit seiner Redlichkeit? Es gibt keinen Vermittler.
II. 39. Berufsarbeit der Frau? (wenn sie einen eigenen Beruf hat und ihre Erwerbsarbeit sich nicht auf Unterstützung ihres Mannes beschränkt, bitte ich die betreffenden Punkte auf einem anderen Fragebogen in ähnlicher Weise auszufüllen, wie das bei der Berufsarbeit des Mannes geschehen ist). Sie hat keinen eigenen Beruf.
III. 40. Berufsarbeit der Kinder? (Das bei vorangehender Frage Gesagte gilt auch hier). Sie haben keinen anderen Beruf als den des Vaters.
IV. 41. Nebenbeschäftigung des Mannes, welche nicht an ein immobiles Vermögen gebunden ist? Er mietet Obstgärten.
42. Welche Zeit widmet er dieser Nebenbeschäftigung? Während zweier Monate seine ganze Zeit.
43. Einkommen aus dieser Nebenbeschäftigung? Jährlich 70 fl.
44. Nebenbeschäftigung der Frau, welche nicht durch immobiles Vermögen bedingt ist? Abwechselungsweise mit ihrem Manne überwacht sie den gemieteten Obstgarten.
45. Welche Zeit widmet sie dieser Nebenbeschäftigung? Acht Tage im Verlauf dieser zwei Monate.
46. Einkommen aus dieser Nebenbeschäftigung der Frau? —
47. Nebenbeschäftigung der Kinder, welche nicht durch im-

mobiles Vermögen der Familie bedingt ist? Die Tochter und der mittlere Sohn arbeiten bei der Landwirtschaft, beim Priester oder beim benachbarten Gutsbesitzer.
48. Welche Zeit widmen sie dieser Nebenbeschäftigung? 16 Tage im Sommer während der Getreideernte und 8 Tage im Herbst während der Kartoffelernte.
49. Einkommen aus dieser Nebenbeschäftigung der Kinder? Während der Getreideernte verdient jedes 40 kr. täglich, im Herbst bei der Kartoffelernte 20 kr., im Ganzen bringt also diese Arbeit jährlich 16 fl. ein.
50. Arbeit der Familienangehörigen in der eigenen Landwirtschaft? Sie verrichten alle landwirtschaftlichen Arbeiten.
51. Ausgaben für die gemietete Arbeit in der eigenen Landwirtschaft? Sie haben keine eigenen Pferde, daher müssen sie für Pflügen und Eggen 12 fl. jährlich bezahlen.
52. Quantität und Art der verkauften landwirtschaftlichen Produkte? Sie verkaufen keine.
53. Art und Quantum der selbsterzeugten landwirtschaftlichen Produkte, welche die Familie selbst konsumiert? 300 kg Roggen, 250 kg Weizen, 100 kg Gerste, 100 kg Buchweizen, 100 kg Erbsen, 2000 kg Kartoffeln, $^1/_2$ Korzec (= 64 Liter) Hirse, 2 Schock Eier, 5 Schock Gurken, 5 Schock Kohl, rote Rüben, Petersilie und Mohrrüben für den eigenen Konsum.
54. Einkommen aus dem Vermieten der Gebäude? Keines.
55. Andere Einkommensquellen, welche bis jetzt noch nicht erwähnt worden? Keine.
56. Versicherungsprämien? 5 fl.
57. Höhe der Steuer? Haussteuer 4 fl., Gewerbesteuer 12 fl., Grundsteuer 5 fl.; zusammen 21 fl.
58. Zinsen von Schulden? Keine.
59. Amortisationsraten? —

Die Konsumtion.

I. Ernährung.

60. Fleisch.

	Jährliche Ausgabe fl. kr.	Wert der jährlichen Konsumtion fl. kr.
a. Wieviel mal wöchentlich und täglich ißt die Familie Fleischspeisen? Sonntags 1 kg mit Ausnahme der Sonntage während der Fastenzeit.		
b. Fleischkonsumtion an Feiertagen? Vor Ostern wird mit benachbarten Familien ein Schwein geschlachtet, die besseren Teile werden während der Osterzeit konsumiert, die anderen Teile reichen für 6 Wochen.		
c. Preis des Fleisches? 28 kr. per kg.	8 40	23 40

	Jährliche Ausgabe fl. kr.	Wert der jährlichen Konsumtion fl. kr.
Übertrag:	8 40	23 40

61. Fette.
   a. Wöchentlicher Butterverbrauch? Keiner.
   b. Butterkonsum an Feiertagen? 4 kg für Ostern und Weihnachten zusammen
   c. Preis der Butter? 80 kr. per kg . . . . — —   3 20
   d. Wöchentlicher Schmalzbedarf? 20 dg mit Ausnahme der Fastenzeit.
   e. Schmalzverbrauch an Feiertagen? 1 kg — —   6 30
   f. Preis des Schmalzes? 1 kg 90 kr.
   g. Wöchentlicher Speckkonsum? $\frac{1}{2}$ kg mit Ausnahme der Fastenzeit.
   h. Speckkonsum an Feiertagen?
   i. Preis des Specks? 1 kg 84 kr. . . . . . 12 —   15 12
   k. Wöchentlicher Konsum sonstiger Fettarten? Jährlich 3 Liter Öl, 1 Liter 70 kr. 2 10   2 10
62. Milch?
   a. Wöchentlicher Milchbedarf? Milch trinken nur die Kinder und zwar 3 Liter wöchentlich.
   b. Preis? 1 Liter 7 kr. . . . . — — 10 92
63. Käse?
   a. Wöchentlicher Bedarf an Käse? 3 Liter weifser Käse.
   b. Preis? Liter 12 kr. . . . . — —   1   8
64. Brot?
   a. Wöchentlicher Brot- und Semmelkonsum? 7 Laib Brot, keine Semmel.
   b. Wieviel hat man von diesen selbst produciert? Alles Brot backt die Hausfrau selbst, also backt sie jährlich 350 Laibe.
   c. Quantum, Qualität und Preis des Brotes und der Semmel? Es wird aus einer Mischung von Roggen- und Weizenmehl hergestellt.
   d. Quantum des Mehles, welches man zur Produktion eines solchen Brotlaibes nötig hat? 4 Liter zu jedem Laibe.
   e. Konsum an Feiertagen? Während der Oster- und Weihnachtstage zusammen 14 grofse Semmeln, zu jeder 3 Liter Weizenmehl 2 50   74 20

Summa 25 — 136 32

XI 1.

	Jährliche Ausgabe		Wert der jährlichen Konsumtion	
	fl.	kr.	fl.	kr.
Übertrag:	25	—	136	32

65. Alle Mehlarten:
  a. Wöchentlicher Konsum aller Mehlarten mit Ausnahme des Mehles, welches zur Produktion des Brotes und der Semmel benützt wird? 4 Liter Gerstenmehl, 8 Liter Weizenmehl.
  b. Preis? Das Liter Gerstenmehl 14 kr., Weizenmehl 20 kr. . . . . 1 80 17 —
66. Verschiedene Arten Grützen und Reis?
  a. Wöchentlicher Konsum? Kein Reis, 2 Liter Buchweizengrütze, 1 Liter Hirsengrütze, 1 Liter „Peçak".
  b. Preis? Buchweizengrütze 1 Liter 10 kr., Hirsengrütze 1 Liter 12 kr., Peçak 1 Liter 6 kr. . . . . 2 — 19 76
67. Eier:
  a. Wöchentlicher Konsum? —
  b. Konsum an Feiertagen? 2 Schock.
  c. Preis. Das Schock 1 fl. 20 kr. . . . . . — — 2 40
68. Hülsenfrüchte?
  a. Wöchentlicher Konsum der verschiedenen Arten derselben? 4 Liter Erbsen, 4 Liter Bohnen.
  b. Preis? 1 Liter Erbsen 9 kr., 1 Liter Bohnen 10 kr. . . . . — — 10 80
69. Wurzelgemüse:
  a. Wöchentlicher Konsum? 7 Petersilien, 15 Mohrrüben, 10 rote Rüben.
  b. Preis? 7 Petersilien 1 kr., 15 Mohrrüben 3 kr., 10 rote Rüben 4 kr. . . . . — — 4 16
70. Kartoffeln:
  a. Wöchentlicher Konsum? ¼ Korzec.
  b. Preis? 1 Korzec 1 fl. 20 kr. . . . . — — 15 —
71. Blättergemüse:
  a. Wöchentlicher Konsum? Kohl zweimal wöchentlich, jährlich 5 Schock.
  b. Preis? 1 Schock 80 kr. . . . . — — 4 —
72. Gurken:
  a. Wöchentlicher Konsum? 5 Schock jährl.
  b. Preis? 1 Schock 20 kr. . . . . — — 1 —
73. Kaffee:
  a. Wöchentlicher Konsum? Kaffee wird

Summa 28 80 210 44

	Jährliche Ausgabe		Wert der jährlichen Konsumtion	
	fl.	kr.	fl.	kr.
Übertrag:	28	80	210	44
nur bei Familienfesten getrunken, ½ kg jährlich, 1½ kg Cichorien	—	45	—	45
b. Preis? 1 kg Kaffee 90 kr., 1 kg Cichorien 40 kr.	—	60	—	60

74. Thee:
 a. Wöchentlicher Konsum? 3 kr.
 b. Preis? ⅛ kg. 25 kr. 1   80   1   80
75. Zucker:
 a. Wöchentlicher Konsum? ¼ Pfund für 5 kr., Feiertags 2 kg.
 b. Preis? 1 kg 40 kr. 3   40   3   40
76. Gewürze:
 a. Monatlicher Konsum? Man braucht nur zu Ostern und zur Weihnachtszeit Gewürze
 b. Preis? Ingwer für 2 kr., Zimmet für 4 kr., Nelken für 5 kr., Lorbeerblätter für 4 kr., Safran für 15 kr. . . . . — 30 — 30
77. Salz:
 a. Wöchentlicher Konsum? Eine „Topka", zum Kohl 2 Topka jährlich, zum Schweinefleisch 4 Topka jährlich.
 b. Preis? 1 Topka 12 kr. 6   96   6   96
78. Geistige Getränke, welche man zu Hause trinkt: a. Wochentags? Man trinkt sie nur dann, wenn die Arbeiter zum Winden der Häute gemietet werden oder wenn die Nachbarn dabei helfen: 12 Liter Schnaps.
 b. Der Konsum an Feiertagen? Branntwein 5 Liter, Bier während des ganzen Jahres.
 c. Preis? 1 Garnice Branntwein 1 fl. 60 kr., 1 Garnice Bier 16 kr. 7   20   7   20
79. Besuch öffentlicher Lokale, Restaurants, Trinkhallen u. s. w.
 a. Häufigkeit desselben? Bloſs an Sonn- und Feiertagen.
 b. Wer besucht diese Lokale? Der Mann mit seiner Frau und der älteste Sohn mit seiner Frau.
 c. Quantum der Getränke, welches dort durchschnittlich getrunken wird? Von allen 4 Personen 1½ Liter 12   —   12   —

Zusammen 61 51 243 15

Die jährliche Ausgabe beträgt also . .   61 fl. 51 kr.
Der Wert des jährlichen Konsums . . 243 - 15 -

XI 1.   169

II. Bekleidung.

Bezeichnung der Artikel	Der jetzige Wert des in Vorjahren in natura bezogenen oder gekauften Inventars		Abnutzung des älteren Inventars während dieses Jahres		Jahres-Wert-Konsum				Geldausgaben: geg. bar bezogene u. auf das Inventar d. folgenden Jahres sich übertragende Werte		In natura bezogene und auf das Inventar des folgenden Jahres sich übertragende Werte	
					In natura bezogene und im Laufe desselben Jahres konsumierte Werte		im Laufe des Jahres konsumierte Werte					
	fl.	kr.	fl.	kr.	fl.	kr.	fl.	kr.	fl.	kr.	fl.	kr.
Kleidung des Vaters:												
1 graue Pelzmütze für 10 Jahre	—	—	—	—	—	—	—	30	2	70	—	—
1 schwarze Pelzmütze für 3 Jahre	—	60	—	30	—	—	—	—	—	—	—	—
1 Filzhut für 3 Jahre	1	—	—	40	—	—	—	—	—	—	—	—
1 Paar Rohrstiefel für 5 Jahre (Sohle für ein Jahr)	2	—	—	50	—	—	—	60	—	—	—	—
3 Hemden, 1 Hemd f. 3 Jahre	2	60	1	60	—	20	—	50	1	50	—	40
4 Paar Unterhosen (jede 2 Jahre)	1	40	1	40	—	50	1	—	1	—	—	50
1 Weste (für 4 Jahre)	—	—	—	—	—	—	—	50	1	50	—	—
2 Paar Hosen	—	—	—	—	—	1	4	—	—	—	—	—
1 kurzer Pelz für 8 Jahre	6	—	1	—	—	—	—	—	—	—	—	—
1 Oberrock „Kapota" für 15 Jahre	20	—	2	—	—	—	—	—	—	—	—	—
1 langer Pelz für 20 Jahre	20	—	2	—	—	—	—	—	—	—	—	—
Kleidung der Mutter:												
1 Kopftuch für Feiertage für 16 Jahre	—	—	—	—	—	—	4	—	—	40	—	—
2 Kopftücher zum alltäglichen Gebrauch	—	—	—	—	—	—	1	40	1	40	—	—
1 Feiertagsrock für 2 Jahre	2	—	1	—	—	—	—	—	—	—	—	—
4 Röcke zum alltäglichen Gebrauch	—	—	—	—	—	2	4	—	—	—	—	—
6 Hemden	4	—	2	—	—	—	—	2	1	—	1	—
3 Schürzen	—	80	1	60	—	20	—	60	—	60	—	20
2 Jacken, jede für 2 Jahre	2	—	2	—	—	40	1	—	1	—	—	40
2 Tuchjacken, jede für 10 Jahre	18	—	2	—	—	—	—	—	—	—	—	—
1 Damenpelz für 30 Jahre	60	—	2	—	—	—	—	—	—	—	—	—
Korallen	160	—	—	—	—	—	—	—	—	—	—	—
2 Paar Stiefel	4	80	4	—	—	80	1	—	—	80	—	80
Kleidung der Großmutter:												
1 Kopftuch für Feiertage	4	—	—	40	—	—	—	—	—	—	—	—
2 Kopftücher zum alltäglichen Gebrauch	—	—	2	—	—	—	—	—	2	—	—	—
1 Feiertagsrock für 2 Jahre	—	—	—	—	—	50	1	—	1	—	—	50
3 Röcke zum alltäglichen Gebrauch	—	—	—	—	—	60	1	50	1	50	—	60
6 Hemden	5	—	1	—	—	20	—	50	—	50	—	20

170 XI 1.

Bezeichnung der Artikel	Der jetzige Wert des in Vorjahren in natura bezogenen oder gekauften Inventars		Abnutzung des älteren Inventars während dieses Jahres		In natura bezogene und im Laufe desselben Jahres konsumierte Werte		im Laufe des Jahres konsumierte Werte		Geldausgaben: geg. bar bezogene u. auf das Inventar d. folgenden Jahres sich übertragende Werte		In natura bezogene und auf das Inventar des folgenden Jahres sich übertragende Werte	
	\multicolumn{6}{c	}{Jahres-Wert-Konsum}						
	fl.	kr.	fl.	kr.	fl.	kr.	fl.	kr.	fl.	kr.	fl.	kr.
1 Totenhemd	—	—	—	—	—	—	—	—	2	—	—	60
3 Schürzen	—	—	—	—	—	40	—	90	—	60	—	20
2 Jacken	1	—	—	50	—	20	—	80	—	80	—	20
2 Tuchjacken	9	—	1	—	—	—	1	—	9	—	—	—
2 Paar Schuhe	4	80	4	—	—	80	1	—	—	80	—	80
Kleidung des ältesten Sohnes:												
1 graue Pelzmütze	2	70	—	30	—	—	—	—	—	—	—	—
1 schwarze Pelzmütze	—	—	—	—	—	—	—	40	—	40	—	—
1 Filzhut	—	—	—	—	—	—	—	80	—	80	—	—
2 Paar Rohrstiefel	4	—	—	80	—	40	1	—	1	—	—	80
3 Hemden	2	60	1	60	—	20	—	50	1	50	—	40
4 Paar Unterhosen	1	40	1	40	—	50	1	40	1	40	—	50
1 Weste	1	50	—	50	—	—	—	—	—	—	—	—
2 Paar Hosen	—	—	—	—	1	—	4	—	—	—	—	—
1 kurzer Pelz	—	—	—	—	—	—	1	—	7	—	—	—
1 langer Pelz	—	—	—	—	—	—	1	—	19	—	—	—
Kleidung der Schwiegertochter:												
1 Kopftuch für Feiertage	—	—	—	—	—	—	4	—	—	40	—	—
2 Kopftücher	—	—	—	—	—	—	1	60	1	60	—	—
1 Feiertagsrock	—	—	—	—	—	50	1	80	1	80	—	50
5 Röcke	1	40	—	70	—	—	4	—	—	—	—	80
10 Hemden	8	—	2	—	—	—	—	—	1	50	—	50
3 Schürzen	—	80	1	60	—	20	—	60	—	60	—	20
2 Jacken	1	—	—	50	—	20	—	50	—	50	—	20
2 Tuchjacken	18	—	2	—	—	—	—	—	—	—	—	—
1 Damenpelz	60	—	2	—	—	—	—	—	—	—	—	—
Korallen	160	—	—	—	—	—	—	—	—	—	—	—
2 Paar Stiefel	4	80	4	—	—	80	1	—	—	80	—	80
Kleidung der Tochter:												
1 Kopftuch für Feiertage	3	60	—	40	—	—	—	—	—	—	—	—
2 Kopftücher zum alltäglichen Gebrauch	—	—	—	—	—	—	4	—	—	60	—	—
1 Feiertagsrock	—	—	—	—	—	50	1	40	1	40	—	50
3 Röcke	—	—	—	—	1	50	3	—	—	—	—	—
4 Hemden	2	50	1	—	—	—	—	—	2	—	—	60
3 Schürzen	—	—	—	—	—	50	1	50	1	50	—	50
2 Jacken	—	—	—	—	—	50	1	—	1	—	—	50
1 Tuchjacke	—	—	—	—	—	20	1	—	9	—	1	—
1 Wintermantel	—	—	—	—	—	—	1	50	9	—	—	—
2 Paar Stiefel	4	80	4	—	—	80	1	—	—	80	—	80

XI 1.

Bezeichnung der Artikel	Der jetzige Wert des in Vorjahren in natura bezogenen oder gekauften Inventars		Abnutzung des älteren Inventars während dieses Jahres		In natura bezogene und im Laufe desselben Jahres konsumierte Werte		im Laufe des Jahres konsumierte Werte		Geldausgaben: geg. bar bezogene u. auf das Inventar d. folgenden Jahres übertragende Werte		In natura bezogene und auf das Inventar des folgenden Jahres sich übertragende Werte	
	\multicolumn{6}{c}{Jahres-Wert-Konsum}						
	fl.	kr.	fl.	kr.	fl.	kr.	fl.	kr.	fl.	kr.	fl.	kr.
Kleidung des mittleren Sohnes:												
1 Pelzmütze	—	—	—	—	—	—	—	50	—	50	—	—
1 Hut	—	50	—	50	—	—	—	—	—	—	—	—
1 Paar Rohrstiefel	—	—	—	—	—	50	1	—	1	—	—	50
6 Hemden	4	—	2	—	—	—	2	—	1	—	1	—
6 Paar Unterhosen	2	40	2	40	1	—	1	80	1	80	1	—
1 Paar Hosen	—	—	—	—	—	—	1	50	1	50	—	—
1 Weste	—	—	—	—	—	—	1	—	2	—	—	—
1 Oberrock	—	—	—	—	—	—	2	—	8	—	—	—
Kleidung des jüngsten Sohnes:												
1 Hose	—	—	—	—	—	—	—	80	—	80	—	—
1 Oberrock	6	—	1	—	—	—	4	—	—	—	—	40
1 Paar Stiefel	—	—	—	—	—	—	4	70	—	70	—	40
6 Hemden	1	80	1	80	—	50	1	—	1	—	—	50
Kleidung des kleinen Kindes	—	—	—	—	—	60	1	50	1	50	—	50
Zusammen	640	80	65	20	19	20	87	40	113	50	65	20

III. Wohnung.

80. Wohnt die Familie in ihrem eigenen oder in gemietetem Hause? Im eigenen Hause.
81. Die Jahresmiete, welche man bezahlt oder welche man für eine solche Wohnung bezahlen müfste? 20 fl.
82. Die Zahl der Räume? Ein Wohnzimmer, von welchem ein Teil „Alkieri" abgetrennt ist, ein Vorzimmer und ein Speicher „Komora".
83. Die Gröfse dieser Räume? Das Wohnzimmer hat 66 Quadratellen, die Komora 66 Quadratellen, das Vorzimmer 36 Quadratellen Bodenfläche.
84. Jährliche Ausgaben für die Ausbesserung der Wohnung? 2 fl.
85. Wert der eigenen Arbeit bei Ausbesserungen, gröfseren Reinigungen? 5 fl.

IV. Bedienung.

86. Zahl der Dienstboten? Keine.
87. Lohn derselben? —

V. Möbel und Hausgeräte.

	Der jetzige Wert des in Vorjahren in natura bezogenen oder gekauften Inventars		Jahres-Wert-Konsum				Geldausgaben: geg. bar bezogene u.				in natura bezogene und auf das Inventar des folgenden Jahres sich übertragende Werte	
			Abnutzung des älteren Inventars während dieses Jahres		In natura bezogene und im Laufe desselben Jahres konsumierte Werte		im Laufe des Jahres konsumierte Werte		auf das Inventar d. folgenden Jahres sich übertragende Werte			
	fl.	kr.	fl.	kr.	fl.	kr.	fl.	kr.	fl.	kr.	fl.	kr.
2 Kisten von Eichenholz	20	—	—	—	—	—	—	—	—	—	—	—
1 Tisch	5	—	—	25	—	—	—	—	—	—	—	—
3 Bänke	2	—	—	40	—	—	—	—	20	2	—	—
2 Betten	10	—	—	20	—	—	—	—	—	—	—	—
2 Schränke	20	—	—	40	—	—	—	—	—	—	—	—
1 kleiner Tisch	—	—	—	—	—	—	—	—	2	—	—	—
1 Wiege	3	—	—	10	—	—	—	—	—	—	—	—
2 Holzkannen	1	20	—	30	—	—	—	—	—	—	—	—
3 Holzgefäſse z. Waschen	1	80	—	30	—	—	—	—	—	—	—	—
2 Fässer	2	—	—	40	—	—	—	—	—	—	—	—
12 Teller	—	80	—	20	—	—	—	—	1	—	—	—
6 Gläser	—	60	—	10	—	—	—	—	—	—	—	—
10 Töpfe	1	60	—	20	—	—	—	—	—	40	—	—
5 Schüsseln	1	40	—	40	—	—	—	—	—	40	—	—
10 Bestecke	8	—	1	—	—	—	—	—	—	—	—	—
	76	40	4	15	—	—	—	—	20	—	5	80	—	—

VI. Heizung.

88. Monatlicher Holzverbrauch? Vom April bis November 8 Kubikmeter, vom Dezember bis März 16 Kubikmeter.
89. Preis? 8 Kubikmeter bekommt man aus dem Gemeindewalde gegen Entrichtung von 4 fl., die anderen 16 Kubikmeter zu 1 fl. 50 kr., also kostet die Heizung jährlich 28 fl.

VII. Beleuchtung.

90. Art des Beleuchtungsmaterials? Petroleum.
91. Monatlicher Konsum? Vom September bis April 5 Liter monatlich, in anderen Monaten kein Bedarf.
92. Preis? 1 Liter = 20 kr., also beträgt die jährliche Ausgabe für die Beleuchtung 7 fl. 50 kr.

VIII. Unterricht.

93. Schulgeld? Keines.
94. Bücher und andere Unterrichtsmittel? 2 Lesebücher für den jüngsten und 2 Bücher für den älteren; die Bücher und die Unterrichtsmittel kosten jährlich 1 fl. 20 kr.

IX. Kosten für Erhaltung der Gesundheit und der Reinlichkeit des Körpers.

95. Ausgaben für ärztliche Behandlung und Apotheke? Keine.
96. Seife zum Waschen des Körpers? 1 kg für ein ganzes Jahr kostet 24 kr.

97. Die Wäsche? Die Frauen besorgen die Wäsche selbst; die Seife kostet jährlich 1 fl. 50 kr.
98. Andere Ausgaben für Reinlichkeit des Körpers? Im Winter geht jeder Einwohner alle zwei Wochen in das römische Bad, wofür jährlich 1 fl. 60 kr. entrichtet werden.

X. Vergnügungen.

99. Bücher? Man liest hauptsächlich die Bibel; andere Bücher bekommt man vom Volksschullehrer, der für die Verleihung keinen Entgelt nimmt.
100. Theater? —
101. Rauch- und Schnupftabak? Der Vater schnupft Tabak und raucht eine Pfeife. Die zwei älteren Söhne rauchen Cigaretten. Dies kostet zusammen jährlich 27 fl.

Zusammenstellung des jährlichen reinen Geldeinkommens:

Aus der Schuhmacherei . . .	305 fl.
Aus der Miete des Obstgartens .	70 -
Aus der Arbeit der Kinder . .	16 -
Zusammen	391 fl.

Zusammenstellung der jährlichen Geldausgaben:

Für Ernährung. . . .	61 fl.	51 kr.
- Bekleidung . . .	200 -	90 -
- Wohnung	2 -	— -
- Möbel und Hausgerät	6 -	— -
- Heizung	28 -	— -
- Beleuchtung . . .	7 -	50 -
- Bücher	1 -	20 -
- Reinlichkeitspflege .	3 -	34 -
- Tabak	27 -	— -
- Pflügen und Eggen	12 -	— -
- Steuern	21 -	— -
- Versicherungsprämien	5 -	— -
Zusammen	374 fl.	45 kr.

Werth des Jahreskonsums:

Ernährung	243 fl.	15 kr.
Bekleidung	171 -	80 -
Wohnung	27 -	— -
Möbel und Hausgerät .	24 -	20 -
Heizung	36 -	— -
Beleuchtung	7 -	50 -
Bücher	1 -	20 -
Reinlichkeitspflege . .	2 -	34 -
Tabak	27 -	— -
Zusammen	540 fl.	19 kr.

Anlage III.

Die ökonomische Lage einer Schuhmachergesellenfamilie in Lemberg.

---

1. Hauptberuf? Die Schuhmacherei.
2. Nationalität und Religion? Polnisch und römisch-katholisch.
3. Verheiratet, ledig, oder in wilder Ehe (Konkubinat) lebend? Verheiratet.
4. Zahl der Familienangehörigen (d. h. der Mann, seine Frau und seine Kinder, bezw. Verwandte, welche bei ihnen wohnen)? Der Mann, seine Frau und ein Kind.
5. Zahl der Familienmitglieder, welche keine Erwerbsarbeit verrichten? Eine Person, nämlich das Kind.
6. Alter der einzelnen Familienangehörigen? Der Mann ist 30, seine Frau 28, das Kind 4 Jahre alt.
7. Gesundheitszustand der Familienmitglieder? Befriedigend.
8. Bildungsgrad der einzelnen Familienmitglieder? Die Bildung beider Ehegatten beschränkt sich auf die Fähigkeit, recht gut schreiben und lesen zu können.

Besitz von Produktionsmitteln.

9. Von Arbeitswerkzeug? 2 Messer, 1 Zange, 4 Raspeln, 4 Spannriemen, 2 Glättschienen und 1 Hammer.
10. Von Geldkapital? Ist nicht vorhanden.

Die Arbeitsverhältnisse.
I. Die Arbeit des Mannes.

11. Das Arbeitslokal? (Ist es die eigene Wohnung, eine fremde Werkstatt, eine Fabrik oder das Haus des Konsumenten)? Die Werkstatt des Meisters.
12. Ist die Stetigkeit der Arbeit durch Vertrag gesichert? Nein.

13a. Arbeitet der Mann im Accord- oder Zeitlohn? Im Accordlohn.
  b. Wie hoch beläuft sich der Lohn? Er beträgt 1 fl. 40 kr. für ein Paar holzgenagelter Herrenstiefel, 1 fl. für ein Paar genähter Herrenstiefel; bei Damenstiefeln ermäfsigt sich der Preis um 20 kr. für das Paar.
  c. Welche Anzahl von Stiefeln vermag der Arbeiter binnen einer Woche herzustellen? Fünf Paar holzgenagelter Herrenstiefel.
14. Liefert der Arbeitgeber Materialien, und wie hoch ist deren Wert? Der Arbeitgeber liefert keine Materialien.
15a. Wie viele Familienangehörige sind bei dieser Berufsarbeit thätig? Der Mann allein.
  b. Wie viele fremde Personen, die der Arbeiter selbst löhnt, helfen ihm bei der Arbeit? Keine.
  c. Wert der Abnutzung der dem Arbeiter gehörigen Werkzeuge? 6 fl. jährlich. — Aufserdem kostet die Anschaffung der notwendigen Zuthaten, wie Hanfgarn, Holznägel und dergleichen, 7 fl. 50 kr. jährlich.
16. Zahl der arbeitslosen Tage, aufser den Sonntagen, bei Juden auch Samstagen, und Feiertagen? Keine.
17a. Ist das Arbeitslokal von der Wohnung getrennt? Ja.
  b. Gröfse des Arbeitslokals? Es hat 50 Quadratmeter Bodenfläche. Es arbeiten in diesem Raume 9 Gesellen und 3 Lehrlinge.
  c. Licht? Licht erhält der Arbeitsraum durch eine $1/2$ Quadratmeter grofse Scheibe in der Thür und durch ein Fenster von $1^{1}/_{2}$ Quadratmeter Fläche.
  d. Luft? Die Fenster werden nur selten geöffnet, die Luft ist dementsprechend schlecht.
  e. Wärme? Es herrscht eine unerträgliche Hitze.
  f. Ist das Arbeitslokal feucht oder trocken? Trocken.
  g. Reinlichkeit? Läfst viel zu wünschen übrig.
18. Arbeitszeit?
  a. Zahl und Dauer der Pausen? Beides hängt vom Belieben des Arbeiters ab; derselbe macht jedoch nur des Mittags eine längere Pause von $1^{1}/_{2}$ Stunden. Er nimmt in dieser Zeit sein Mittagessen ein und macht den Weg zwischen der Werkstatt und seiner Wohnung hin und zurück.
  b. Anfangs- und Schlufsstunde, bezw. Dauer der Tagesarbeit? Auch hierüber entscheidet das freie Ermessen des Arbeiters. Durchschnittlich arbeitet er von 7 Uhr früh bis 9 Uhr abends.
19. Steht ein Vermittler zwischen dem Produzenten und dem Unternehmer, oder zwischen dem Produzenten und dem Konsumenten? Nein.

II. Die Arbeit der Frau.

20. Berufsarbeit der Frau? Die Frau hat keinen eigenen Beruf. — Soweit ihr die Besorgung ihrer Hauswirtschaft Zeit läfst, beschäftigt sie sich mit der Reinigung von Wäsche und verdient dadurch nach Abzug aller Unkosten 7 fl. monatlich.
21. Versicherungsprämien und Beiträge zu öffentlichen Kassen? Die Beiträge zur Krankenkasse betragen 12 kr. wöchentlich.

Die Konsumtion.
I. Ernährung.

	Jährliche Ausgabe		Wert der jährlichen Konsumtion	
	fl.	kr.	fl.	kr.
22. Fleisch? a. Wie oft wöchentlich, bezw. täglich geniefst die Familie Fleischspeisen? An 2 Tagen der Woche, je einmal am Tage ¼ kg für alle drei Personen. b. Fleischkonsum an Feiertagen? Während der Osterzeit 6 kg Schweinefleisch. c. Preis des Fleisches? 1 kg Rindfleisch 40 kr., Kalbfleisch 32 kr., Schweinefleisch 46 kr.	12	92	12	92
23. Fette? a. Wöchentlicher Butterverbrauch? ¼ kg wöchentlich. b. Butterverbrauch an Feiertagen? Zu Ostern 2 kg. c. Preis der Butter? 1 kg 80 kr.	12	—	12	—
d. Wöchentlicher Schmalzverbrauch? Mit Ausnahme der Fastenzeit ⅛ kg wöchentlich. e. Preis des Schmalzes? 1 kg. 90 kr.	5	80	5	80
f. Wöchentlicher Speckverbrauch? ¼ kg. g. Preis des Specks? 1 kg 80 kr.	10	40	10	40
24. Milch? a. Wöchentlicher Milchbedarf? 4 Liter. b. Preis des Liters Milch? 10 kr.	20	80	20	80
25. Käse? a. Wöchentlicher Bedarf an Käse? ½ Liter weifser Käse. b. Preis des Liters? 12 kr.	3	12	3	12
26. Brot und Semmel? a. Wöchentlicher Bedarf? 4 Laibe Brot und 42 Semmeln. b. Quantität, Qualität und Preis des Brotes und der Semmeln? 1 Laib Brot wiegt 1 kg und kostet 16 kr., es ist aus einer				
	65	4	65	4

	Jährliche Ausgabe		Wert der jährlichen Konsumtion	
	fl.	kr.	fl.	kr.

Übertrag 65 4 65 4

Mischung von Weizen- und Roggenmehl gebacken. Zwei Semmeln kosten 3 kr. 66 4 66 4

27. Mehl?
  a. Wöchentlicher Konsum aller Arten von Mehl mit Ausnahme des zur Herstellung des Brotes und der Semmeln erforderlichen? — 1 kg Weizenmehl, ½ kg Maismehl, ½ kg Buchweizenmehl.
  b. Preis des Mehls? 1 kg Weizenmehl kostet 20 kr., 1 kg Maismehl 16 kr., 1 kg. Buchweizenmehl 20 kr. 19 76   19 76

28. Verschiedene Arten von Grützen und Reis?
  a. Der wöchentliche Konsum? 1 Liter Buchweizengrütze, Reis gar nicht.
  b. Preis des Liters Buchweizengrütze? 12 kr. 6 24   6 24

29. Eier?
  a. Wöchentlicher Konsum? 5 Stück.
  b. Konsum an Feiertagen? Zu Ostern 20 St.
  c. Preis für 1 Ei? 2 kr. 5 60   5 60

30. Hülsenfrüchte?
  a. Wöchentlicher Konsum der verschiedenen Arten? Während dreier Monate im Jahre wöchentlich 1 Liter Erbsen und 1 Liter Bohnen.
  b. Preis? 1 Liter Erbsen kostet 16 kr., 1 Liter Bohnen 12 kr. 3 36   3 36

31. Wurzelgemüse?
  a. Wöchentlicher Konsum? 4 Stück Petersilien und 10 Mohrrüben.
  b. Preis? 4 Petersilien kosten 1 kr., 10 Mohrrüben 4 kr. 2 60   2 60

32. Kartoffeln?
  a. Wöchentlicher Konsum? 2 Korzec jährlich.
  b. Preis des Korzec? 2 fl. . . . . 4 —   4 —

33. Blättergemüse?
  a. Wöchentlicher Konsum? 2 Kohlköpfe.
  b. Preis? 2 Kohlköpfe kosten 10 kr. 5 20   5 20

34. Gurken?
  a. Wöchentlicher Konsum? Während sechs Monaten im Jahr wöchentlich 12 Gurken.
  b. Preis? 2 Stück 1 kr. 1 56   1 56

                                                            179 40 179 40

	Jährliche Ausgabe	Wert der jährlichen Konsumtion
	fl. kr.	fl. kr.
Übertrag	179 40	179 40

35. Kaffee?
   a. Wöchentlicher Konsum? ⅛ kg Kaffee und ein Schächtelchen Cichorien.
   b. Preis? 1 kg Kaffee kostet 1 fl. 60 kr.; 1 Schächtelchen Cichorien 4 kr. 12 48   12 48
36. Thee?
   a. Jährlicher Konsum? 1 kg.
   b. Preis? 1 kg 2 fl. . . . .   2 —   2 —
37. Zucker?
   a. Wöchentlicher Konsum? ½ kg wöchentlich.
   b. Preis? 1 kg 40 kr. 10 40   10 40
38. Gewürz? Jährlich für 1 fl. . . . .   1 —   1 —
39. Salz?
   a. Wöchentlicher Konsum? 1 Topka.
   b. Preis der Topka? 11 kr. 5 72   5 72
40. Geistige Getränke, soweit man sie zu Hause geniefst?
   a. Wöchentlicher Konsum? ¼ Liter Branntwein.
   b. Konsum an Festtagen? Zu Ostern und Weihnachten zusammen 6 Liter Bier und 1 Liter Branntwein.
   c. Preis dieser Getränke? 1 Liter Bier 16 kr., 1 Liter Branntwein 80 kr. 12 60   12 60
41. Besuch öffentlicher Lokale, Restaurants, Trinkhallen u. s. w.
   a. Häufigkeit des Besuchs? Einmal wöchentlich.
   b. Wer besucht diese Lokale? Die beiden Ehegatten.
   c. Welches Quantum von Getränken wird bei dieser Gelegenheit durchschnittlich getrunken? — 1 Liter Bier 10 40   10 40
                                                           234 —   234 —

II. 42. Bekleidung.

Bezeichnung der Artikel	I. Der jetzige Wert des in früheren Jahren in natura bezogenen oder gekauften Inventars		II. Abnutzung des älteren Inventars während dieses Jahres		III. In natura bezogene und im Laufe desselben Jahres konsumierte Werte		IV. im Laufe des Jahres konsumierte Werte		V. Geldausgaben: geg.bar bezogene u. auf das Inventar des folgenden Jahres sich übertragende Werte		VI. In natura bezogene und auf das Inventar des folgenden Jahres sich übertragende Werte	
	fl.	kr.	fl.	kr.	fl.	kr.	fl.	kr.	fl.	kr.	fl.	kr.
Kleidung des Mannes.												
2 Sommeranzüge	5	—	5	—	—	—	5	—	12	—	—	—
In jedem zweiten Jahr wird einer angeschafft.												
1 Winteranzug	18	—	9	—	—	—	—	—	—	—	—	—
Hält 3 Jahre aus.												
1 Winterpaletot	9	—	3	—	—	—	—	—	—	—	—	—
Hält 7 Jahre aus.												
2 Paar Hosen	—	—	3	—	—	—	3	—	3	—	—	—
Jedes Jahr wird ein Paar angeschafft.												
1 Schürze	4	—	2	—	—	—	2	—	2	—	—	—
Hält 4 Jahre aus.												
2 Hüte	2	—	2	—	—	—	2	—	2	—	—	—
Jedes Jahr wird ein neuer angeschafft.												
2 Paar Stiefel	3	—	3	—	—	70	1	80	1	80	—	70
Beide Paare reichen zusammen für 1 Jahr.												
Wäsche	10	—	1	—	1	20	—	—	—	—	1	20
Kleidung der Frau.												
2 Winterröcke	25	—	5	—	—	—	—	—	—	—	—	—
Alle 3 J. w. 1 angeschafft.												
2 Sommerröcke . . .	4	—	4	—	1	—	3	—	9	—	3	—
Alle 2 Jahre w. 1 gekauft.												
1 Wintermantel	9	—	3	—	—	—	—	—	—	—	—	—
Hält 4 Jahre aus.												
1 Sommermantel	9	—	3	—	—	—	—	—	—	—	—	—
Hält 6 Jahre aus.												
1 Hut	—	—	—	—	—	—	1	—	2	—	—	—
Hält 3 Jahre aus.												
2 Paar Stiefel	3	—	3	—	—	60	1	80	1	80	—	60
Beide Paare reichen zusammen für 1 Jahr aus.												
Wäsche	10	—	1	—	1	40	—	—	—	—	1	60
Kleidung des Kindes.												
3 Anzüge, vorläufig sind 2 angeschafft.	—	—	—	—	—	—	1	—	3	—	—	—
2 Paar Schuhe (für 1 Jahr)	—	—	—	—	1	—	1	80	—	60	—	30
Wäsche	4	—	—	50	—	60	1	—	—	50	—	60
1 Hut (für 1 Jahr) . . .	—	—	—	—	—	—	—	50	—	—	—	—
	115	—	47	50	6	50	23	90	37	70	8	—

III. Wohnung.

43. Wohnt die Familie in ihrem eigenen Hause oder zur Miete? Sie wohnt zur Miete.
44. Höhe des Mietzinses, welcher jährlich für diese Wohnung bezahlt wird, bezw. für eine derartige Wohnung bezahlt werden müfste? 60 fl. für das Jahr.
45. Zahl der Räume? Ein Wohnzimmer, in welchem auch gekocht wird.
46. Gröfse dieses Raumes? Es ist 4 Meter lang, 2 Meter breit, 2,60 Meter hoch.
47. Jährliche Ausgaben für die Ausbesserung der Wohnung? Keine.
48. Wert der eigenen Arbeit bei Ausbesserungen und gröfseren Reinigungen? 4 fl.

IV. 49. Möbel und Hausgeräte.

Bezeichnung der Artikel	I. Der jetzige Wert des in früheren Jahren in natura bezogenen oder gekauften Inventars		II. Abnutzung d. älteren Inventars während dieses Jahres		III. In natura bezogene und im Laufe desselben Jahres consumierte Werte		IV. im Laufe des Jahres konsumierte Werte		V. Geldausgaben: geg. bar bezogene u. auf das Inventar des folgenden Jahres sich übertragende Werte		VI. In natura bezogene und auf das Inventar des folgenden Jahres sich übertragende Werte	
					Jahres-Wert-Konsum							
	fl.	kr.	fl.	kr.	fl.	kr.	fl.	kr.	fl.	kr.	fl.	kr.
1 Bett	10	—	—	—	—	—	—	—	—	—	—	—
1 Sopha	8	—	—	50	—	—	—	—	—	—	—	—
1 Schrank	5	—	—	—	—	—	—	—	—	—	—	—
1 Koffer	6	—	—	—	—	—	—	—	—	—	—	—
2 Bilder	3	—	—	—	—	—	—	—	—	—	—	—
4 Stühle	4	—	—	80	—	—	—	—	—	—	—	—
2 Holzgefäfse z. Waschen	2	40	—	40	—	—	—	—	—	—	—	—
8 Thontöpfe	1	20	—	20	—	—	—	—	—	20	—	—
5 Blechtöpfe	2	—	—	—	—	—	—	—	—	—	—	—
4 Bestecke	4	—	—	—	—	—	—	—	—	—	—	—
10 Teller	5	—	—	25	—	—	—	—	—	—	—	—
4 Gläser	—	30	—	10	—	—	—	—	—	10	—	—
	50	90	2	25	—	—	—	—	—	30	—	—

V. Verschiedenes.

50. Heizung?
  a. Monatlicher Konsum? Eine Kubikklafter Buchenholz.
  b. Preis derselben? 18 fl.
51. Beleuchtung?

XI 1.   181

   a. Art des Beleuchtungsmaterials? Petroleum.
   b. Jährlicher Konsum? 15 Liter.
   c. Preis? 1 Liter kostet 18 kr.; die jährliche Ausgabe dafür beträgt mithin 2 fl. 70 kr.
52. Kosten für Erhaltung der Gesundheit und für Reinlichkeitspflege des Körpers?
   a. Ausgaben für ärztliche Behandlung und Apotheke? Keine.
   b. Verbrauch von Seife zum Waschen des Körpers? $3/4$ kg. für 60 kr.
   c. Wäsche? Diese wird von der Frau besorgt. Die dazu nötige Waschseife kostet 1 fl.
   d. Sonstige Ausgaben für Reinlichkeit des Körpers? 6 Wannenbäder jährlich; diese kosten 3 fl. 60 kr.
53. Vergnügungen?
   a. Lektüre? Keine.
   b. Theater? Wird von der Familie nie besucht.
   c. Ausgaben für Rauch- und Schnupftabak? Der Rauchtabak des Mannes kostet 12 fl. jährlich.

Zusammenstellung.
I. Einnahmen.

1. Aus dem Betriebe der Schuhmacherei . . . 345 fl. 50 kr.
2. Für Waschen . . . . 84 - — -
             Mithin beträgt die Einnahme 429 fl. 50 kr.

II. Ausgaben.

1. Ernährung . . . . 234 fl. — kr.
2. Bekleidung . . . . 71 - 60 -
3. Wohnung . . . . 66 - — -
4. Möbel und Hausgeräte . . . . — - 30 -
5. Heizung . . . . 18 - — -
6. Beleuchtung . . . . 2 - 70 -
7. Erhaltung der Gesundheit und Reinlichkeitspflege des Körpers . . . . 5 - 20 -
8. Tabak . . . . 12 - — -
9. Beiträge zur Krankenkasse . . . . 6 - 24 -
             Mithin beträgt die Ausgabe 416 fl. 4 kr.

III. Wert des Jahreskonsums.

1. Ernährung . . . . 234 fl. — kr.
2. Bekleidung . . . . 77 - 90 -
3. Wohnung . . . . 70 - — -
4. Möbel und Hausgeräte . . . . — - 30 -
5. Heizung . . . . 18 - — -
6. Beleuchtung . . . . 2 - 70 -
7. Erhaltung der Gesundheit und Reinlichkeitspflege des Körpers . . . . 5 - 20 -
8. Tabak . . . . 12 - — -
             Mithin Wert des Jahreskonsums 420 fl. 10 kr.

Anlage IV.

Die ökonomische Lage der Familie eines Schuhmachermeisters in Lemberg.

1. Hauptberuf? Die Schuhmacherei.
2. Religion? Römisch-katholisch.
3. Verheiratet, ledig, oder in wilder Ehe (Konkubinat) lebend? Verheiratet.
4. Zahl der Familienangehörigen (d. h. der Mann, seine Frau und Kinder, bezw. Verwandte, welche bei ihm wohnen)? 11 Personen: die beiden Ehegatten nebst 6 Kindern, die Eltern des Mannes und die Schwester der Frau.
5. Zahl der Familienmitglieder, welche keine Erwerbsarbeit verrichten? 9 Personen: Die Ehefrau, die Eltern des Mannes und alle 6 Kinder.
6. Alter der einzelnen Familienangehörigen? Der Mann ist 39, seine Frau 36, sein Vater 74, seine Mutter 67, die Schwester seiner Frau 30 Jahre alt. Von den Kindern ist das jüngste 2, das älteste 12 Jahre alt.
7. Gesundheitszustand der Familienmitglieder? — Alle, mit Ausnahme der Eltern des Mannes, sind lungenleidend, aber nicht schwindsüchtig.
8. Bildungsgrad der einzelnen Familienmitglieder? Die Eltern des Mannes haben nur dürftige Kenntnisse im Lesen und Schreiben, nicht viel besser ist es um die beiden Eheleute bestellt. Der Mann schreibt zwar schnell und kalligraphisch, aber nicht ohne häufige Verstöfse gegen die Orthographie. Umfassender dagegen ist die Bildung der Schwester der Frau; diese ist mit den wichtigsten Werken der grofsen polnischen Dichter und mit den Grundzügen der polnischen Geschichte bekannt. Der älteste Sohn besucht die erste Klasse des Gymnasiums, zwei seiner Geschwister eine städtische Normalschule.

Besitz von Produktionsmitteln.

9. Das Haus, Dimensionen desselben und Art der Benutzung? Das gemauerte Haus hat einen Wert von 9000 fl., es umfaſst 2 Wohnzimmer, 1 Küche, 1 Werkstatt und 1 Verkaufslokal.
10. Arbeitswerkzeug? 1 Nähmaschine, 2 Messer, 8 Raspeln, 1 Hammer, 2 Zangen, 1 Block, 3 Walzhölzer, 26 Leisten, 2 Tische und 6 Stühle, welche im Laden und in der Werkstatt benutzt werden.
11. Geldkapital? Es sind 2500 fl. vorhanden.

Die Arbeitsverhältnisse.
Die Arbeit des Mannes.

12. Ist er Mitglied einer gewerblichen Genossenschaft? Ja, er gehört der Schuhmachergenossenschaft zu Lemberg an.
13. Von wem wird das Produkt gekauft, vom Konsumenten, vom Händler oder vom Unternehmer, der es nochmals verarbeitet? — Der Meister verkauft seine Ware an Konsumenten im offenen Laden.
14. Ist der Absatz der Waren durch Vertrag gesichert? Nein.
15. Höhe der jährlichen Einnahme, Zahl des verkauften Schuhwerks und der ausgeführten Reparaturen? Es wurden 1400 Paar neue Stiefel im Gesamtwert von 8100 fl. abgesetzt, 260 Paar alte Schuhe neu besohlt und 55 Paar alte Schuhe anderweitig ausgebessert. Die Bruttoeinnahme beträgt im ganzen 8390 fl.
16. Wieviel von dieser Summe ist für Rohmaterial in Abzug zu bringen? 4760 fl.
17. Jährliche Abnutzung der Werkzeuge? 30 fl.
18. Unkosten für Unterhaltung und Ausbesserung der Werkstatt? 20 fl. jährlich.

Die Arbeit der Familie.

19. Welche Familienangehörigen sind bei der Berufsarbeit des Mannes mit thätig? Nur die Schwester der Frau und zwar als Stepperin.
20. Widmen sie sich dieser Arbeit ausschlieſslich? Ja.

Die Arbeit der Gesellen und Lehrlinge..

21a. Wieviel Gesellen werden durchschnittlich beschäftigt? Fünf.
  b. Wann wird die gröſste Anzahl von Gesellen beschäftigt und wieviel beträgt sie dann? Die Zahl der beschäftigten Gesellen ist das ganze Jahr hindurch die gleiche.
22a. Wieviel beträgt der Lohn eines Gesellen in barem Gelde? Er erhält für ein Paar holzgenagelter Herrenstiefel 1 fl. 30 kr., für ein Paar genähter Herrenstiefel 1 fl. 80 kr., für das Paar Damenstiefel je 20 kr. weniger; für das

Neubesohlen alter Schuhe 30 kr. pro Paar. Der Meister hat im Ganzen 2100 fl. an Gesellenlohn ausgegeben.
   b. Bekommen die Gesellen Naturalien? Nein.

23a. Zahl der Lehrlinge? Zwei; der ältere von beiden fertigt jährlich 100 Paar neuer Schuhe an, der jüngere 40 Paar Kinderschuhe, aufserdem besorgt er die gesamte Flickarbeit.
   b. Höhe des Lehrgeldes? Solches wird nicht gezahlt.
   c. Bekommt der Lehrling baren Geldlohn? Nein.
   d. Bekommt der Lehrling Naturalien? Ja, er erhält Kost und Wohnung.

24a. Ist das Arbeitslokal von der Wohnung getrennt? Ja.
   b. Gröfse des Arbeitslokals? 20 Quadratmeter Bodenfläche.
   c. Licht? Zwei Fenster von je $1^1/_2$ Quadratmetern.
   d. Luft? Leidlich.
   e. Wärme? Entsprechend.
   f. Ist das Arbeitslokal feucht oder trocken? Trocken.
   g. Reinlichkeit? Leidlich.

25. Arbeitszeit?
   a. Zahl und Dauer der Pausen? Ist unbestimmt. Die nach Accord bezahlten Gesellen pausieren nach Belieben. Die Lehrlinge haben nur eine einstündige Mittagspause, das Vesperbrot nehmen sie während der Arbeit ein.
   b. Anfangs- und Schlufsstunde, bezw. Dauer der Tagesarbeit? Von 8 Uhr früh bis 8 Uhr abends.

26. Versicherungsprämien und Beiträge zu öffentlichen Kassen? 26 fl. Lebensversicherungsprämie und 15 fl. Beiträge zur Krankenkasse für die Gesellen pro Jahr.

27. Höhe der Steuern? Einkommen- und Erwerbssteuer zusammen 63 fl. 80 kr., Wohnungssteuer 30 fl.

Die Konsumtion.
I. Ernährung.

	Jährliche Ausgabe	Wert d. jährl. Konsumtion
	fl. kr.	fl. kr.

28. Fleisch?
   a. Wie oft wöchentlich, bezw. täglich geniefst die Familie Fleischspeisen? Täglich mit Ausnahme der Freitage, an denen gefastet wird.
   b. Fleischkonsum an Feiertagen? Während der Osterzeit: 1 Schinken, 1 Kalbsbraten, 1 Spanferkel, 2 Ellen polnische Wurst.
   c. Preis des Fleisches? $^1/_2$ kg Rindfleisch 24 kr., $^1/_2$ kg Kalbfleisch 24 kr., $^1/_2$ kg Schweinefleisch 28 kr. . . . . 160 — 160 —

29. Fette?
   a. Wöchentlicher Butterverbrauch? 1 kg.
   b. Butterverbrauch an Feiertagen? Zu Ostern 5 kg.

                                              160 — 160 —

XI 1.

	Jährliche Ausgabe fl. kr.	Wert d. jährl. Konsumtion fl. kr.
Übertrag:	160 —	160 —

c. Preis der Butter? 1 kg 1 fl. .... 57 — 57 —
d. Wöchentlicher Schmalzverbrauch? ½ kg mit Ausnahme der Fastenzeit.
e. Preis des Schmalzes? 1 kg 80 kr. ... 16 — 16 —
f. Wöchentlicher Speckverbrauch? ½ kg mit Ausnahme der Fastenzeit.
g. Preis des Specks? 1 kg 80 kr. ..... 16 — 16 —
30. Milch?
   a. Wöchentlicher Konsum? 14 Liter.
   b. Preis des Liters? 12 kr. 87 36 87 36
31. Käse?
   a. Wöchentlicher Bedarf? 1 Liter.
   b. Preis des Liters? 12 kr. 6 24 6 24
32. Brot und Semmeln?
   a. Wöchentlicher Bedarf? 7 Laibe Brot und 70 Semmeln.
   b. Wird Brot oder Semmel selbst produziert? Nein.
   c. Quantität, Qualität und Preis des Brotes und der Semmeln? 1 Laib Brot wiegt 1 kg und kostet 16 kr., es ist aus einer Mischung von Weizen- und Roggenmehl gebacken. 1 Semmel kostet 1½ kr. .. 112 84 112 84
33. Mehl?
   a. Wöchentlicher Konsum aller Arten von Mehl? 3 kg. Weizenmehl, 1 kg Buchweizenmehl, ½ kg Roggenmehl, ½ kg Maismehl.
   b. Preis des Mehls? 1 kg Weizenmehl 10 kr. 1 kg Buchweizenmehl 10 kr., 1 kg Roggenmehl 9 kr., 1 kg Maismehl 8 kr. 25 22 25 22
34. Verschiedene Arten von Grützen und Reis?
   a. Der wöchentliche Konsum? 1 Liter Buchweizengrütze, ½ Liter Hirse, ½ Liter Reis.
   b. Preis? 1 Liter Buchweizengrütze 12 kr., 1 Liter Hirse 12 kr., 1 Liter Reis 12 kr. 12 48 12 48
35. Eier?
   a. Wöchentlicher Konsum? 20 St.
   b. Konsum an Feiertagen? 2 Schock.
   c. Preis für 1 Ei? 2 kr. 23 20 23 20
36. Hülsenfrüchte?
   a. Wöchentlicher Konsum? Während dreier

                                                                          516 34 516 34

	Jährliche Ausgabe		Wert d. jährl. Konsumtion	
	fl.	kr.	fl.	kr.
Übertrag	516	34	516	34

Monate im Jahre wöchentlich 3 Liter Erbsen und 1 Liter Bohnen.
  b. Preis? 1 Liter Erbsen kostet 15 kr., 1 Liter Bohnen 12 kr. 7 41   7 41
37. Wurzelgemüse?
  a. Wöchentlicher Konsum? 12 Petersilien, 20 Mohrrüben.
  b. Preis? 4 St. Petersilien kosten 1 kr., 10 Mohrrüben 4 kr. 5 72   5 72
38. Kartoffeln?
  a. Jährlicher Konsum? 4 Korzec.
  b. Preis des Korzec? 2 fl. . . . . 8 —   8 —
39. Blättergemüse?
  a. Wöchentlicher Konsum? 2 Kohlköpfe.
  b. Preis? 2 Kohlköpfe 10 kr. 5 20   5 20
40. Gurken?
  a. Wöchentlicher Konsum? 7 St.
  b. Preis? 1 Gurke 1 kr. 3 64   3 64
41. Kaffee?
  a. Wöchentlicher Konsum? $^1/_4$ kg Kaffee und 1 Schächtelchen Cichorien.
  b. Preis? 1 kg Kaffee kostet 1 fl. 60 kr. 1 Schächtelchen Cichorien 4 kr. 22 88   22 88
42. Thee?
  a. Jährlicher Konsum? 4 kg.
  b. Preis? 1 kg kostet 2 fl. . . . . 8 —   8 —
43. Zucker?
  a. Wöchentlicher Konsum? 3 kg.
  b. Preis? 1 kg 34 kr. 53 4   53 4
44. Gewürze? Jährlich für 4 fl. . . . . 4 —   4 —
45. Salz?
  a. Wöchentlicher Konsum? 2 „Topka"
  b. Preis der „Topka" 11 kr. 11 44   11 44
46. Geistige Getränke, soweit man sie zu Hause geniefst?
  a. Wöchentlicher Konsum? 4 Liter Bier.
  b. Konsum an Festtagen? Zu Ostern und Weihnachten zusammen: 5 Liter Bier und 1 Liter Branntwein.
  c. Preis? 1 Liter Bier kostet 20 kr., 1 Liter Branntwein 80 kr. 43 40   43 40
47. Besuch öffentlicher Lokale, Restaurants, Trinkhallen u. s. w.?
  a. Häufigkeit des Besuchs? An allen Sonn- und Feiertagen.

                                        689 7   689 7

XI 1.

	Jährliche Ausgabe fl. kr.	Wert d. jährl. Konsumtion fl. kr.
Übertrag	689 7	689 7

b. Wer besucht diese Lokale? Der Hausherr allein.
c. Welches Quantum von Getränken wird bei dieser Gelegenheit durchschnittlich getrunken? 1 Liter Bier .... 14 — 14 —

zusammen 703 7   703 7

II. 48. Bekleidung.

Bezeichnung der Artikel	I. Der jetzige Wert des in früheren Jahren in natura bezogenen oder gekauften Inventars	II. Abnutzung d. älteren Inventars während dieses Jahres	III. In natura bezogene und im Laufe desselben Jahres konsumierte Werte	IV. im Laufe des Jahres konsumierte Werte	V. Geldausgaben: geg. bar bezogene u. auf das Inventar des folgenden Jahres sich übertragende Werte	VI. In natura bezogene und auf das Inventar des folgenden Jahres sich übertragende Werte
			Jahres-Wert-Konsum			
	fl. | kr.	fl. | kr.	fl. | kr.	fl. | kr.	fl. | kr.	fl. | kr.
Kleidung des Hausherrn.						
2 Sommeranzüge .... (Auf 2 Jahre).	30 —	15 —	— —	2 —	28 —	— —
2 Winteranzüge .... (Auf 4 Jahre).	40 —	20 —	— —	— —	— —	— —
1 Paar Rohrstiefel ... (Auf 3 Jahre).	— —	1 50	— —	80	6 50	— 50
2 Paar Stiefel ..... (Beide Paar auf 1 Jahr).	— —	8 —	— 30	4 —	8 —	1 —
1 Winterpaletot .... (Auf 4 Jahre).	30 —	10 —	— —	— —	— —	— —
1 Sommerpaletot .... (Auf 3 Jahre).	25 —	— —	— —	3 —	15 —	— —
6 Hemden .... (Auf 3 Jahre).	6 —	2 —	1 —	— —	— —	— —
4 Paar Unterhosen ... (Auf 3 Jahre).	— —	— —	— —	1 —	4 —	2 —
2 Hüte .... (Auf 2 Jahre).	2 —	2 —	— —	1 —	2 —	— —
6 Paar Strümpfe .... (Auf 3 Jahre).	— —	— —	— —	1 —	3 —	— —
Kleidung d. Hausfrau.						
2 Winterröcke ..... (Auf 6 Jahre).	20 —	4 —	— 50	4 —	10 —	4 —
2 Sommerröcke ... (Auf 2 Jahre).	4 —	4 —	1 —	2 —	4 —	2 —
1 Wintermantel .... (Auf 6 Jahre).	— —	— —	— —	3 —	10 —	— —

Bezeichnung der Artikel	I. Der jetzige Wert des in früheren Jahren in natura bezogenen oder gekauften Inventars		II. Abnutzung d. älteren Inventars während dieses Jahres		III. In natura bezogene und im Laufe desselben Jahres konsumierte Werte.		IV. im Laufe des Jahres konsumierte Werte		V. Geldausgaben: geg. bar bezogene u. auf das Inventar des folgenden Jahres sich übertragende Werte		VI. In natura bezogene und auf das Inventar des folgenden Jahres sich übertragende Werte	
	fl.	kr.	fl.	kr.	fl.	kr.	fl.	kr.	fl.	kr.	fl.	kr.
1 Sommermantel (Auf 2 Jahre).	10	—	10	—	—	—	—	—	—	—	—	—
6 Hemden (Auf 3 Jahre).	—	—	—	—	1	50	2	—	6	—	1	—
6 Paar Strümpfe (Auf 3 Jahre).	4	—	2	—	—	—	—	—	—	—	—	—
Sonstige Wäsche	5	—	2	—	2	20	1	40	3	—	1	20
1 Sonnenschirm	3	—	1	—	—	—	—	—	—	—	—	—
1 Regenschirm	—	—	—	—	—	—	—	50	1	50	—	—
2 Hüte (Auf 2 Jahre).	4	—	2	—	—	—	2	—	4	—	—	—
2 Paar Stiefel (Auf 1 Jahr).	—	—	—	—	1	—	3	—	5	—	1	—
Kleidung d. Schwester der Frau.												
2 Winterröcke (Auf 6 Jahre).	5	—	5	—	—	—	5	—	15	—	—	—
2 Sommerröcke (Auf 2 Jahre).	6	—	4	—	—	80	4	—	6	—	2	—
1 Wintermantel (Auf 4 Jahre).	18	—	6	—	—	—	—	—	—	—	—	—
1 Sommermantel (Auf 2 Jahre).	—	—	—	—	—	—	5	—	20	—	—	—
Wäsche	11	—	4	—	2	80	3	20	12	—	4	—
2 Paar Schuhe (Auf 1 Jahr).	—	—	—	—	1	—	5	—	5	—	1	—
1 Regenschirm	1	—	1	—	—	—	—	—	—	—	—	—
1 Sonnenschirm	—	—	—	—	—	—	1	—	2	—	—	—
2 Hüte (Auf 3 Jahre).	4	—	2	—	—	—	2	—	4	—	—	—
Kleidung der Mutter des Mannes												
1 Winterrock (Auf 4 Jahre).	—	—	—	—	—	—	5	—	10	—	—	—
2 Sommerröcke (Auf 4 Jahre).	6	—	2	—	1	—	7	—	6	—	1	50
1 Wintermantel (Auf 8 Jahre).	5	—	5	—	—	—	—	—	—	—	—	—
1 Shawltuch	20	—	2	—	—	—	—	—	—	—	—	—
Wäsche	8	—	2	—	2	40	2	60	9	50	2	50
2 Paar Schuhe (Auf 1 Jahr).	—	—	—	—	1	—	5	—	5	—	1	—

XI 1.

Bezeichnung der Artikel	I. Der jetzige Wert des in früheren Jahren in natura bezogenen oder gekauften Inventars		II. Abnutzung d. älteren Inventars während dieses Jahres		III. In natura bezogene und im Laufe desselben Jahres konsumierte Werte		IV. Geldausgaben: geg. bar bezogene u. im Laufe des Jahres konsumierte Werte		V. auf das Inventar des folgenden Jahres sich übertragende Werte		VI. In natura bezogene und auf das Inventar des folgenden Jahres sich übertragende Werte	
	fl.	kr.	fl.	kr.	fl.	kr.	fl.	kr.	fl.	kr.	fl.	kr.
Kleidung des Vaters des Mannes.												
1 Winteranzug (Auf 4 Jahre).	—	—	—	—	—	—	5	—	15	—	—	—
1 Sommeranzug (Auf 1 Jahr).	—	—	6	—	—	—	6	—	12	—	—	—
2 Paar Rohrstiefel (Auf 4 Jahre).	6	—	2	—	—	50	1	50	5	—	2	—
1 Winterpaletot (Auf 6 Jahre).	25	—	5	—	—	—	—	—	—	—	—	—
1 Sommerpaletot (Auf 4 Jahre).	15	—	5	—	—	—	—	—	—	—	—	—
2 Hüte (Auf 2 Jahre).	—	—	—	—	—	—	2	—	4	—	—	—
Wäsche	8	—	2	50	1	20	1	50	6	—	2	—
Kleidung der Kinder.												
I. Des ältesten Sohnes.												
1 Winterpaletot (Auf 2 Jahre). — Aus Sachen d. Vaters umgearbeitet	—	—	—	—	5	—	—	—	10	—	—	—
1 Sommerpaletot (Auf 2 Jahre).	—	—	—	—	4	—	—	—	8	—	—	—
1 Winteranzug (Auf 1 Jahr).	—	—	—	—	5	—	—	—	5	—	—	—
1 Sommeranzug (Auf 1 Jahr).	—	—	—	—	3	—	—	—	3	—	—	—
1 Sonntagsanzug	—	—	—	—	—	—	4	—	8	—	—	—
3 Paar Stiefel (Auf 1 Jahr).	—	—	4	—	—	60	8	—	4	—	—	50
Wäsche	9	—	3	—	1	50	1	80	5	—	2	—
2 Hüte	—	—	2	—	—	—	1	80	1	50	—	—
II. Der ältesten Tochter.												
2 Winterröcke (Auf 2 Jahre). — Aus Kleidern d. Mutter od. Tante umgearbeitet	5	—	5	—	5	—	—	—	5	—	—	—
2 Sommerröcke (Auf 2 Jahre).	3	—	3	—	4	—	—	—	4	—	—	—
1 Wintermantel (Auf 2 Jahre).	4	—	2	—	—	—	—	—	—	—	—	—
1 Sommermantel (Auf 2 Jahre).	3	—	3	—	—	—	—	—	—	—	—	—
1 Sonntagskleid	—	—	—	—	—	—	5	—	5	—	—	—

Bezeichnung der Artikel	I. Der jetzige Wert des in früheren Jahren in natura bezogenen oder gekauften Inventars		II. Abnutzung d. älteren Inventars während dieses Jahres		III. In natura bezogene und im Laufe desselben Jahres konsumierte Werte		IV. Im Laufe des Jahres konsumierte Werte		V. Geldausgaben: geg. bar bezogene u. auf das Inventar des folgenden Jahres sich übertragende Werte		VI. In natura bezogene und auf das Inventar des folgenden Jahres sich übertragende Werte	
	fl.	kr.	fl.	kr.	fl.	kr.	fl.	kr.	fl.	kr.	fl.	kr.
Wäsche	5	—	3	—	1	80	1	70	4	—	2	—
2 Hüte	1	80	—	90	—	—	1	20	1	20	—	—
3 Paar Stiefel	—	—	4	—	—	60	8	—	4	—	—	50
III. Des zweiten Sohnes.												
2 Winteranzüge ⎫ Aus Sachen des Vaters umgearbeitet.	2	50	2	50	2	50	—	—	—	—	2	50
2 Sommeranzüge ⎬	2	—	2	—	2	—	—	—	—	—	2	—
1 Winterpaletot ⎪	—	—	—	—	3	—	—	—	—	—	3	—
1 Sommerpaletot ⎭	3	—	3	—	—	—	—	—	—	—	—	—
1 Sonntagsanzug . . . (Auf 2 Jahre).	—	—	—	—	—	—	4	—	4	—	—	—
Wäsche	5	—	3	—	1	80	1	40	3	—	2	—
3 Paar Schuhe	—	—	3	—	—	60	6	—	3	—	—	50
IV. Der drei kleineren Kinder.												
8 Kleider (auf 1 Jahr) . . 2 davon aus neuem Stoff zu Hause angefertigt, 6 aus abgelegten Kleidern der Mutter, Tante und Grofsmutter umgearbeitet.	—	—	—	—	2	50	1	20	1	20	3	50
Wäsche	—	—	—	—	3	60	1	80	2	—	4	20
Summa	364	30	180	40	64	70	137	40	292	40	86	40

III. Wohnung und Bedienung.

49. Wohnung?
   a. Wohnt die Familie in ihrem eigenen Hause oder zur Miete? Im eigenen Hause.
   b. Zahl der Räume? 2 Zimmer, 1 Küche, 1 Vorzimmer.
   c. Gröfse der Räume? Das Zimmer hat 20, das Vorzimmer 16 Quadratmeter Bodenfläche.
   d. Jährliche Ausgaben für Ausbesserung der Wohnung? 4 fl.
   e. Wert der eigenen Arbeit bei Ausbesserungen und gröfseren Reinigungen? 2 fl.
50. Bedienung?
   a. Zahl der Dienstboten? 1 Dienstmädchen.
   b. Lohn derselben? 3 fl. monatlich, Kost und Wohnung.

IV. 51. Möbel und Hausgeräte.

Bezeichnung der Artikel	I. Der jetzige Wert des in früheren Jahren in natura bezogenen oder gekauften Inventars		II. Abnutzung des älteren Inventars während dieses Jahres		III. In natura bezogene und im Laufe desselben Jahres konsumierte Werte		IV. im Laufe des Jahres konsumierte Werte		V. Geldausgaben: geg. bar bezogene u. auf das Inventar des folgenden Jahres sich übertragende Werte		VI. In natura bezogene und auf das Inventar des folgenden Jahres sich übertragende Werte	
	fl.	kr.	fl.	kr.	fl.	kr.	fl.	kr.	fl.	kr.	fl.	kr.
5 Betten	50	—	—	—	—	—	—	—	—	—	—	—
3 Schränke	30	—	—	—	—	—	—	—	—	—	—	—
3 Sophas	30	—	3	—	—	—	3	—	15	—	—	—
2 Schränke m. Schubladen	24	—	—	—	—	—	—	—	—	—	—	—
4 Tische	22	—	—	—	—	—	—	—	—	—	—	—
12 Stühle	24	—	—	—	—	—	—	—	—	—	—	—
4 Fauteuils	16	—	1	—	—	—	—	—	—	—	—	—
2 Spiegel, 4 Bilder	20	—	—	—	—	—	—	—	—	—	—	—
16 Thontöpfe	4	20	—	60	—	—	—	—	—	60	—	—
8 Blechtöpfe	6	—	—	60	—	—	—	—	—	—	—	—
3 Holzgefäfse z. Waschen	2	50	—	50	—	—	—	—	—	—	—	—
Andere Küchengeräte	12	—	2	—	—	—	1	50	5	—	—	—
36 Teller	9	—	1	—	—	—	—	—	1	—	—	—
20 Gläser	3	—	1	—	—	—	—	—	1	50	—	—
18 Bestecke	14	—	—	—	—	—	—	—	—	—	—	—
	266	70	9	70	—	—	4	50	23	10	—	—

V. Verschiedenes.

52. Heizung?
  a. Monatlicher Konsum? 5 Kubikklafter Buchenholz.
  b. Preis der Kubikklafter? 18 fl., mithin Preis des jährlichen Brennholzes 90 fl.
53. Beleuchtung?
  a. Art des Beleuchtungsmaterials? Petroleum.
  b. Jährlicher Verbrauch? 60 Liter.
  c. Preis? 1 Liter 20 kr., also jährlich 12 fl.
54. Kosten des Unterrichts der Kinder?
  a. Schulgeld? Keines.
  b. Bücher und andere Unterrichtsmittel? 6 fl. jährlich.
55. Kosten der Erhaltung der Gesundheit und der Reinlichkeitspflege des Körpers?
  a. Ausgaben für ärztliche Behandlung und Apotheke? 22 fl.

b. Seife zum Waschen des Körpers? 1½ kg für das ganze Jahr, zum Preise von 90 kr.
c. Die Wäsche? Wird von den Frauen besorgt; die dazu erforderliche Waschseife kostet 2 fl. 20 kr. jährlich.
d. Sonstige Ausgaben für Reinlichkeitspflege des Körpers? Jedes der erwachsenen Familienmitglieder nimmt einmal monatlich ein warmes Wannenbad in einer öffentlichen Badeanstalt. Diese Bäder kosten jährlich 18 fl.

56. Vergnügungen?
a. Bücher und Zeitschriften? Eine Tageszeitung „Gazeta Narodowa" wird gehalten, sie kostet jährlich 18 fl.
b. Theater? Einmal monatlich geht der Meister mit seiner Frau, seiner Schwägerin und seinem ältesten Sohne in das Theater und zwar auf den dritten Rang. Das kostet im Jahre 24 fl.
c. Rauch- und Schnupftabak? Der Tabak des Vaters und Großvaters kostet 30 fl. im Jahre.

Zusammenstellung.
I. Einnahmen.

Der Ertrag aus dem Betriebe der Schuhmacherei beläuft sich, wenn man den Wert der Kost und Wohnung der Lehrlinge, sowie den Wert der Benutzung des Verkaufslokals und der Werkstatt nicht in Ansatz bringt, und wenn man die Einkommen- und Erwerbssteuer vom Bruttoertrage abzieht, jährlich auf . . . . . 1401 fl. 20 kr.

Das Geldkapital von 2500 fl. bringt an 5 Prozent Zinsen jährlich . . . . 125 - — -

Mithin beträgt die Einnahme 1526 fl. 20 kr.

II. Ausgaben.

1. Ernährung	703 fl.	7 kr.
2. Bekleidung	429 -	80 -
3. Wohnung	30 -	— -
4. Bedienung, ohne Wohnung und Kost in Ansatz zu bringen	36 -	— -
5. Möbel und Hausgeräte	27 -	60 -
6. Heizung	90 -	— -
7. Petroleum	12 -	— -
8. Kosten des Schulunterrichts der Kinder	6 -	— -
9. Ausgaben für Erhaltung der Gesundheit und für Reinlichkeitspflege	43 -	10 -
10. Ausgaben für Vergnügungen	72 -	— -
11. Lebensversicherungsprämien	26 -	— -
12. Wohnungssteuer	30 -	— -

Mithin beträgt die Ausgabe 1505 fl. 57 kr.

III. Wert des Jahreskonsums.

1. Ernährung . . . . 703 fl. 7 kr.
2. Bekleidung . . . . 382 - 50 -
3. Wohnung . . . . 330 - — -
4. Möbel und Hausgeräte . . . . 14 - 20 -
5. Heizung . . . . 90 - — -
6. Petroleum . . . . 12 - — -
7. Unterricht der Kinder . . . . 6 - — -
8. Erhaltung der Gesundheit und Reinlichkeitspflege des Körpers . . . . 43 - 10 -
9. Vergnügungen . . . . 72 - — -

Mithin Gesamtwert des Jahreskonsums 1652 fl. 87 kr.

Printed by Libri Plureos GmbH
in Hamburg, Germany